機械の基礎力学

工学博士　安　田　仁　彦　著

コ　ロ　ナ　社

ま　え　が　き

機械工学における「力学」の意味は，機械に生じる力学の諸問題を力学の法則に基づいて検討し，解決策を見出す基礎を提供してくれることである。機械の運動を正確・確実・安全・快適なものとするため，力学が果たす役割は大きい。本書は，機械系工学の分野で学ぶ学生，あるいはこの分野で仕事をする若い技術者を対象に，力学の基礎を解説したものである。

本書の執筆にあたって著者は二つの目標を掲げた。一つは，とっつきにくい力学上の概念をできる限り日常の経験と結びつけ，直感的に理解されやすい形で示したいということである。もう一つは，数学に惑わされないで力学の道筋を示し，一方で，実際問題に力学を応用する際に必要とされる，数学的な扱いに慣れていただくようにしたいということである。

第二の目標とした，数学に惑わされないで力学の道筋を示すことは，著者にとって難しい，しかしやりがいのある課題であった。この課題の解決のため，本書では，本文と密接に結びついた形で補章「数学入門」を用意した。本文だけで独立して読んでいただけるが，道筋を見失わないという目標のため，本文では，数学的な説明を最小限にとどめた。このため，本文の指示を参考にして，必要に応じて「数学入門」を読んでいただければ，応用に際して必要な数学的な扱いにも慣れていただけるものと確信している。

これまで著者は何冊かの著書を出版し，幸いにも好評をいただいた。本書で機械の力学を解説するに当たっても，著者のこれまでの執筆の方針を踏襲し，多数の例題を配しながら，易から難へゆっくり話を進めたつもりである。

本書は，著者が名古屋大学や愛知工業大学で行ってきた講義のノートを整理してでき上ったものである。講義に際して多くの受講生からいただいた質問やコメントは，本書を仕上げるにきわめて有用であった。

本書の草稿に対して多くの同僚から貴重なコメントをいただき，本書を改善するのに役立たせていただいた。お名前は申し上げないが，感謝申し上げたい。

本書を教科書として用いる場合，教員の立場からつぎのような利用法が考えられる。本文は 12 章からなる。各章を 1 回分の講義にあて，受講生のこれまでの履修状況に応じて，「数学入門」の数章を付け加えて 15 週の講義とする。講義をゆっくり進めたい場合は， 8， 9 章を省略する。各章に配した問題のうちはじめの 3 問（数学入門では 2 問）は基本問題として比較的詳細な解答を付したので，演習はこれを中心に行う。なおこれ以外の問題は答のみを本書に記載し，解説はコロナ社のホームページを参照いただく形とした。

機械の力学の基礎を学び，正確・確実・安全・快適な機械の開発・設計の際に本書が少しでも役立つならば，著者のこの上ない喜びである。

2009 年 8 月

安田　仁彦

目　　　次

1. 緒　　　論

2. 力と力のモーメント

3. 重　　　心

4. つ り 合 い

5. 点の速度と加速度

6. 質点の運動―既知の力が働く場合―

7. 質点の運動―運動に依存する力が働く場合―

8. 運動量と角運動量

9. 仕事とエネルギー

10. 質点系の運動

11. 慣性モーメント

12. 剛体の運動

補章 数学入門

1　緒　論

この章では，はじめに機械工学における「力学」の意味を考える。つぎに力学の基本となるニュートンの運動の法則を述べる。最後にベクトルについて，当面必要となる基礎事項を述べる。

1.1　機械工学と力学

機械工学における**力学**（mechanics）の意味は，機械に生じる力学の諸問題を力学の法則に基づいて検討し，解決策を見出す基礎を提供してくれることである。自動車，ロボット，航空機など，各種機械の運動を正確，確実，安全，快適に実現するために，機械の力学の担う役割は大きい（**図 1.1**）。

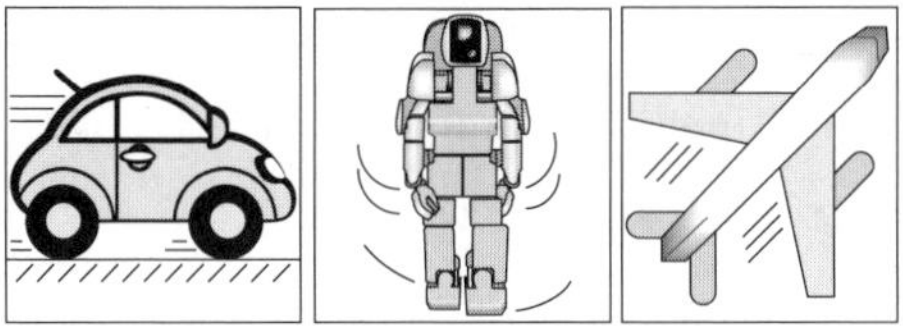

図 1.1　各 種 機 械

力学は静力学と動力学とに大別される。**静力学**（statics）はつり合い状態の物体の力学，**動力学**（dynamics）は運動状態の物体の力学である。

力学の起源はギリシア時代にさかのぼる。この時代，建築・土木の分野において斜面やてこなどが利用され，物体のつり合いが関心を引いた。この頃から静力学が徐々に形成された。

動力学は静力学よりはるかに遅れて発達した。16世紀頃から物体の運動について関心を呼ぶようになった。17世紀になって実験や観測の手段が発達し，徐々に動力学が形成された。この頃の研究者として，コペルニクス，ガリレイ，ケプラーなどが挙げられる。コペルニクス（1473〜1543）は，天体運行を支配する数学が簡潔でしかも合理的であることから地動説を唱えた。ガリレイ（1564〜1642）は，望遠鏡を用いて地球と他の惑星との類似性を直接観測し，また物体の運動を実験的に調べて落下の法則や慣性の法則を見出した。ケプラー（1571〜1630）は，惑星運動が太陽を焦点とする楕円軌道であることを発見した。これらの成果の上に，17世紀後半ニュートン（1642〜1727）が，著書「プリンキピア」で力学の体系を確立し，18世紀後半ラグランジュ（1736〜1813）が，著書「解析力学」で解析力学の基礎を確立した。

力学と工学は力学の誕生のときから結ばれている。機械工学への応用でいえば，16世紀，力学は生産技術の発達に大きく貢献した。18世紀，力学は，大型化・高速化された蒸気機関の運動の安定化のために大きな役割を果たした。このときの安定化の技術から**制御工学**（control engineering）が誕生し，現在の多くの機械の必須技術となっている。回転機械の高速化とともに**ロータダイナミックス**（rotor dynamics）が発展し，今日，安定したタービンやモータを生み出している。また，部品の増加による機械の複雑化に伴って**マルチボディダイナミックス**（multibody dynamics）が発展し，ロボット，航空機，車両などの分野で重要な役割を果たしている。力学は，技術の進歩に合わせ，新しい分野を切り開きながら発展を続けている。

本書では，機械工学への応用を念頭において力学の基本的な問題を扱う。これは最新の機械の開発設計の基礎であり，また上述のような新しい力学分野を学ぶ基礎でもある。

1.2 運動の法則

物体の運動は**ニュートンの運動の法則**（Newton's laws of motion），略して

運動の法則（laws of motion）に従う。機械工学における力学の問題もこの法則に基づいて解決される。この法則はつぎの三つからなる。

第 1 法則（慣性の法則）：外から力を受けない物体は，現在の運動状態を変えないで，そのまま静止あるいは等速直線運動を続ける。

第 2 法則（運動の法則）：物体に力が作用するとき，物体は加速される。加速度の大きさは，力の大きさに比例し，物体の質量に反比例する。加速度の方向は，力の方向と一致する。

第 3 法則（作用反作用の法則）：二つの物体がたがいに力を及ぼすとき，それぞれの力の大きさは等しく，方向は反対である。

この法則の意味を，身近な例に基づいて納得しながら理解し，次章以下の議論の基礎としよう。

1.2.1　第 1 法則の意味

第 1 法則は，物体が力を受けなければ運動状態を変えないと述べている。したがってこの法則は，経験的に当り前のことを述べているにすぎないと思える。しかしこの法則はつぎのように理解するのが正しい。

小さなアリが走っている列車に紛れ込んだとしよう。窓は閉められ，外は見えないとする。アリにとって列車の中の空間が全世界である。この列車の床の上に空き缶が置かれていたとする。この空き缶はアリにとって簡単には動かすことができない大きな物体である。列車が一定速度で走っている間空き缶は静止しているが，列車が止まろうとすると転がりはじめる。列車の外から見れば，列車が止まろうとするとき空き缶が転がるのは不思議ではない。しかしアリにとって，力が加えられないのに大きな物体が突然動き出すのは驚きである。このように列車の中に限定して物体の運動を見ていると，力を受けないのに物体が動くことがある。したがって列車の中では第 1 法則は成り立たない。これに対し地上に固定された空間にある物体は，力を加えない限り運動状態を変えない。したがってこの空間では第 1 法則が成り立つ。第 1 法則が成り立つ空間を**慣性系**（inertial system），成り立たない空間を**非慣性系**（noninertial system）という。列車に固定された空間は非慣性系であり，地上に固定された空間は慣性系である†。第1法則は，物体の運動を慣性系で考えることにするという，力学の前提の宣言である。

1.2.2　第2法則の意味

第2法則の意味を理解するため，この法則に含まれる力，質量，加速度などの意味を確認することから議論をはじめよう。

■　**力**　　これまで意識しないで「力」という言葉を用いてきた。ここであらためて力の意味を考える。滑らかで水平な床の上に静止して置かれている物体を横に押すと物体は動き出す。床の上に置かれた柔らかい物体を上から押すと物体は形を変える。この場合の「押す」という動作のように，物体の運動状態や形を変える働きをするものを**力**（force）という。

■　**質　　量**　　つぎに質量の意味を考える。**質量**（mass）は，物体の重さや動きにくさに関係する物体に固有の物理量である。まず重さに関係するということの意味を考えよう。例として質量1 kgの物体があったとする。この物体の重さを地球上で重量計を用いて計ると目盛りが1 kgとなる。重さは，地球から受ける力すなわち重力で，目盛りは重力の大きさを示している。この物体を，例えば月に持って行くと，月から受ける重力が変わるので，重量計の目盛りは変わる。しかし質量を表す1 kgは材質や寸法などから決まる物体に固有の値で，月にあっても変わらない。質量はこのような意味の物理量である。地球上で質量と重さの数値が同じになるため混同されやすいが，いま述べたように，両者の意味は異なる。

つぎに質量が動きにくさに関係することの意味を考えよう。質量の異なる二つの物体を水平で滑らかな床の上に置いて動かそうとする場合を考える。経験によれば，質量の大きいものほど動かしにくい。質量はこの動きにくさを表す。重さから定められる質量と動きにくさから定められる質量は同じかという

† 自転などの影響により，厳密には，地上に固定された空間は慣性系でないが，ほとんどの場合慣性系と考えてよい。

疑問がわくが，詳細な実験で両者は一致すると認められている。

質量の具体的な数値は，パリ近郊にある国際度量衡局に保管されている国際キログラム原器の質量を，SI 単位の 1 kg としている。この原器は，白金 90 %，イリジウム 10 %の合金で作られた，直径，高さとも 39 mm の円柱形のものである。

【例題 1.1】 国際キログラム原器と同じ材質の合金が得られたとして，この合金を用いて，直径と高さがいずれも原器の 2 倍の円柱形を作ったとする。この円柱の質量はいくらか。

解答 国際キログラム原器の直径を d，高さを h と表すと，国際キログラム原器の体積 V_0 は，円柱の体積の公式を用いて

$$V_0=\frac{1}{4}\pi d^2 h \tag{1}$$

である。直径，高さともに 2 倍としたときの体積 V は，上式の直径 d を $2d$ で，高さ h を $2h$ で置き換えて得られ

$$V=\frac{1}{4}\pi(2d)^2(2h)=8V_0 \tag{2}$$

となる。この式から，問題の円柱の体積 V は国際キログラム原器の体積 V_0 の 8 倍となることがわかる。材質は国際キログラム原器と同じであるので，この円柱の質量は 8 kg である。

■ 加速度　加速度の意味を考えよう。自動車のアクセルの踏み方を一定に保てば自動車は一定の速度で走る。ここで**速度**（velocity）とは単位時間あたりの物体の移動距離をいい，速度の単位は，SI 単位で 1 秒あたりの移動距離を意味する〔m/s〕である。一定の速度で走っていたこの自動車のアクセルをこれまでより踏み込んだとする。自動車は速度を上げ，この間，身体はシートに押し付けられる。この感覚は，アクセルを強く踏めば踏むほど大きく，身体は速度の変化を感じとっているということができる。このような速度の変化を**加速度**（acceleration）といい，その大きさは単位時間あたりの速度の変化で表される。加速度の単位は，SI 単位で 1 秒あたりの速度の変化を意味する〔$\mathrm{m/s^2}$〕である。

【例題 1.2】 自動車を停止状態から時速 100 km の走行状態まで加速するの

に 8 秒かかった。この自動車の平均の加速度はいくらか。

解答　時速 100 km を〔m/s〕の単位で表せば

$$100\,〔\mathrm{km/h}〕=\frac{100\times1\,000}{60\times60}\,〔\mathrm{m/s}〕=27.78\,〔\mathrm{m/s}〕$$

となる。速度 0 からこの速度に達するのに 8 秒要したので，1 秒あたりの速度の変化は

$$\frac{100\times1\,000}{60\times60\times8}=3.47\,〔\mathrm{m/s^2}〕$$

である。これが求める平均の加速度である。

■　**第 2 法則の意味**　以上で準備ができたので，運動の第 2 法則の意味を考えよう。身近な例として自動車の加速性能を考えてみる。経験的に加速性能は，エンジンの出力が大きいほど，また車体の質量が小さいほどよく，**図 1.2** の右に示したような経験則が成り立つ。このような経験則が精密に成り立つことを確かめ，一般化したものが第 2 法則である。この法則では，質点 m の物体に大きさ F の力が作用するとき，この物体の加速度 a は力 F に比例し，質量 m に反比例する。これを式で書けば

$$a\propto\frac{F}{m} \tag{1.1}$$

となる。

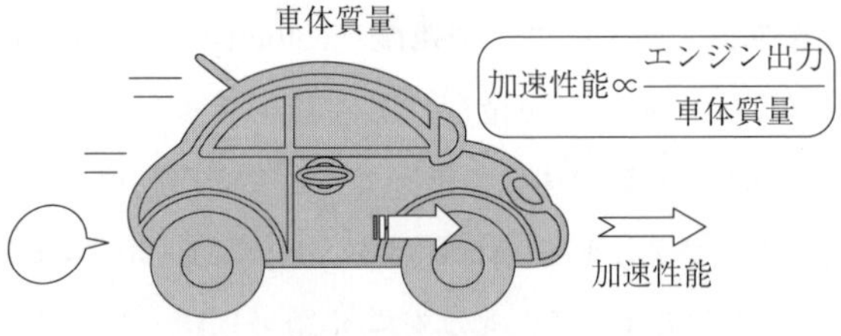

図 1.2　自動車の加速性能

式(1.1)の比例関係を，比例定数 k を用いて表すと

$$ma=kF \tag{1.2}$$

となる。ここで k は単位のとり方によって決まる定数である。SI 単位で力の単位は〔N〕（ニュートン）である。ここで 1 N は，質量 1 kg の物体に加速度 1 m/s² を生じさせるに必要な力を意味する。加速度の単位を〔m/s²〕，質量の

単位を〔kg〕，力の単位を〔N〕とするとき，式(1.2)の比例定数 k は $k=1$ となり，運動の第2法則は

$$ma=F \tag{1.3}$$

となる[†]。この式は物体の運動を論ずる基本の式である。

【例題 1.3】 質量 10 kg の物体に 35 N の力を加えるときの物体の加速度はいくらか。

解答 式(1.3)に $m=10$〔kg〕，$F=35$〔N〕を代入すると，加速度 a は

$$a=\frac{35}{10}=3.5\,〔\mathrm{m/s^2}〕$$

となる。

■ 重　　力 ここで式(1.3)に基づいて重力の意味を確認しておく。日常経験するように，物体を地表から適当な高さまで持ち上げて自由にすると，物体は下向きに加速しながら落下する。これは，地球から**重力**（gravitational force）という力を受けるからである。このときの加速度の特徴をみるために，二つの異なった物体 A，B を同時に落下させる実験を行ったとすると，物体 A，B は同じ加速度で落下していく。物体 A，B が金属，紙のような場合，経験的に，両物体が同じ加速度で落下するとは思えない。しかし空気抵抗などの要因を除いた理想的な条件で実験できたとすると，どの物体も同じ加速度で落下する。この加速度を**重力加速度**（gravitational acceleration）といい，その値を記号 g で表す。重力加速度 g は地球上の位置により多少異なるが，おおよその値は 9.8 $\mathrm{m/s^2}$ である。本書では以下この値を用いる。この値を式(1.3)の a として用いると，質量 1 kg の物体に作用する重力 F は，〔N〕の単位で表して 9.8 N である。一般に質量 m〔kg〕の物体が受ける重力は mg〔N〕である。

1.2.3 第3法則の意味

第3法則の意味を考えるため，**図 1.3** のように A，B の二人がそれぞれ別

† $k=1$ となるよう力の単位を定めたというのが正しい。

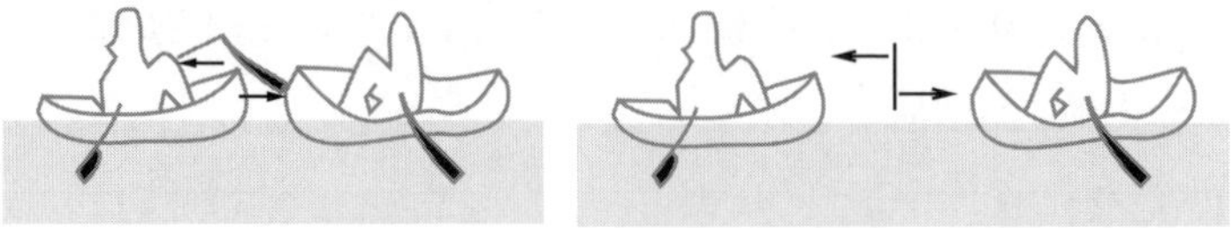

（a） 押すと押し返される　（b） 相手が動くが自分も動いてしまう

図 1.3 作用と反作用

のボートに乗っている場合を考える。この場合に，日常の経験から予想されるように，A が B を押そうとして力を加えると，逆に B は A を押し返し，B が動くだけでなく，A 自身も動いてしまう。第 3 法則は，A が B に力を加えると，逆に B は A に等しい大きさで反対方向に力を及ぼすというものである。一方の力を**作用**（action），これに対する反対方向の力を**反作用**（reaction）という。この法則は，2 物体が静止している場合でも運動している場合でも成り立つ。

【例題 1.4】 水平な床の上に質量 10 kg の物体が置かれている。この物体はどのような力を受けるか。

解答 物体は重力として大きさ 10 g，すなわち 98 N の力を受け，その大きさで床を押しつける。この力の反作用として，物体は床から上向きに 98 N の力を受ける。

1.3 ベ ク ト ル

力学の問題を扱うとき，ベクトルは強力な道具となる。ベクトルの基本については補章数学入門にまとめてある（⇒ 数学入門 A1）。ここでは，次章以降ですぐに必要となる基礎事項を述べる。

質量や温度のように，大きさのみで定められる量を**スカラー**（scalar）という。これに対して，力や速度のように，大きさと方向で定められる量を**ベクトル**（vector）という。

ベクトルを図示するのに矢印を用いることができる。これは，矢印の大きさと方向でベクトルの大きさと方向をそれぞれ表すことができるからである。**図 1.4** に $\boldsymbol{A}$ で示した矢印は，点 O から点 P に向かうベクトルを表し，これを記

号で$\overrightarrow{\mathrm{OP}}$あるいは太字で$\boldsymbol{A}$のように表す。ベクトルの大きさは，例えばベクトル$\boldsymbol{A}$に対して，細字の$A$あるいは絶対値の記号を用いて$|\boldsymbol{A}|$のように表す。

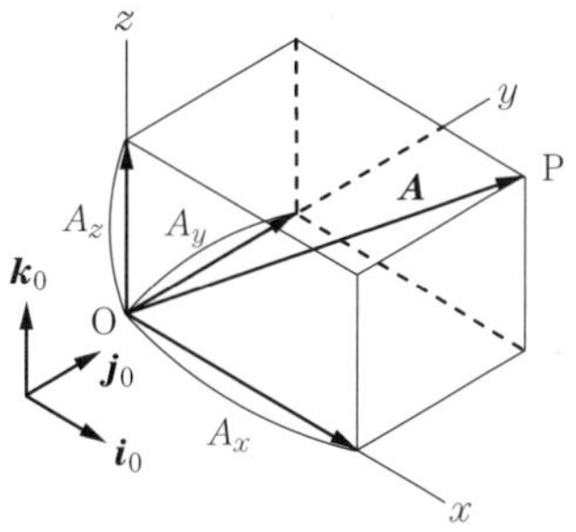

図1.4　ベクトル

実際に問題を扱うときには，ベクトルを，(図ではなく) 数量的に表すことが必要になる。ベクトルを数量的に表すため，まずベクトルを測る基準となる座標系を導入する。つぎに導入した座標系に対して，ベクトルを表す数値を求める。図1.4は，直角座標系O-xyzを導入し，ベクトル$\boldsymbol{A}$を数量的に表す量としてx，y，z軸方向への投影の長さA_x，A_y，A_zを用いる場合を示している。この場合のA_x，A_y，A_zのような量をベクトルの**成分** (component) という。

ベクトルを，成分と直接結びつけて表したいことがある。図1.4の場合，x，y，z軸の正方向を向いた単位ベクトル$\boldsymbol{i}_0$，$\boldsymbol{j}_0$，$\boldsymbol{k}_0$を導入すると，軸方向のベクトル$\boldsymbol{A}_x$，$\boldsymbol{A}_y$，$\boldsymbol{A}_z$は

$$\boldsymbol{A}_x = A_x\boldsymbol{i}_0, \quad \boldsymbol{A}_y = A_y\boldsymbol{j}_0, \quad \boldsymbol{A}_z = A_z\boldsymbol{k}_0 \tag{1.4}$$

と表すことができる。これを用いると，ベクトル$\boldsymbol{A}$は

$$\boldsymbol{A} = A_x\boldsymbol{i}_0 + A_y\boldsymbol{j}_0 + A_z\boldsymbol{k}_0 \tag{1.5}$$

と表すことができる (⇒ 数学入門A1)。このような表示をベクトルの**成分表示** (component representation) という。なおx，y，z軸の正方向を向いた単位ベクトルを，本書では，つねに記号$\boldsymbol{i}_0$，$\boldsymbol{j}_0$，$\boldsymbol{k}_0$で表すことにする。

ベクトルの特別なものとして位置ベクトルがある。図1.4において，点Pの位置を指定したいとする。位置を，点Oを基準としたベクトル$\overrightarrow{\mathrm{OP}} = \boldsymbol{r}$によって表すことができる。位置を表すこのようなベクトルを**位置ベクトル** (position vector) という。位置についても，実際の問題を扱うとき，(図ではなく) 数量的に表すことが必要になる。図1.4の座標系で点Pの座標が(x, y, z)の場合，位置を数量的に表すには，この座標(x, y, z)，あるいは成分表示の位置ベクトル

$$\boldsymbol{r} = x\boldsymbol{i}_0 + y\boldsymbol{j}_0 + z\boldsymbol{k}_0 \tag{1.6}$$

を用いる。

◇演　習　問　題◇

1.1　二人が滑らかな床の上で綱引きをしている。このとき二人の動きはどうなるか。

1.2　月面の重力加速度は地球表面の重力加速度の約1/6である。地球で体重60 kgの人の体重は月へ行くといくらになるか。

1.3　物体を東へ3 m，北へ5 m移動させた。出発の位置を基準にして，物体の現在の位置を示せ。

1.4*†　質量1 200 kgの自動車を加速度3 m/s²で加速させるため，いくらの力を加える必要があるか。

1.5*　物体に600 Nの力を加えたらその物体は3 m/s²で加速された。この物体の質量はいくらか。

1.6*　質量3 kgの物体が速度50 m/sで走っている。一定の力を加えてこの物体を0.02 sで停止させた。いくらの力を加えたか。

1.7*　物体を東へ4 m，北へ3 m，西へ2 m，南へ6 m移動させた。出発の位置を基準にして，物体の現在の位置を示せ。

† 演習問題のうち問題番号に＊を付したものについては，答のみを本書に記載し，解説はコロナ社ホームページ（トップページ→キーワード検索「機械の基礎力学」）に掲載した。

2 力と力のモーメント

この章で，力と力のモーメントに関する基礎事項をまとめる。この章の内容は，物体のつり合いや物体の運動を論ずるときの基礎となる。この章に先だってベクトルの基礎を確認しておくことが望ましい（⇒ 数学入門 A1）。

2.1 力

2.1.1 力

前章で，力とは物体の運動状態や形を変える働きをするものであると述べた。ここで力を表す量を考えよう。力の働きは大きさと方向によって異なる。したがって力を表す量として**ベクトル**（vector）が適している。**図 2.1** では力をベクトル $\boldsymbol{F}$ で表している。力の働きは，力が物体上のどの点に作用するかによって異なる。したがって力を表すのに，この**作用点**（point of application）を示す必要がある。図では作用点を点 P で示している。このように力はベクトルと作用点で表される。力の働きを議論するとき，力の方向を示す直線がしばしば必要になる。この直線を**作用線**（line of action）という。これを用

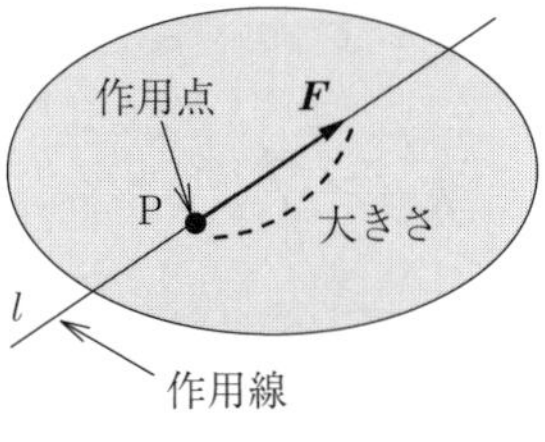

図 2.1　力を表す量

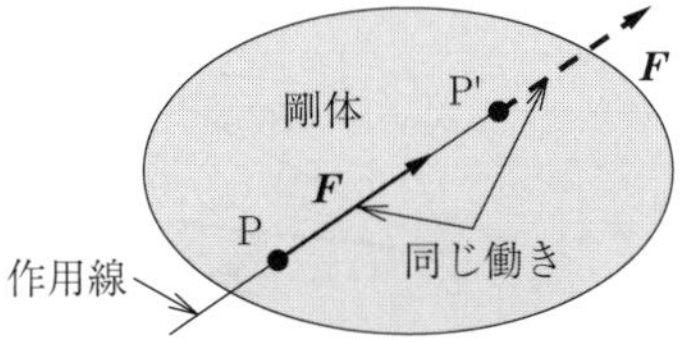

図 2.2　剛体上の力の働き

いるとき，力は作用線と作用点と大きさで表すことができる。

力が働いても変形しないと考えることができる物体を**剛体**（rigid body）という。経験的に納得できるように，剛体上における力の働きは，同じ作用線上であれば，作用点を他の点に移動しても同じである（**図 2.2**）。以下本書では，対象とする物体は剛体であるとする。

2.1.2　力に関する平行四辺形の法則

二人で物体を引っ張ったとする。二人が同じ方向に引っ張れば，二人の力は加え合わされ，全体としての力の働きは大きくなる。二人が反対方向に引っ張れば，二人の力は差し引きされ，全体としての力の働きは小さくなる。二人が異なる方向に引っ張れば，全体としての力の働きは，二人の力と別の方向となり，大きさも単に加えたり引いたりしたものとはならない。この例のように，二つの力が働くとき，全体としての力の働きは，二つの力の大きさのほか，方向によって異なる。二つの力が同時に働くときの全体としての力の働きを考えよう。

実験によれば，物体上の１点に働く二つの力は，この力を２辺とする平行四辺形の対角線で表される一つの力と同じ働きをする。これを力に関する**平行四辺形の法則**（parallelogram law）という。この法則によって，**図 2.3**(a)に示す二つの力 $\boldsymbol{F}_1$，$\boldsymbol{F}_2$ は，$\boldsymbol{R}$ で示す力と同じ働きをする。力 $\boldsymbol{R}$ のように，もとの力と同じ働きをする力を**合力**（resultant force）という。逆に一つの力 $\boldsymbol{R}$ は，図の二つの力 $\boldsymbol{F}_1$，$\boldsymbol{F}_2$ と同じ働きをする。力 $\boldsymbol{F}_1$，$\boldsymbol{F}_2$ のように，もとの力と同じ働きをする力の組を**分力**（component force）という。

力について成り立つ平行四辺形の法則は，ベクトル演算の合成と分解の規則

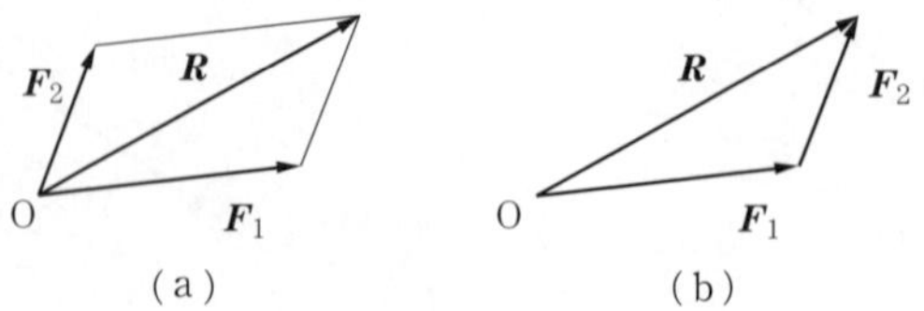

図 2.3　合　　力

と同じである。したがって合力や分力を求める操作は，ベクトルの合成や分解の演算と同じとなり，二つの力 $\boldsymbol{F}_1$，$\boldsymbol{F}_2$ の合力 $\boldsymbol{R}$ は，ベクトルの和

$$\boldsymbol{R}=\boldsymbol{F}_1+\boldsymbol{F}_2 \tag{2.1}$$

で与えられる。また与えられた力 $\boldsymbol{R}$ の分力 $\boldsymbol{F}_1$，$\boldsymbol{F}_2$ は，分力の方向を指定して，上式から求められる（⇒ 数学入門 A1）。

二つの力の合力を求めるのに，図 2.3(a)のように平行四辺形の法則をそのまま用いる方法のほか，図 2.3(b)のように，三角形を利用することもできる。ここでは，$\boldsymbol{F}_1$ の終点を始点として $\boldsymbol{F}_2$ を描き，$\boldsymbol{F}_1$ の始点と $\boldsymbol{F}_2$ の終点を結んで合力 $\boldsymbol{R}$ を求めている。いずれの方法でも同じ結果が得られることはいうまでもない。

【例題 2.1】　大きさが 30 N，20 N で角 120°をなす二つの力 $\boldsymbol{F}_1$，$\boldsymbol{F}_2$ の合力 $\boldsymbol{R}$ の大きさと方向を求めよ。

解答　図 2.4 に示すように，適当な尺度で二つの力 $\boldsymbol{F}_1$，$\boldsymbol{F}_2$ を描く。これを 2 辺とする平行四辺形の対角線を描く。この対角線が合力 $\boldsymbol{R}$ を表す。図から対角線の長さと角度を読みとると，合力の大きさ R，力 $\boldsymbol{F}_1$ からの角度 θ は

$$R=26.5\,〔\mathrm{N}〕,\quad \theta=40.9°$$

となる。

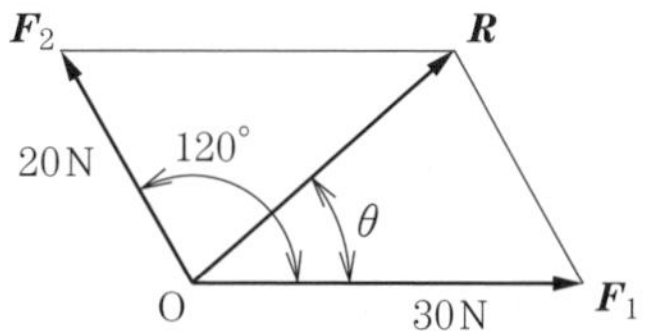

図 2.4　合　力

2.1.3　合　力

一つの点にいくつかの力が作用するときの合力がしばしば必要になる。ここで一つの点 O に力 $\boldsymbol{F}_1$，$\boldsymbol{F}_2$，… が作用する場合の合力を求める問題を考える。この方法として，作図による方法と成分表示による方法を示す。

■　**作図による合力**　　作図によって合力を求めるには，二つの力の合力を求める操作を繰り返せばよい。この場合，三角形を利用する方法が便利である。この方法によって $\boldsymbol{F}_1$，$\boldsymbol{F}_2$，… の合力を求めるには，力 $\boldsymbol{F}_1$ の終点を始点として力 $\boldsymbol{F}_2$ を描き，その終点を始点として力 $\boldsymbol{F}_3$ を描き，ということを最後の力まで繰り返す。力 $\boldsymbol{F}_1$ の始点と最後の力の終点を結んで合力 $\boldsymbol{R}$ が求められる。

上の操作は多数のベクトルの和の演算と同じである。したがって一つの点に力 $\boldsymbol{F}_1$, $\boldsymbol{F}_2$, … が作用するとき，その合力 $\boldsymbol{R}$ は，ベクトルの和

$$\boldsymbol{R}=\boldsymbol{F}_1+\boldsymbol{F}_2+\cdots=\sum_i \boldsymbol{F}_i \tag{2.2}$$

で与えられる。

【例題 2.2】 図 2.5(a)に示す，力 $\boldsymbol{F}_1$, $\boldsymbol{F}_2$, $\boldsymbol{F}_3$ の合力 $\boldsymbol{R}$ の大きさと方向を求めよ。

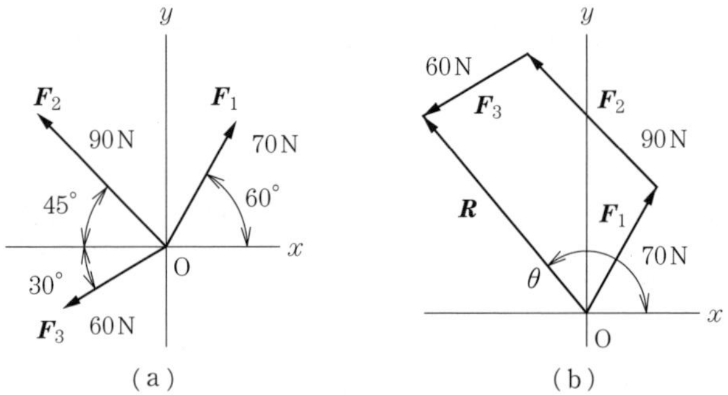

図 2.5　作図による合力

解答　図 2.5(b)に示すように，力 $\boldsymbol{F}_1$ の終点を始点として力 $\boldsymbol{F}_2$ を描き，つぎにその終点を始点として力 $\boldsymbol{F}_3$ を描く。力 $\boldsymbol{F}_1$ の始点と力 $\boldsymbol{F}_3$ の終点を結んだベクトル $\boldsymbol{R}$ が求める合力である。図から，合力 $\boldsymbol{R}$ の大きさ R と x 軸からの角度 θ を読みとると

$$R=124\,〔\mathrm{N}〕,\quad \theta=131°$$

となる。

■　成分表示による合力　作図によって合力を求めることは分かりやすいが，手間がかかり，精度も悪い。応用に際して合力を求めるには，力の成分表示を用いる。ここでこの方法を考える。

力 $\boldsymbol{F}_1$, $\boldsymbol{F}_2$, … の作用点を原点 O として，直角座標系 O-xyz を定める。x, y, z 軸の正方向を向いた単位ベクトル $\boldsymbol{i}_0$, $\boldsymbol{j}_0$, $\boldsymbol{k}_0$ を導入する。力 $\boldsymbol{F}_1$, $\boldsymbol{F}_2$, … のそれぞれの力 $\boldsymbol{F}_i$ に対し，x, y, z 軸方向の成分 F_{ix}, F_{iy}, F_{iz} を求め，力 $\boldsymbol{F}_i$ を

$$\boldsymbol{F}_i=F_{ix}\boldsymbol{i}_0+F_{iy}\boldsymbol{j}_0+F_{iz}\boldsymbol{k}_0 \tag{2.3}$$

と成分表示する。これを式(2.2)に代入し，整理すると

$$\boldsymbol{R}=\sum_i(F_{ix}\boldsymbol{i}_0+F_{iy}\boldsymbol{j}_0+F_{iz}\boldsymbol{k}_0)$$
$$=(\sum_i F_{ix})\boldsymbol{i}_0+(\sum_i F_{iy})\boldsymbol{j}_0+(\sum_i F_{iz})\boldsymbol{k}_0 \tag{2.4}$$

を得る。この式において

$$R_x=\sum_i F_{ix},\quad R_y=\sum_i F_{iy},\quad R_z=\sum_i F_{iz} \tag{2.5}$$

とおけば，合力 $\boldsymbol{R}$ の成分表示は

$$\boldsymbol{R}=R_x\boldsymbol{i}_0+R_y\boldsymbol{j}_0+R_z\boldsymbol{k}_0 \tag{2.6}$$

となる。この式から，合力 $\boldsymbol{R}$ の成分 R_x，R_y，R_z は，力 $\boldsymbol{F}_i$ の成分 F_{ix}，F_{iy}，F_{iz} をそれぞれ成分ごとに加え合わせて得られることがわかる。

式(2.6)を用いれば，合力 $\boldsymbol{R}$ の大きさや方向は容易に求められる。まず大きさ R は，ピタゴラスの定理を用いて

$$R=\sqrt{R_x{}^2+R_y{}^2+R_z{}^2} \tag{2.7}$$

となる。また合力の方向を x，y，z 軸となす角 θ_x，θ_y，θ_z で表すことにすると，合力の方向は

$$\cos\theta_x=\frac{R_x}{R},\quad \cos\theta_y=\frac{R_y}{R},\quad \cos\theta_z=\frac{R_z}{R} \tag{2.8}$$

によって求められる。

特に平面内の力の合力は，上の式の特別な場合として得られる。力の面内に直角座標系 O-xy を定めると，合力 $\boldsymbol{R}$ は，上の各式で z 軸方向の成分を省いたものとなる。

【例題 2.3】　例題 2.2 の合力を力の成分表示を用いて求めよ。

解答　図 **2.6**(a)に示す力 $\boldsymbol{F}_1$，$\boldsymbol{F}_2$，$\boldsymbol{F}_3$ に対し，図(b)に示す成分を求めると

$$\begin{aligned}&F_{1x}=70\cos 60^\circ,\quad F_{1y}=70\sin 60^\circ\\&F_{2x}=90\cos 135^\circ,\quad F_{2y}=90\sin 135^\circ\\&F_{3x}=60\cos 210^\circ,\quad F_{3y}=60\sin 210^\circ\end{aligned} \tag{1}$$

である。これを用いると，合力 $\boldsymbol{R}$ は

$$\boldsymbol{R}=R_x\boldsymbol{i}_0+R_y\boldsymbol{j}_0 \tag{2}$$

となる。ここで R_x，R_y は，式(2.5)より

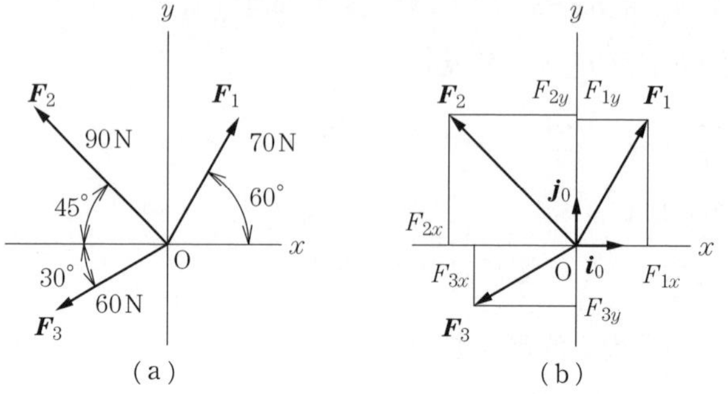

図 2.6　成分表示による合力

$$R_x = F_{1x} + F_{2x} + F_{3x} = -80.60$$
$$R_y = F_{1y} + F_{2y} + F_{3y} = 94.26 \qquad (3)$$

である。したがって合力 $\boldsymbol{R}$ の大きさ R は

$$R = \sqrt{R_x{}^2 + R_y{}^2} = 124.0\,[\mathrm{N}] \qquad (4)$$

となる。また合力が x 軸となす角 θ は $\cos\theta = R_x/R$ によって定められ

$$\theta = \cos^{-1}\left(\frac{R_x}{R}\right) = \cos^{-1}\left(-\frac{80.60}{124.0}\right) = 130.5° \qquad (5)$$

となる。この結果は，作図による例題 2.2 の結果と一致している。

2.2　力のモーメント

2.2.1　力のモーメント

図 2.7 に示すように，点 O まわり（正確には点 O を通り紙面に垂直な軸まわり）に回転可能なボルトがあり，これをスパナで回転させたいとする。点 O から離れた位置でスパナの柄に力を加えれば，ボルトを回転させることができる。このように，点まわりに回転可能な物体に，作用線がその点を通らないように力を加えると，力は物体を回転させる働きをする。この働きを**力のモーメント** (moment of force) あるいは単に**モーメント**という。

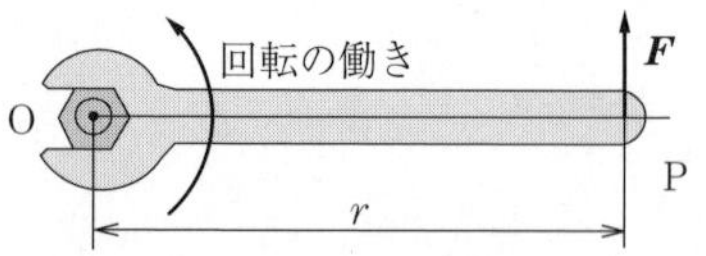

図 2.7　力のモーメント

■ 平面内の力のモーメント　力のモーメントの大きさを考える。まず図2.7において，力 $\boldsymbol{F}$ をスパナの柄と直角方向に加えた場合を考える。経験によれば，モーメントの大きさは，力 F が大きいほど，また点Oから作用点Pまでの距離 r が長いほど大きい。力学的にモーメントの大きさ N を

$$N = rF \tag{2.9}$$

と定める。

図2.7の場合を一般化して，**図2.8**に示すように，点Oと作用点Pを結んだ直線OPと角 θ をなす方向に力 $\boldsymbol{F}$ を加える場合を考える。点Oと点Pの間の距離を r とする。この場合のモーメントの大きさを導くのに図(a)，(b)に示す二つの考え方がある。

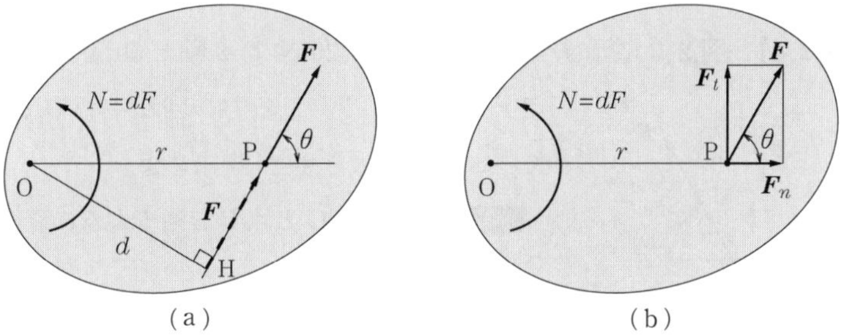

図2.8　平面内の力のモーメント

第一の考え方を示す。図2.8(a)に示すように，点Oから力 $\boldsymbol{F}$ の作用線に下ろした垂線の足をHとする。剛体上では作用線上で作用点を移動させても力の働きは変わらない。そこで力 $\boldsymbol{F}$ の作用点を点Pから点Hまで移動させる。こうすれば力 $\boldsymbol{F}$ は直線OHに直角方向に働く。したがって式(2.9)により，モーメントの大きさ N は，垂線の長さ $d=\overline{\mathrm{OH}}$ を用いて

$$N = dF \tag{2.10}$$

となる。長さ d は $d = r\sin\theta$ であるから，モーメントの大きさ N は

$$N = rF\sin\theta \tag{2.11}$$

となる。これが求める式である。この式で $\theta = \pi/2$ とすれば，式(2.9)を得る。

第二の考え方を示す。図2.8(b)に示すように，力 $\boldsymbol{F}$ を直線OPの方向と

それに直角方向の分力 $\boldsymbol{F}_n$，$\boldsymbol{F}_t$ に分解する。その大きさは $F_n = F\cos\theta$，$F_t = F\sin\theta$ である。分力のうち $\boldsymbol{F}_t$ のみが回転に寄与すると考えられる。したがって式(2.9)により F_t と r を掛けると式(2.11)を得る。

図2.8(a)の d のように，回転中心と力の作用線の間の距離を**腕の長さ**(length of moment arm) という。モーメントの大きさは，腕の長さと力の大きさを掛けたものである。モーメントの大きさの単位は，SI単位で，力の単位〔N〕と長さの単位〔m〕を掛けた〔N・m〕である。

モーメントによる回転の方向は，回転中心と力の位置関係によって決まる。例えば図2.8では，回転の方向は反時計方向である。平面内の力を紙面内で論ずるとき，慣例的に，反時計方向のモーメントを正，時計方向のモーメントを負とする。以下本書でも，この慣例に従ってモーメントの正負を定める。

【例題2.4】 **図2.9** に示すように，大きさ20Nで x 軸と60°をなす力 $\boldsymbol{F}$ が点Pに作用する。この力の回転中心Oまわりのモーメントの大きさ N を求めよ。

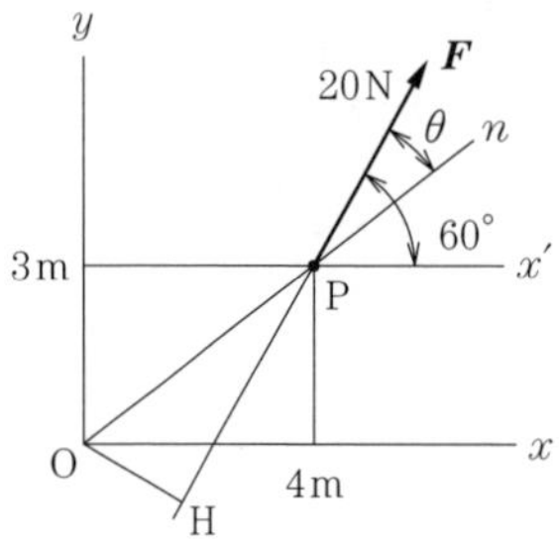

図2.9　モーメントの大きさ

解答　回転中心Oと点Pを通るように直線Onをひく。

$$\angle nPx' = \angle nOx = \tan^{-1}\frac{3}{4} = 36.87° \qquad (1)$$

を用いると，直線Onと力 $\boldsymbol{F}$ がなす角 θ は

$$\theta = 60° - 36.87° = 23.13° \qquad (2)$$

となる。また $\overline{OP} = \sqrt{4^2+3^2} = 5$〔m〕である。したがって式(2.11)を用いて

$$N = \overline{OP}F\sin\theta = 5\times 20\times\sin 23.13° = 39.3\text{〔N·m〕} \qquad (3)$$

となる。回転の方向は反時計方向であるから，符号は正でよく，上の値が求める大きさである。

■　3次元空間内の力のモーメント　　モーメントを3次元空間内の力の場合に拡張して定義する。**図2.10** に示すように，点Oで支えられた物体がある。点Oから r の距離にある物体上の点Pに，作用線が点Oを通らないように力 $\boldsymbol{F}$ を加える。このとき力 $\boldsymbol{F}$ は，点Oと力 $\boldsymbol{F}$ を含む平面Πに垂直な軸O-s まわりにモーメントを生じる。このモーメントの大きさ N は，平面内の

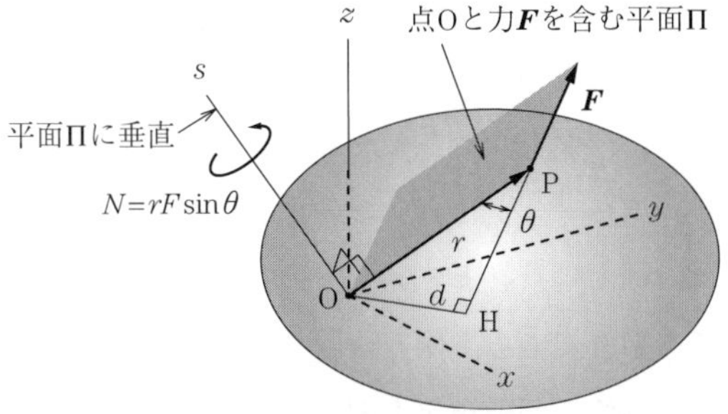

図 2.10　3次元空間内の力のモーメント

力の場合と同じようにして求められる。結果を示すと，直線 OP と力 $\boldsymbol{F}$ のなす角 θ で定められる腕の長さ $d=r\sin\theta$ を用いて，モーメントの大きさ N は

$$N=dF=rF\sin\theta \tag{2.12}$$

となる。モーメントによる軸まわりの回転の方向は，軸 O-s に対する力 $\boldsymbol{F}$ の位置関係によって決まる。

2.2.2 モーメントベクトル

前項で述べたように，モーメントは，大きさと回転の方向で与えられる。大きさと方向で与えられる力をベクトルで表したように，大きさと回転の方向で与えられるモーメントを一つの量で表すことはできないか。ここでこの問題を考える。

図 2.11 に示すベクトル $\boldsymbol{N}$ を考える。このベクトルの大きさはモーメントの

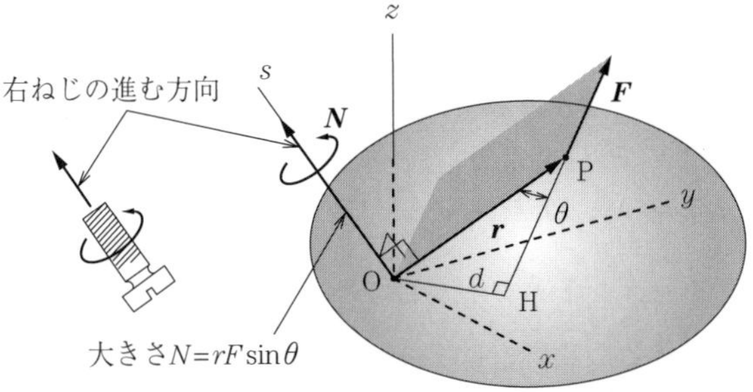

図 2.11　モーメントベクトル

大きさに等しくとってある。このベクトルの正方向は，モーメントの回転の方向に右ねじを回すときに右ねじが進む方向としてある。このようにベクトルを定めることにすれば，ベクトルからモーメントの大きさと回転の方向を正しく知ることができる。モーメントを表すこのようなベクトルを**モーメントベクトル**（moment vector）という。モーメントベクトルはもちろん平面内の力のモーメントについても定義できる。例えば図2.7のモーメントは，式(2.11)の大きさを持ち，紙面に垂直で手前を正方向とするベクトルで表される。

【例題2.5】 **図2.12**(a)に示す x-y 平面内の点Pに，力 $\boldsymbol{F}_1$ が作用する場合と力 $\boldsymbol{F}_2$ が作用する場合の点Oまわりのモーメントベクトルを求めよ。ただし $r=5$〔m〕，$F_1=F_2=10$〔N〕とする。

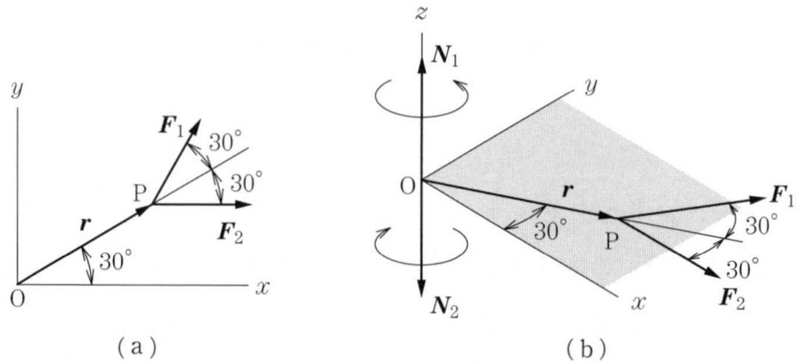

図2.12　モーメントベクトル

解答　力 $\boldsymbol{F}_1$ のモーメントは，x-y 平面内で反時計方向を向き，大きさ N_1 は式(2.12)によって

$$N_1=5\times10\times\sin30^\circ=25\text{〔N・m〕}$$

である。これを表すモーメントベクトルは，図(b)に示すように，大きさはこの値で z 軸の正方向を向くベクトル $\boldsymbol{N}_1$ である。力 $\boldsymbol{F}_2$ のモーメントは，x-y 平面内で時計方向を向き，大きさ N_2 は上と同じである。これを表すモーメントベクトルは，大きさは上の値で，z 軸の負方向を向くベクトル $\boldsymbol{N}_2$ である。

上で導入したモーメントベクトルは，ベクトル積（⇒数学入門A1）で都合よく表すことができる。実際，図2.11に示すように，作用点Pの位置ベクトル $\boldsymbol{r}=\overrightarrow{\mathrm{OP}}$ を導入し，ベクトル $\boldsymbol{r}$ と力 $\boldsymbol{F}$ のベクトル積

$$\boldsymbol{N} = \boldsymbol{r} \times \boldsymbol{F} \tag{2.13}$$

を考えると，ベクトル積の定義によって，これはちょうど上で導入したモーメントベクトルとなる。一般にモーメントベクトルは，作用点の位置ベクトルと力のベクトルのベクトル積で与えられる。

2.2.3　モーメントの成分表示

モーメントを数量的に扱うには，モーメントベクトルの成分表示が用いられる。ここでこれを考える。

■　平面内の力のモーメント　　はじめに平面内の力のモーメントを考える。**図 2.13** に示す，点 P に働く力 $\boldsymbol{F}$ の点 O まわりのモーメント $\boldsymbol{N}$ を求める。力が働く平面内に直角座標系 O-xy を，それに垂直に z 軸を定める。点 P の座標を $(x,\ y)$ とし，力 $\boldsymbol{F}$ の x，y 軸方向の成分を F_x，F_y とする。

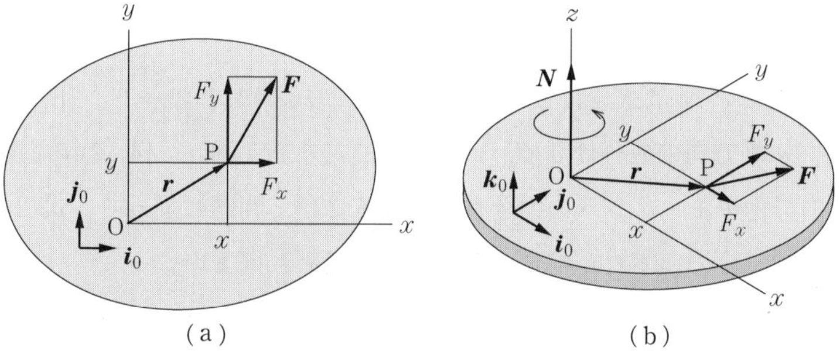

図 2.13　成分によるモーメントの計算

まず図 2.13(a)を用いて図式的にモーメントベクトルを求めよう。モーメントは x-y 平面に垂直な軸まわりに生じるので，モーメントベクトル $\boldsymbol{N}$ の方向は z 軸方向である。大きさ N は，F_x，F_y のそれぞれの力によるモーメント $-yF_x$，xF_y の和で与えられるとして

$$N = xF_y - yF_x \tag{2.14}$$

となる。まとめると，モーメントベクトル $\boldsymbol{N}$ の x，y 軸方向の成分は 0 で，z 軸方向の成分は式(2.14)の N であるということができる。これを図示すると

図(b)のようになる。

同じ結果を，ベクトルの演算によって機械的に得ることができる。ベクトル $\boldsymbol{r}=\overrightarrow{\mathrm{OP}}$ の成分表示は

$$\boldsymbol{r}=x\boldsymbol{i}_0+y\boldsymbol{j}_0 \tag{2.15}$$

である。力 $\boldsymbol{F}$ の成分表示は

$$\boldsymbol{F}=F_x\boldsymbol{i}_0+F_y\boldsymbol{j}_0 \tag{2.16}$$

である。これらを，式(2.13)のモーメントベクトル $\boldsymbol{N}$ の式に代入すると

$$\boldsymbol{N}=(x\boldsymbol{i}_0+y\boldsymbol{j}_0)\times(F_x\boldsymbol{i}_0+F_y\boldsymbol{j}_0) \tag{2.17}$$

となる。この式を，ベクトル積の定義に基づいて計算する（⇒数学入門A1)。このためこの式を展開し，単位ベクトルについて成り立つ関係

$$\left.\begin{aligned}&\boldsymbol{i}_0\times\boldsymbol{i}_0=\boldsymbol{j}_0\times\boldsymbol{j}_0=0\\&\boldsymbol{i}_0\times\boldsymbol{j}_0=\boldsymbol{k}_0,\ \ \boldsymbol{j}_0\times\boldsymbol{i}_0=-\boldsymbol{k}_0\end{aligned}\right\} \tag{2.18}$$

を用いる。このようにして

$$\boldsymbol{N}=N\boldsymbol{k}_0 \tag{2.19}$$

を得る。ここで N は式(2.14)に一致する。このように，モーメントベクトル $\boldsymbol{N}$ の x，y 軸方向の成分は 0 で，z 軸方向の成分 N は式(2.14)で与えられる。

平面内の力のモーメントの大きさを求めるには，問題によって，式(2.12)あるいは式(2.14)のいずれか都合のよいほうを用いればよい。

【例題 2.6】　例題 2.4 のモーメント N を，式(2.14)を用いて求めよ。

解答　力 $\boldsymbol{F}$ の x，y 方向の成分 F_x，F_y は

$$F_x=20\cos 60°=10.00\,[\mathrm{N}],\quad F_y=20\sin 60°=17.32\,[\mathrm{N}]$$

となる。これを式(2.14)に代入すると

$$N=4\times 20\sin 60°-3\times 20\cos 60°=39.3\,[\mathrm{N\cdot m}]$$

となる。この結果は例題 2.4 の結果と一致する。

■　3 次元空間内の力のモーメント　　3 次元空間内の力のモーメントの成分表示を考える。回転の中心の点 O を原点として，空間内に直角座標系 O-xyz を定める。力の作用点 P の座標を $(x,\ y,\ z)$ とし，力 $\boldsymbol{F}$ の成分を F_x，F_y，F_z とする。このときベクトル $\boldsymbol{r}=\overrightarrow{\mathrm{OP}}$ の成分表示は

$$\boldsymbol{r} = x\boldsymbol{i}_0 + y\boldsymbol{j}_0 + z\boldsymbol{k}_0 \tag{2.20}$$

であり，力 $\boldsymbol{F}$ の成分表示は

$$\boldsymbol{F} = F_x\boldsymbol{i}_0 + F_y\boldsymbol{j}_0 + F_z\boldsymbol{k}_0 \tag{2.21}$$

である。これらを式(2.13)に代入すると

$$\boldsymbol{N} = (x\boldsymbol{i}_0 + y\boldsymbol{j}_0 + z\boldsymbol{k}_0) \times (F_x\boldsymbol{i}_0 + F_y\boldsymbol{j}_0 + F_z\boldsymbol{k}_0) \tag{2.22}$$

を得る。上の場合と同じようにベクトル積を計算すると（⇒数学入門A1），モーメント $\boldsymbol{N}$ の成分表示として

$$\boldsymbol{N} = N_x\boldsymbol{i}_0 + N_y\boldsymbol{j}_0 + N_z\boldsymbol{k}_0 \tag{2.23}$$

を得る。ここで

$$N_x = yF_z - zF_y, \quad N_y = zF_x - xF_z, \quad N_z = xF_y - yF_x \tag{2.24}$$

である。式(2.23)が求める成分表示であり，式(2.24)がそれぞれの成分を与える式である。特に力 $\boldsymbol{F}$ が x-y 平面内で作用するとき，この式の z 軸方向の成分 N_z を取り出せば，式(2.14)に一致する結果を得る。

2.2.4 合モーメント

これまで一つの力による回転の働きを表すモーメントを考えた。いくつかの力が同時に作用するとき，それらの力の全体としての回転の働きはどのようになるか。この問題を，**図2.14**(a)に示すように，回転の中心が点Oで，同じ点Pに力 $\boldsymbol{F}_1$，$\boldsymbol{F}_2$，… が作用する場合について考える。

力 $\boldsymbol{F}_1$，$\boldsymbol{F}_2$，… の働きは，合力 $\boldsymbol{R} = \boldsymbol{F}_1 + \boldsymbol{F}_2 + \cdots$ の働きに等しい。したがっ

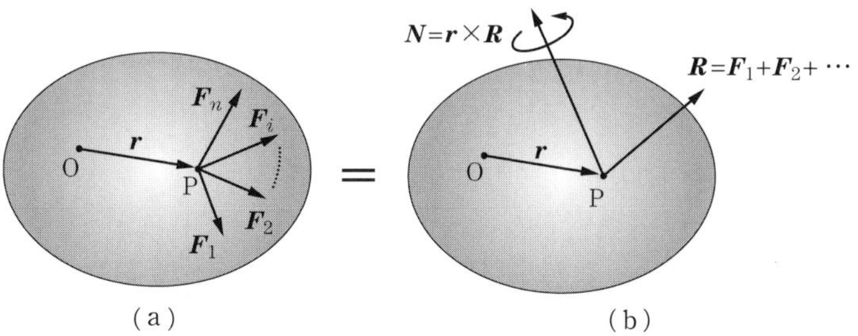

図2.14 合モーメント

て力の全体としての回転の働きは，一つの力 $\boldsymbol{R}$ による回転の働きに等しい。そこで点 P の位置ベクトルを $\boldsymbol{r}=\overrightarrow{\mathrm{OP}}$ とすると，力の全体としての回転の働きは，モーメント

$$\boldsymbol{N}=\boldsymbol{r}\times\boldsymbol{R} \tag{2.25}$$

で与えられる。この式に合力の式を代入すると

$$\boldsymbol{N}=\boldsymbol{r}\times(\boldsymbol{F}_1+\boldsymbol{F}_2+\cdots) \tag{2.26}$$

となる。この式を展開し

$$\boldsymbol{N}_1=\boldsymbol{r}\times\boldsymbol{F}_1,\quad \boldsymbol{N}_2=\boldsymbol{r}\times\boldsymbol{F}_2,\ \cdots \tag{2.27}$$

とおくと，モーメント $\boldsymbol{N}$ は

$$\boldsymbol{N}=\boldsymbol{N}_1+\boldsymbol{N}_2+\cdots=\sum_i \boldsymbol{N}_i \tag{2.28}$$

で与えられる。この式の $\boldsymbol{N}$ のように，それぞれの力によるモーメントをベクトル的に加えたものを**合モーメント**（resultant moment）という。上の議論から，力の全体としての回転の働きは，それぞれの力のモーメントの合モーメント $\boldsymbol{N}$ で与えられるということができる。

合モーメント $\boldsymbol{N}$ の成分を，個々のモーメントの成分から求める方法は，合力の場合と同じである。まずそれぞれの力のモーメント $\boldsymbol{N}_i$ を，式(2.23)のように成分表示する。合モーメント $\boldsymbol{N}$ の成分は，モーメント $\boldsymbol{N}_i$ の成分を成分ごとに加え合わせたものとなる。

2.3　偶力のモーメント

2.3.1　偶力のモーメント

自動車のハンドルを操作するとき，ふつう同じ大きさの二つの力をたがいに反対方向に加える（**図 2.15**）。この例のように，平行な作用線上に働き，同じ大きさで反対方向の二つの力の組を**偶力**（couple, couple of forces）という。経験的にわかるように，偶力は，物体を回転させようとす

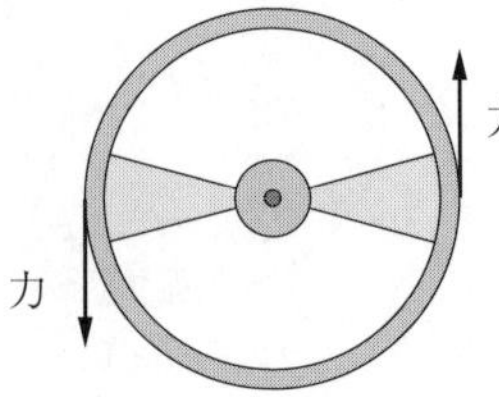

図 2.15　偶　　力

る働きのみをし，物体を並進運動させようとする働きをしない。物体を回転させようとする偶力の働きを**偶力のモーメント**(moment of couple)あるいは単にモーメントという。

■ **平面内の偶力のモーメント**　偶力のモーメントを定量的に検討する。まず平面内の偶力の場合を取り上げる。**図 2.16** に示すように，物体上の点 P，Q に，偶力 $\boldsymbol{F}$，$-\boldsymbol{F}$ が作用するものとする。この偶力の任意の点 O まわりのモーメントを考える。このため点 O から力 $\boldsymbol{F}$，$-\boldsymbol{F}$ の作用線までの距離を d_1，d_2，その間の距離を d とすると，力 $\boldsymbol{F}$，$-\boldsymbol{F}$ のモーメント N_P，N_Q は

$$N_P = d_1 F, \quad N_Q = -d_2 F \tag{2.29}$$

である。偶力のモーメントは，これらの和で与えられるとして

$$N = d_1 F - d_2 F = (d_1 - d_2)F = dF \tag{2.30}$$

となる。この式によると，N は偶力の間の距離 d で定められ，d_1，d_2 に依存しないことがわかる。N が距離 d_1，d_2 に依存しないということは，モーメントの和がどの点まわりかに依存しないことを意味する。偶力の間の距離を**偶力の腕の長さ**（length of couple arm）というので，一般に偶力のモーメントの大きさは，偶力の腕の長さと力の大きさの積で定められるということができる。

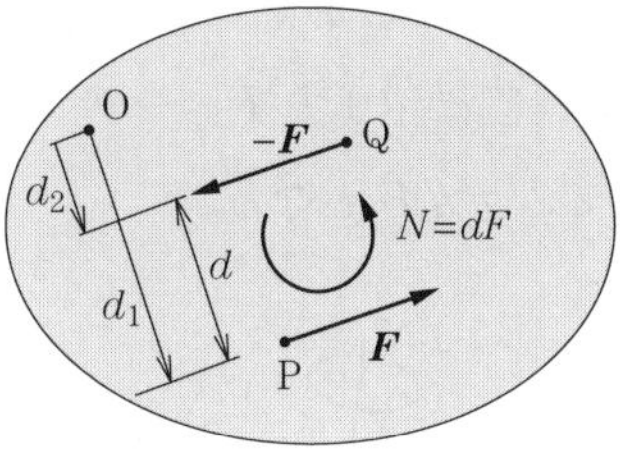

図 2.16　偶力のモーメント

二組の偶力がある場合に，力の大きさや腕の長さが同じでなくても，それらの積で定められるモーメントが等しいとき，それらの偶力の働きは同じである。この意味で，モーメントの等しい偶力はたがいに**等価**（equivalent）であるという。

【例題 2.7】　自動車のハンドルに両手で大きさ 4 N の力をたがいに反対方向

に加える。ハンドルの直径を 400 mm とするとき，偶力のモーメントの大きさを求めよ。つぎにハンドルの直径を 350 mm とするとき，上と同じ働きをする偶力を得るために，力の大きさをいくらにすればよいか。

解答 定義に従ってはじめの問題の偶力のモーメントの大きさを求めると

$$N=4\times0.4=1.6\,[\mathrm{N\cdot m}]$$

である。つぎにハンドルの直径が 350 mm のとき，求める力の大きさを F とすると

$$F\times0.35=1.6$$

が成り立たなければならない。この式から $F=4.57\,[\mathrm{N}]$ を得る。

■ **3次元空間内の偶力のモーメント**　上の議論を3次元空間内の偶力の場合に一般化する。**図 2.17** に示すように，物体上の点 P，Q に，偶力 $\boldsymbol{F}$，$-\boldsymbol{F}$ が作用するものとし，この偶力の任意の点 O まわりのモーメントを考える。このため点 P，Q の位置ベクトル $\boldsymbol{r}_\mathrm{P}$，$\boldsymbol{r}_\mathrm{Q}$ を導入すると，それぞれの力のモーメント $\boldsymbol{N}_\mathrm{P}$，$\boldsymbol{N}_\mathrm{Q}$ は

$$\boldsymbol{N}_\mathrm{P}=\boldsymbol{r}_\mathrm{P}\times\boldsymbol{F},\quad \boldsymbol{N}_\mathrm{Q}=\boldsymbol{r}_\mathrm{Q}\times(-\boldsymbol{F}) \tag{2.31}$$

である。偶力のモーメントは，これらの和で与えられるとして

$$\boldsymbol{N}=(\boldsymbol{r}_\mathrm{Q}-\boldsymbol{r}_\mathrm{P})\times\boldsymbol{F}=\boldsymbol{r}\times\boldsymbol{F} \tag{2.32}$$

となる。ここで $\boldsymbol{r}=\boldsymbol{r}_\mathrm{P}-\boldsymbol{r}_\mathrm{Q}=\overrightarrow{\mathrm{QP}}$ を導入した。この式から，モーメント $\boldsymbol{N}$ は $\boldsymbol{r}$ と $\boldsymbol{F}$ のベクトル積で与えられ，点 O の位置に無関係であることがわかる。モーメント $\boldsymbol{N}$ の大きさ N は，図に示す力 $\boldsymbol{F}$，$-\boldsymbol{F}$ の作用線の間の距離で与えられる腕の長さ d を用いて $N=dF$ となる。

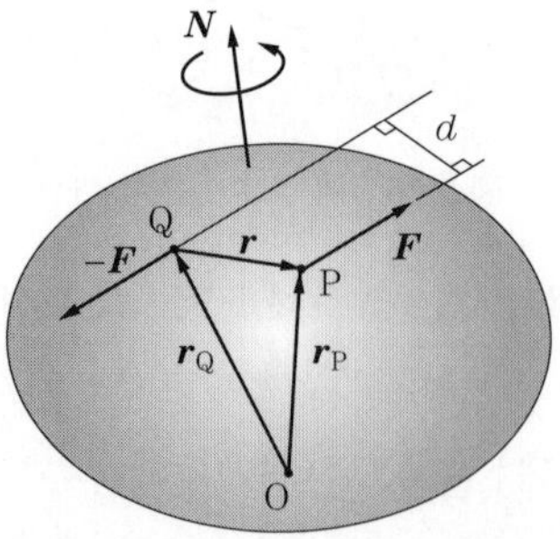

図 2.17　偶力のモーメント

3次元空間内の偶力の場合も，偶力モーメントが等しい二組の偶力は，物体を回転させようとする働きで等しいので，等価であるという。

2.3.2 偶力の合モーメント

複数組の偶力が作用し，そのモーメントが $\boldsymbol{N}_1 = \boldsymbol{r}_1 \times \boldsymbol{F}_1$，$\boldsymbol{N}_2 = \boldsymbol{r}_2 \times \boldsymbol{F}_2$，… であるとする。これらのモーメントをベクトル的に加えた

$$\boldsymbol{N} = \boldsymbol{N}_1 + \boldsymbol{N}_2 + \cdots + \boldsymbol{N}_n \tag{2.33}$$

を，力のモーメントと同じように**合モーメント**（resultant moment）という。偶力の全体としての回転の働きはこのモーメント $\boldsymbol{N}$ で与えられる。これを以下に示す。

剛体上に点P，Qを定め，$\boldsymbol{r} = \overrightarrow{\mathrm{QP}}$ とする。モーメント $\boldsymbol{N}_i$ を与える偶力 $\boldsymbol{F}_i$，$-\boldsymbol{F}_i$ を，$\boldsymbol{r}_i \times \boldsymbol{F}_i = \boldsymbol{r} \times \boldsymbol{F}_i'$ を満たすように，点P，Qに作用する等価な偶力 $\boldsymbol{F}_i'$，$-\boldsymbol{F}_i'$ で置き換える。すべての偶力をこのように置き換え，点P，Qに作用する力の合力 $\boldsymbol{R}' = \boldsymbol{F}_1' + \boldsymbol{F}_2' + \cdots$，$-\boldsymbol{R}' = -\boldsymbol{F}_1' - \boldsymbol{F}_2' - \cdots$ を求める。これを用いると偶力の全体としての回転の働きを表すモーメント $\boldsymbol{N}$ は，点P，Qに作用する一組の偶力 $\boldsymbol{R}'$，$-\boldsymbol{R}'$ の働きと同じになる。この偶力のモーメント $\boldsymbol{N} = \boldsymbol{r} \times \boldsymbol{R}'$ に合力の式を代入し，それを展開すれば，式(2.33)を得る。

2.4 力の置き換え

力を平行移動させるとき，同じ作用線上であれば，作用点をどこに移動させても力の働きは変わらないことを2.1.1項で学んだ。これに対し，作用線から外れて作用点を移動させると力の働きは変わる。与えられた力を，働きを変えないで任意の点に作用する力に置き換えることはできないか。この置き換えは，物体のつり合いや物体の運動の問題でしばしば必要になる。ここでこれを考える。

■ **平面内の力の置き換え**　まず平面内の力の場合を取り上げる。図**2.18**(a)に示すように，物体上の点Pに力 $\boldsymbol{F}$ が作用しているとする。力の働

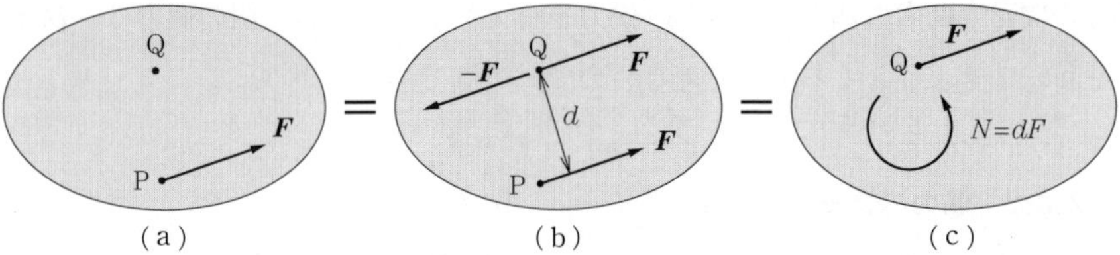

図 2.18　力の置き換え

きを変えないで，この力を，作用線から d だけ離れた点 Q に平行移動させたいとする。このため(b)に示すように，点 Q に力 $\boldsymbol{F}$，$-\boldsymbol{F}$ を加える。点 Q におけるこれらの 2 力の合力は 0 であるから，全体の力の働きは(a)と(b)で同じである。(b)において，点 Q に作用する力 $\boldsymbol{F}$，$-\boldsymbol{F}$ のうち力 $-\boldsymbol{F}$ と点 P に作用する力 $\boldsymbol{F}$ をまとめると，これは偶力となる。この偶力のモーメントの大きさは dF である。点 Q に作用する残りの力 $\boldsymbol{F}$ は点 P に作用している力を平行移動したと解釈することができる。このようにして(c)に示すように，点 P に作用する力 $\boldsymbol{F}$ は，点 Q に作用する力 $\boldsymbol{F}$ と大きさ dF の偶力のモーメントに置き換えることができる。

【例題 2.8】　スパナの働きを，力の置き換えを利用して説明せよ。

解答　**図 2.19**(a)のスパナ上の点 P に作用する力 $\boldsymbol{F}$ を，ボルトの中心の点 O に作用する力に置き換えると，(b)に示すように，点 O に作用する力 $\boldsymbol{F}$ と，大きさ $N=rF$ のモーメントになる。このうち力 $\boldsymbol{F}$ はボルトを並進運動させようとする働きをするが，ボルトの支持部が力に耐えられればボルトは並進運動しない。大きさ N のモーメントはボルトを回転させようとする働きをする。

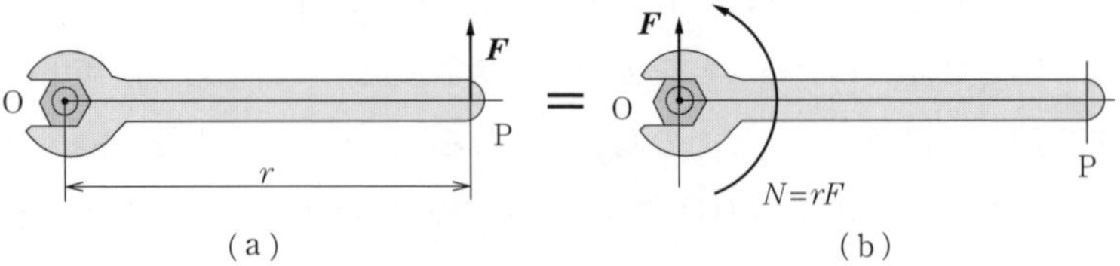

図 2.19　スパナの働き

■　**3 次元空間内の力の置き換え**　　上の議論を 3 次元空間内の力の場合に拡張する。**図 2.20**(a)に示すように，物体上の点 P に力 $\boldsymbol{F}$ が作用するものと

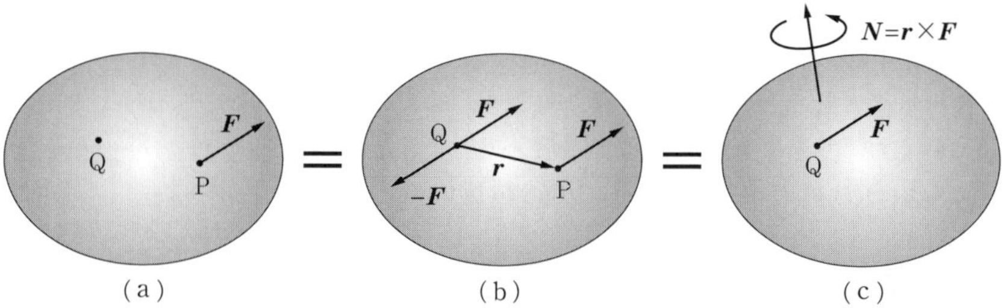

図 2.20　力の置き換え

する。この力を，点 P から $\boldsymbol{r}=\overrightarrow{\mathrm{QP}}$ だけ離れた点 Q に平行移動させることを考える。このため(b)に示すように，点 Q に力 $\boldsymbol{F}$，$-\boldsymbol{F}$ を加える。この 2 力の合力は 0 であるから，物体に対する全体の力の働きは(a)と(b)で同じである。(b)において，点 Q に作用する力 $\boldsymbol{F}$，$-\boldsymbol{F}$ のうち，力 $-\boldsymbol{F}$ を点 P に作用する力 $\boldsymbol{F}$ とまとめると，これは偶力となる。この偶力のモーメントはベクトル $\boldsymbol{N}=\boldsymbol{r}\times\boldsymbol{F}$ で与えられる。点 Q に作用するもう一つの力 $\boldsymbol{F}$ は点 P の力を平行移動したと考えることができる。このようにして(c)に示すように，点 P に作用する力 $\boldsymbol{F}$ は，点 Q に作用する力 $\boldsymbol{F}$ と，偶力のモーメント $\boldsymbol{N}=\boldsymbol{r}\times\boldsymbol{F}$ に置き換えることができる。

◇演　習　問　題◇

2.1　例題 2.1 の力 $\boldsymbol{F}_1$，$\boldsymbol{F}_2$ の合力を，成分表示を用いて求めよ。

2.2　図 2.21 に示す力 $\boldsymbol{F}$ の点 O まわりのモーメント M を，腕の長さを計算して求める方法と力の成分を利用して求める方法の 2 通りの方法で求めよ。

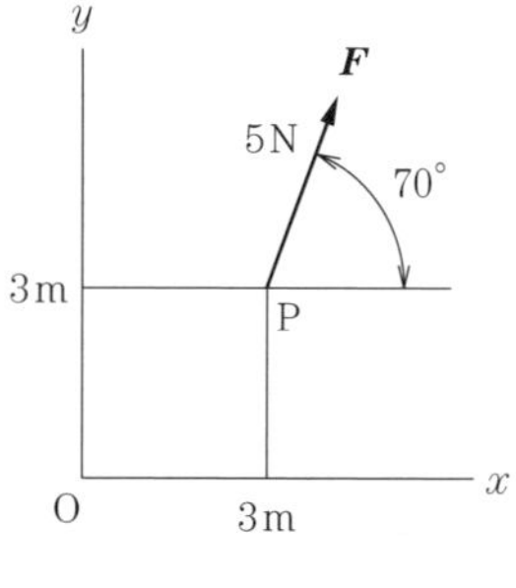

図 2.21　力のモーメント

2.3　**図 2.22** に示すように，長さ 3 m の軽い棒の両端に質量 1 kg，2 kg の物体が取り付けられている。この棒を水平に置くときに物体に働く重力を，はじめ点 Q_1 に働く力，つぎに点 Q_2 に働く力に置き換えよ。ただし点 Q_1，Q_2 は棒の中央，左から 2/3 の位置の点とする。

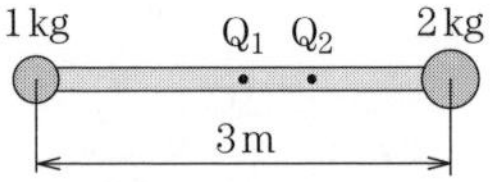

図 2.22　力の置き換え

2.4*　**図 2.23** に示す 3 つの力 $\boldsymbol{F}_1$，$\boldsymbol{F}_2$，$\boldsymbol{F}_3$ の合力 $\boldsymbol{R}$ の大きさと方向を，図を用いる方法と成分表示を用いる方法の二通りの方法で求めよ。

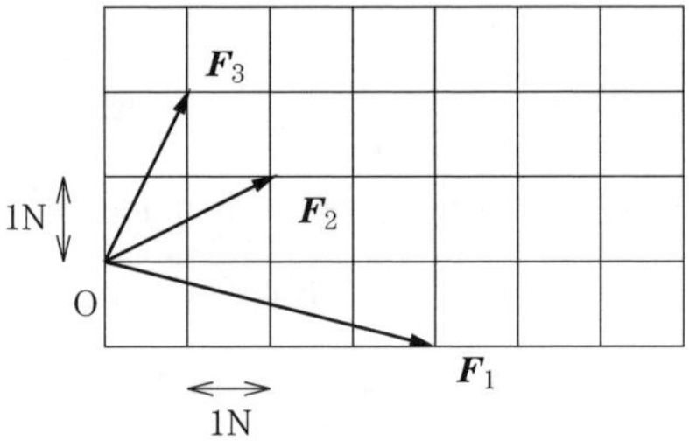

図 2.23　合　　　力

2.5*　**図 2.24** に示すように，10 N の大きさの力が点 P に働いている。この力の点 O まわりのモーメントの大きさ N を求めよ。

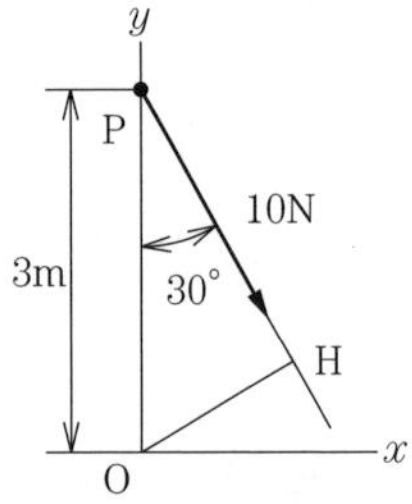

図 2.24　力のモーメント

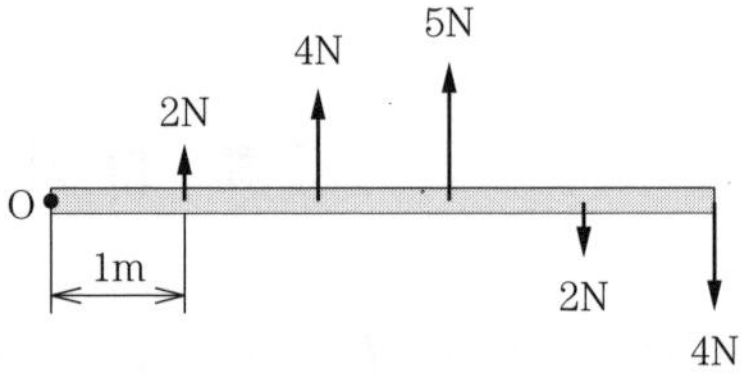

図 2.25　合モーメント

2.6*　**図 2.25** に示すように，1 m の間隔で働く五つの力の点 O まわりの合モーメントの大きさ N を求めよ。

3 重　　心

物体のつり合いや運動を論ずるとき，重心が必要になる。この章で，重心の意味を考え，基本的な形状の物体の重心を求める。この章に先立って，積分の基礎を確認しておくことが望ましい（⇒ 数学入門 A4）。

3.1 重　　心

大きさが無視でき，質量が一点に集中していると考えることができる物体を**質点**（point mass）という。ここで，質量 m_1，m_2 の二つの質点を軽い棒でつないでできた，**図 3.1** のような**質点系**（system of particles）を考える。この質点系を自由に回転できるようにして棒の途中で支える場合を考える。二つの質点の質量が等しい場合，経験的にわかるように，棒の中央の点で支えると，質点系ははじめの傾きを保ったまま回転しない。質量が異なる場合，これも経験的にわかるように，質量の大きい質点のほうに近づけた適当な点で支えると質点系は回転しない。

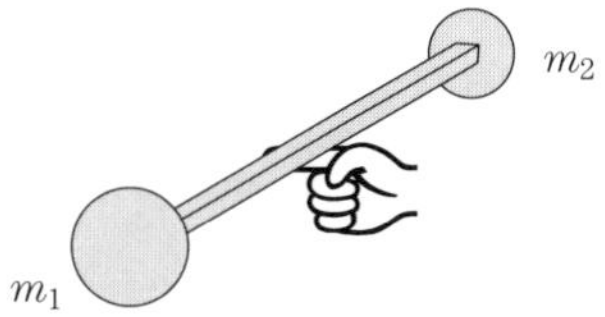

図 3.1　重心の意味

上で述べた，回転しない点を数量的に定めよう。このため，**図 3.2**(a)に示すように，質点系を含む鉛直な平面内に座標系 O-xy を定める。二つの質点の位置が，座標$(x_1,\ y_1)$，$(x_2,\ y_2)$で与えられるとする。二つの質点の座標に質量の重みをつけた平均

$$x_G=\frac{m_1x_1+m_2x_2}{m_1+m_2},\quad y_G=\frac{m_1y_1+m_2y_2}{m_1+m_2} \tag{3.1}$$

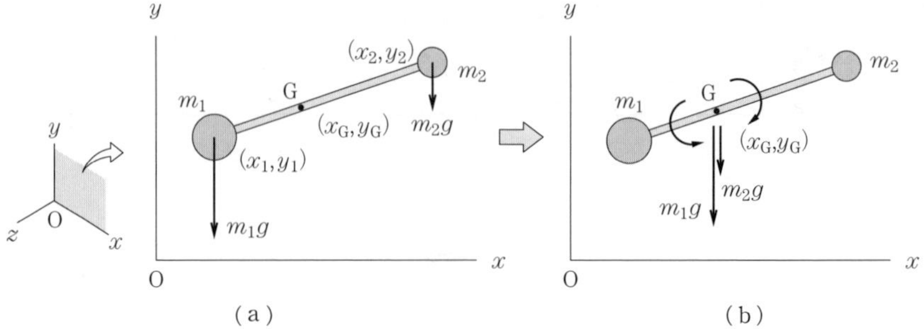

図 3.2　2質点系の重心

で定められる座標$(x_G,\ y_G)$の点Gを考えてみる。この座標の点Gは，質量m_1，m_2が等しければ二つの質点の中央の点であり，等しくなければ質量の大きいほうの質点に近づいた点となる。点Gが求める点であることを確かめよう。

点Gで支えるとき質点系が回転しないことを確かめるため，両質点に下向きに働く重力m_1g，m_2gを，前章で述べた方法を用いて，点Gに作用する力に置き換える。この結果，両質点に働く重力は，図3.2(b)に示すように，点Gに働く力

$$W=(m_1+m_2)g \tag{3.2}$$

と，点Gまわりのモーメント

$$N=-m_1g(x_1-x_G)-m_2g(x_2-x_G) \tag{3.3}$$

に置き換えられる。このうちモーメントNは，この式に式(3.1)のx_Gを代入してわかるように$N=0$である。したがって両質点に作用する重力は，点Gまわりにモーメントを生ぜず，点Gで支えるとき質点系は回転しない。

図3.2から傾きを変えて質点系を点Gで支えるとどうなるか。これを検討するため，x-y平面内で，質点系を，図の状態から任意の角θだけ回転させたとする。質点と点Gの座標を変えることなく検討を続けるため，座標系O-xyも角θだけ回転させる。こうすれば，質点系と座標系の相対的な位置関係は変わらず，重力の方向のみが，**図3.3**のように，質点系の回転を反対方向に角θだけ傾く。これを用いて，質点に働く重力m_1g，m_2gを点Gに作用する力に置き換える。その結果，両質点に働く重力は，図3.3(b)のように，式

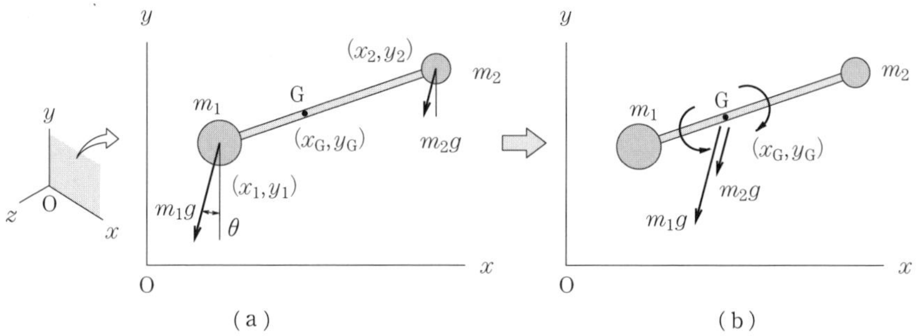

図 3.3　傾きを変えた場合の 2 質点系の重心

(3.2)の W に等しい大きさの力と，点 G まわりに働くモーメント

$$N = -m_1 g\cos\theta(x_1 - x_G) + m_1 g\sin\theta(y_1 - y_G)$$
$$-m_2 g\cos\theta(x_2 - x_G) + m_2 g\sin\theta(y_2 - y_G) \quad (3.4)$$

に置き換えられる。この場合の N も，この式に式(3.1)の x_G，y_G を代入してわかるように，$N=0$ となる。したがってこの場合も点 G まわりにモーメントを生ぜず，点 G で支えるとき質点系は回転しない。

二つの質点の場合と同じように，多数の質点からなる質点系に対し，質量を重みとして質点の平均位置を定めると，各質点に作用する全重力は，質量がすべてこの点に集中したと考えたときの重力の働きと等しく，回転の働きをしない。質量を重みとした質点の平均位置を**重心**（center of gravity）という。

上の議論では，重心を考えるのに重力を考えたが，式(3.1)からわかるように，重心は質量で定められる平均位置を意味し，**質量中心**（center of mass）と呼ぶほうがふさわしい。しかし慣例的にこの点を重心というので，本書でも慣例に従う。

上の例では，質点が棒で結合されているとしたが，質点間の距離が変われば重心もそれに伴って変わるだけで，重心を考えるとき，必ずしも質点間の距離が一定である必要はない。

【例題 3.1】　図 3.4 に示すように，質量 m，$3m$ の二つの質点を長さ l の棒で結合してできた質点系がある。この質点系の重心を求めよ。棒の質量は無視

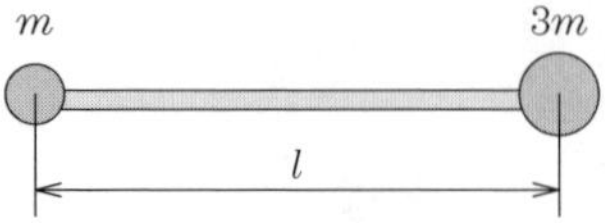

図 3.4　質点系の重心

できるとする。

解答　重心 G は棒上にある。棒上で重心 G の位置を定めるため，**図 3.5**(a)のように，左の質点の位置を原点 O として座標系 O-x を定める。このとき重心 G の座標 x_G は，式(3.1)によって

$$x_G=\frac{m\cdot 0+3m\cdot l}{m+3m}=\frac{3}{4}l \tag{1}$$

となる。この式は，重心が，左の質点から棒の長さの 3/4 の位置にあることを示している。

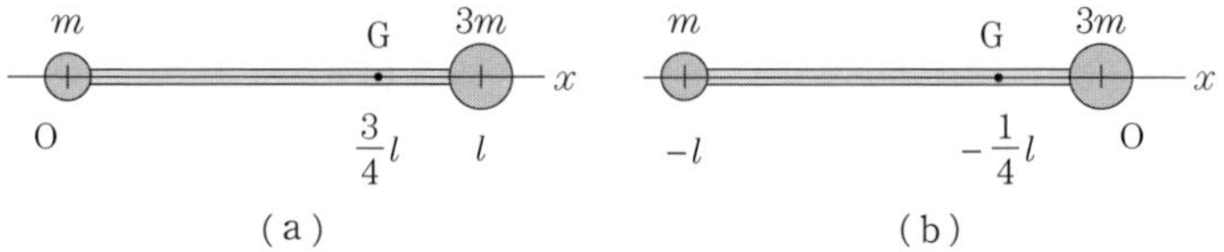

図 3.5　質点系の重心

座標系のとり方を変えた場合の例として，図(b)のように，右の質点の位置を原点 O として座標系 O-x を定める。このとき重心 G の座標 x_G は

$$x_G=\frac{m\cdot(-l)+3m\cdot 0}{m+3m}=-\frac{1}{4}l \tag{2}$$

となる。この式は，重心が，右の質点から棒の長さの 1/4 の位置にあることを示している。この位置は，上で求めた重心と同じである。

3.2 質点系の重心

3.2.1 質点系の重心の式

3 次元空間内に置かれた質点系において，重心の位置を求める式を一般的に示しておく。**図 3.6** に示すように，質点 1，2，…からなる質点系がある。質点 i の質量を m_i とする。空間内の任意の位置に原点 O を定める。これを始点とする質点 i の位置ベクトルを $\boldsymbol{r}_i$ とする。重心 G の位置ベクトル $\boldsymbol{r}_G$ は，質量の重みをつけた平均位置

$$\boldsymbol{r}_G=\frac{\sum_i m_i\boldsymbol{r}_i}{\sum_i m_i}=\frac{\sum_i m_i\boldsymbol{r}_i}{M} \tag{3.5}$$

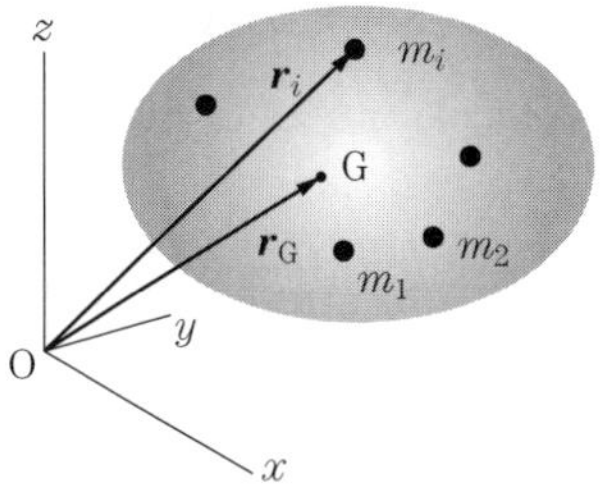

図 3.6 質点系の重心

で与えられる。ここで $M=\sum_i m_i$ は質点系の全質量である。実際に重心を求めるには，式(3.5)の成分の式を用いる。

【例題 3.2】 図 3.7 に示すように，質量 m, m, $3m$, m の四つの質点が，辺の長さ a, b の長方形の頂点に置かれ，質量を無視できる棒で結合されている。この質点系の重心を求めよ。

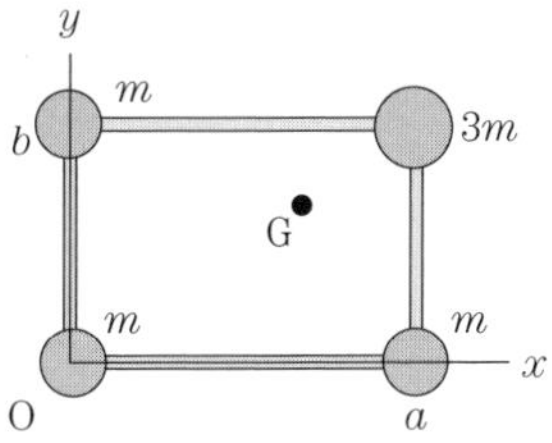

図 3.7 質点系の重心

解答 図 3.7 のように，質点系のある平面内に座標系 O-xy を導入する。式(3.5)によって，重心の座標 $(x_G,\ y_G)$ は

$$x_G=\frac{m\cdot 0+m\cdot a+3m\cdot a+m\cdot 0}{m+m+3m+m}=\frac{2a}{3}$$

$$y_G=\frac{m\cdot 0+m\cdot 0+3m\cdot b+m\cdot b}{m+m+3m+m}=\frac{2b}{3}$$

となる。重心 G は右上の質点に近い位置にある。

3.2.2 質点系の重心の性質

重心で支えるとき質点系が回転しないことを，図 3.6 の一般の場合について確認しておく。鉛直上方を正方向とする単位ベクトルを $\boldsymbol{k}_0$ とする。各質点に作用する重力 $-m_i g\boldsymbol{k}_0$ を重心 G に作用する力に置き換えると，全重力の働きは，重心に作用する力

$$\boldsymbol{W}=-\sum_i m_i g\boldsymbol{k}_0 \tag{3.6}$$

と，重心 G まわりのモーメント

$$\boldsymbol{N}=\sum_i(\boldsymbol{r}_i-\boldsymbol{r}_G)\times(-m_i g\boldsymbol{k}_0)=\left\{-\sum_i m_i\boldsymbol{r}_i+\left(\sum_i m_i\right)\boldsymbol{r}_G\right\}\times g\boldsymbol{k}_0 \tag{3.7}$$

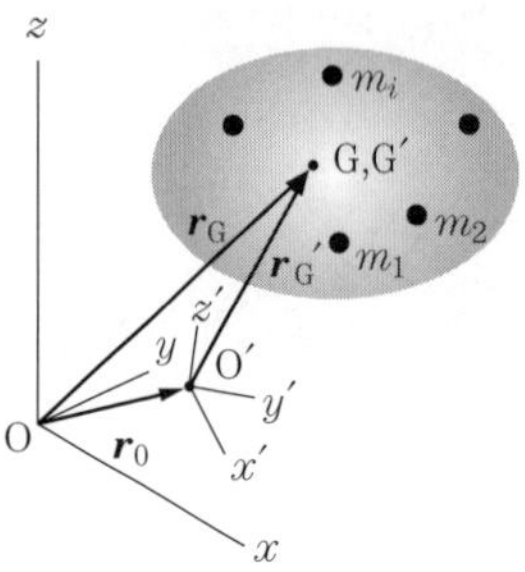

図 3.8　座標系を変えたときの質点系の重心

で置き換えられる。この式に式(3.5)を代入すると $\boldsymbol{N}=0$ を得る。したがって全重力は回転の働きをしない。

つぎに式(3.5)で定められる重心が，座標系のとり方によらず同じ点として定められることを確かめる。このため，**図 3.8** に示すように，点 O を原点とする座標系と，点 O と異なる任意の点 O′ を原点とする座標系を定め，原点のずれを $\boldsymbol{r}_0=\overline{\mathrm{OO'}}$ とする。点 O を始点とする質点 i の位置ベクトル $\boldsymbol{r}_i$ で定められる重心 G は式(3.5)で与えられる。点 O′ を始点とする質点 i の位置ベクトル $\boldsymbol{r}_i{}'$ で定められる重心 G′ は

$$\boldsymbol{r}_\mathrm{G}{}'=\frac{\sum_i m_i\boldsymbol{r}_i{}'}{\sum_i m_i} \tag{3.8}$$

で与えられる。位置ベクトル $\boldsymbol{r}_\mathrm{G}$ で与えられる重心 G と，位置ベクトル $\boldsymbol{r}_\mathrm{G}{}'$ で与えられる重心 G′ が同じ点であることを示すため，位置ベクトル $\boldsymbol{r}_i$ と $\boldsymbol{r}_i{}'$ の間に $\boldsymbol{r}_i=\boldsymbol{r}_0+\boldsymbol{r}_i{}'$ の関係が成り立つことに注意し，式(3.5)の $\boldsymbol{r}_\mathrm{G}$ を書き直すと

$$\boldsymbol{r}_\mathrm{G}=\frac{\sum_i m_i(\boldsymbol{r}_0+\boldsymbol{r}_i{}')}{\sum_i m_i}=\frac{\left(\sum_i m_i\right)\boldsymbol{r}_0}{\sum_i m_i}+\frac{\sum_i m_i\boldsymbol{r}_i{}'}{\sum_i m_i}=\boldsymbol{r}_0+\boldsymbol{r}_\mathrm{G}{}' \tag{3.9}$$

となる。この式によると，点 O を原点とする位置ベクトル $\boldsymbol{r}_\mathrm{G}$ の点 G は，$\boldsymbol{r}_0$ に $\boldsymbol{r}_\mathrm{G}{}'$ を加えた位置ベクトルの点，すなわち点 O′ を始点とする位置ベクトル $\boldsymbol{r}_\mathrm{G}{}'$ の点 G′ に一致する。このように重心は座標系のとり方によらない。

3.3　連続体の重心

物体には，質点系として扱うのが適当なものと，質点の数が著しく多くて質量が連続して分布していると考えるのが適当なものとがある。後者を**連続体**(continuous body) という。この節では連続体の重心を考える。

連続体の重心は，質点系の重心を一般化したものである。連続体を微小要素に分け，それぞれを質点と考えて重心の位置を表す式を導く。この式で，微小要素を限りなく小さくした極限の値を求める。これが連続体の重心の位置である。以下にこれを式で示す。

図 3.9 に示すように，空間内に直角座標系 O-xyz を導入する。物体の各位置の密度を ρ とする。物体内で位置ベクトル $\boldsymbol{r}$ の位置に，3 辺の長さ Δx，Δy，Δz の直方体の微小要素を考える。微小要素の質量は $\Delta m=\rho\Delta x\Delta y\Delta z$ である。式(3.5)の定義式において m_i を Δm で置き換えると，物体を微小要素の集まりと考えたときの重心 G の位置ベクトル $\boldsymbol{r}_{\mathrm{G}}$ として

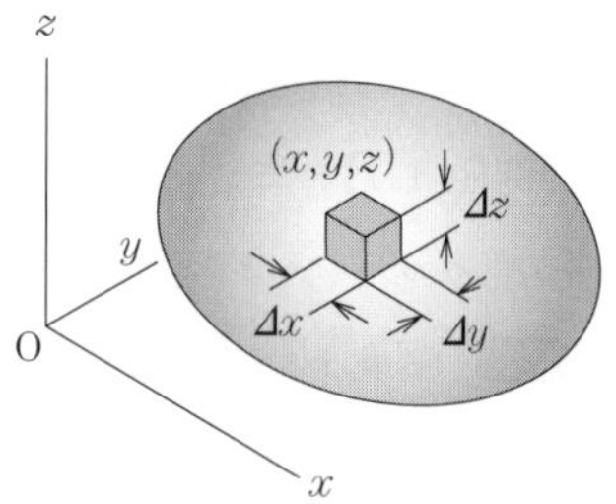

図 3.9 連続体の重心

$$\boldsymbol{r}_{\mathrm{G}}=\frac{\sum \boldsymbol{r}\Delta m}{\sum \Delta m}=\frac{\sum \rho\boldsymbol{r}\Delta x\Delta y\Delta z}{\sum \rho\Delta x\Delta y\Delta z} \tag{3.10}$$

を得る。ここで総和は物体の全領域にわたる。この式で Δx，Δy，$\Delta z\to 0$ とすると，総和は物体の全領域にわたる積分で置き換えられる（⇒ 数学入門 A4）。このようにして求める位置ベクトル $\boldsymbol{r}_{\mathrm{G}}$ は

$$\boldsymbol{r}_{\mathrm{G}}=\frac{\iiint \rho\boldsymbol{r}\,dxdydz}{\iiint \rho\,dxdydz}=\frac{\iiint \rho\boldsymbol{r}\,dxdydz}{M} \tag{3.11}$$

となる。ここで分母の $M=\iiint \rho\,dxdydz$ は物体の質量である。実際に重心を求めるには，上式の成分の式を用いる。

上でみたように，連続体の重心を定める式は，質点系の重心を定める式の特別な場合となっている。したがって 3.2.2 節で導いた重心の性質は，すべて連続体の重心についても成り立つ。

【例題 3.3】 **図 3.10** に示す，単位長さあたりの密度が一定値 ρ で，長さ l の棒の重心を求めよ。

解答 図 3.10 に示すように，棒の一方の端を原点 O として，棒に沿って x 軸を

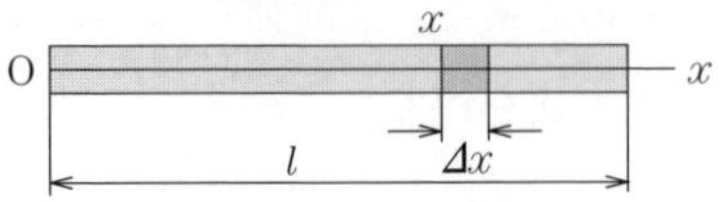

図 3.10　棒 の 重 心

定める。x の位置にある長さ $\varDelta x$ の微小要素を考えると，その質量は $\varDelta m=\rho\varDelta x$ である。したがって重心の座標 x_G は

$$x_G=\frac{\int_0^l \rho x\, dx}{\int_0^l \rho\, dx}=\frac{\rho l^2/2}{\rho l}=\frac{l}{2}$$

となる。この結果から，この棒の場合，重心は棒の中心にあることがわかる。

【例題 3.4】　底辺の長さ b，高さ h で，単位面積あたりの質量が一定値 ρ の三角形板の重心を求めよ。

解答　図 3.11 に示すように，底辺が x 軸となるように直角座標系 O-xy を定める。式(3.11)の y 軸方向の成分の式によって重心の y 座標 y_G を求める。このため，座標 y の直線が三角形の辺と交わる x 座標を x_1，x_2 とする。これを用いると，重心の y 座標 y_G は

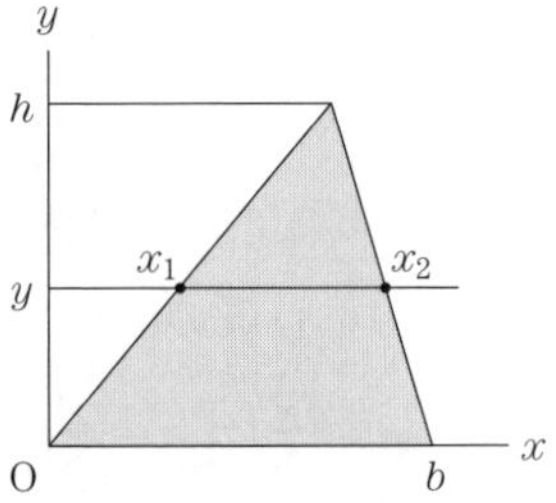

図 3.11　三角形板の重心

$$y_G=\frac{\int_0^h\int_{x_1}^{x_2}\rho y\, dxdy}{\int_0^h\int_{x_1}^{x_2}\rho\, dxdy}=\frac{\int_0^h \rho y\Big[x\Big]_{x_1}^{x_2}dy}{\int_0^h \rho\Big[x\Big]_{x_1}^{x_2}dy}$$

$$=\frac{\rho\int_0^h y\dfrac{b}{h}(h-y)\,dy}{\rho\int_0^h \dfrac{b}{h}(h-y)\,dy}=\frac{h}{3}$$

となる。同じような計算によって，重心 G は三角形の各底辺から高さ 1/3 の位置にあることが示される。単位面積当りの質量が一定の三角形板の場合，重心は図心である。

【例題 3.5】　**図 3.12** に示す，密度が一定値 ρ で，3 辺の長さが a，b，c の直方体の重心を求めよ。

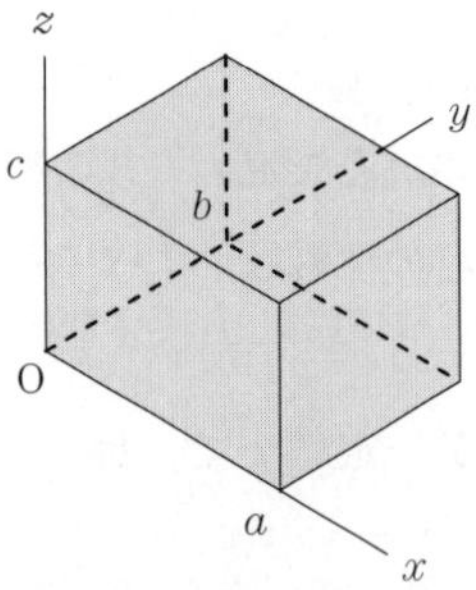

図 3.12　直方体の重心

解答　図 3.12 に示すように直角座標系 O-xyz を定める。式(3.11)によって，重心の座標 $(x_G,\ y_G,\ z_G)$ は

$$x_G=\frac{\int_0^c\int_0^b\int_0^a \rho x\, dxdydz}{\int_0^c\int_0^b\int_0^a \rho\, dxdydz}$$

$$=\frac{\int_0^c\int_0^b \rho\Big[(1/2)x^2\Big]_0^a dydz}{\rho abc}=\frac{(1/2)\rho a^2bc}{\rho abc}=\frac{1}{2}a$$

$$y_G=\frac{\int_0^c\int_0^b\int_0^a \rho y\,dxdydz}{\int_0^c\int_0^b\int_0^a \rho\,dxdydz}=\frac{\int_0^c\int_0^a \rho\Big[(1/2)y^2\Big]_0^b dxdz}{\rho abc}=\frac{(1/2)\rho ab^2c}{\rho abc}=\frac{1}{2}b$$

$$z_G=\frac{\int_0^c\int_0^b\int_0^a \rho z\,dxdydz}{\int_0^c\int_0^b\int_0^a \rho\,dxdydz}=\frac{\int_0^b\int_0^a \rho\Big[(1/2)z^2\Big]_0^c dxdy}{\rho abc}=\frac{(1/2)\rho abc^2}{\rho abc}=\frac{1}{2}c$$

となる。密度が一定の直方体の場合，重心は直方体の図心にあることがわかる。

対称性のある物体の重心はすぐわかることが多い。平面状の物体では，例えば密度が一定の円板では円の中心が，長方形では図心が重心である。また 3 次元物体では，例えば球では球の中心が重心である。これらが正しいことは重心の式を用いて確かめられる。

◇演　習　問　題◇

3.1　例題 3.2 の質点系において，質点の質量がすべて m であるとき，重心の位置を求めよ。

3.2　単位面積あたりの質量が一定値 ρ で，2 辺の長さが a，b の長方形板の重心を求めよ。

3.3　**図 3.13** に示す，単位面積あたりの質量が一定値 ρ で半径が a の半円板の重心を求めよ。

3.4*　質量 $2m$ と m の棒をつないでできた**図 3.14** のような棒がある。この棒の重心の位置を求めよ。

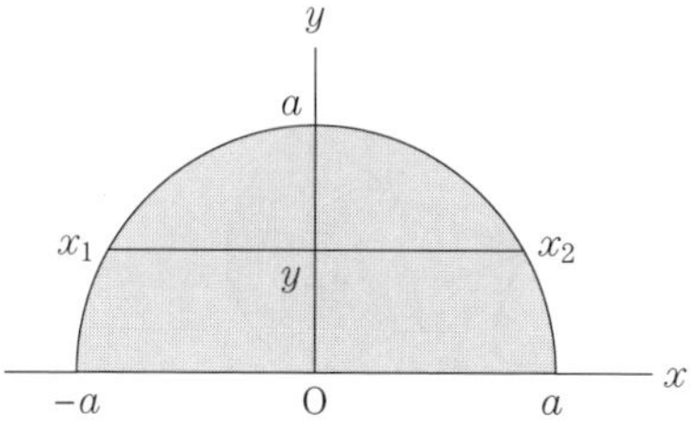

図 3.13　半円板の重心

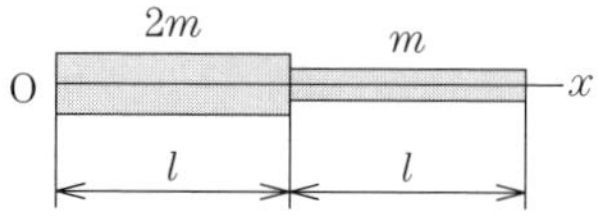

図 3.14　棒の重心

4 つ り 合 い

この章で，物体のつり合いの問題を取り上げる。まずつり合いの条件式を導く。またつり合いの問題を扱うとき必要となる，接触部の扱い方などを考える。これらを基礎にして，つり合いのいくつかの問題を解く。

4.1 つ り 合 い

4.1.1 つり合いの条件

いくつかの力の作用のもとで物体が静止しているとき，これらの力（あるいはこの物体）は**つり合い**（equilibrium）の状態にある（あるいはつり合っている）などという。機械の開発設計において，つり合いは基本の問題である。この章でこの問題を考える。

力がつり合うための条件を求めよう。**図 4.1**(a)に示すように，物体上の点

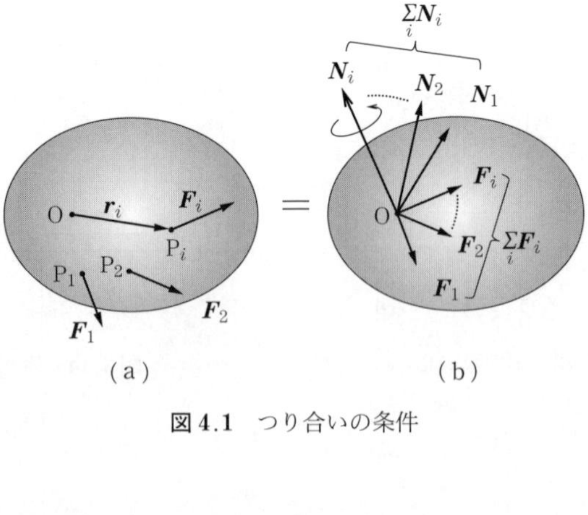

図 4.1　つり合いの条件

P_1，P_2，… に力 $\boldsymbol{F}_1$，$\boldsymbol{F}_2$，… が作用するものとする。

空間内の任意の位置に点Oを指定し，まずこの位置で力がつり合うための条件を求める。このため，点Oを始点とする点 P_i の位置ベクトル $\boldsymbol{r}_i$ を導入する。前章で，一つの点に作用する力は，働きを変えないで別の点に作用する力と偶力のモーメントに置き換えられることを学んだ。そこで点 P_i に作用する力 $\boldsymbol{F}_i$ を点Oに作用する力と偶力のモーメントに置き換えると，図4.1(b)に示すように，力 $\boldsymbol{F}_i$ と偶力のモーメント $\boldsymbol{N}_i=\boldsymbol{r}_i\times\boldsymbol{F}_i$ になる。偶力のモーメントはどの点まわりかに関係しないが，ここでは指定した点まわりのモーメントということにする。すべての力をこのように置き換えて合力 $\sum_i \boldsymbol{F}_i$ と合モーメント $\sum_i \boldsymbol{N}_i$ を求める。これらが両方とも0になれば力はつり合う。このようにして，点Oにおける力の**つり合いの条件**（condition of equilibrium）は，力に関する条件

$$\sum_i \boldsymbol{F}_i=0 \tag{4.1}$$

と，モーメントに関する条件

$$\sum_i \boldsymbol{N}_i=0 \tag{4.2}$$

になる。

つぎに一つの点Oでつり合いの条件が満たされるとき，他の任意の点でもつり合いの条件が満たされることを示す。このため，点Oと異なる任意の点O′を考え，$\overrightarrow{OO'}=\boldsymbol{r}_0$ とおく。また点O′を始点とする点 P_i の位置ベクトル $\boldsymbol{r}_i'$ を導入する。点 P_i に作用する力 $\boldsymbol{F}_i$ を点O′に作用する力に置き換えると，力 $\boldsymbol{F}_i$ とモーメント $\boldsymbol{N}_i'=\boldsymbol{r}_i'\times\boldsymbol{F}_i$ になる。すべての力をこのように置き換え，合力 $\sum_i \boldsymbol{F}_i$ と合モーメント $\sum_i \boldsymbol{N}_i'$ を求める。このうち合力 $\sum_i \boldsymbol{F}_i$ は式(4.1)によって0となる。合モーメント $\sum_i \boldsymbol{N}_i'$ はどうなるか。これをみるため，位置ベクトル $\boldsymbol{r}_i$ と $\boldsymbol{r}_i'$ の間で成り立つ関係 $\boldsymbol{r}_i=\boldsymbol{r}_0+\boldsymbol{r}_i'$ に注意して，この合モーメントを書き直すと

$$\sum_i \boldsymbol{N}_i'=\sum_i \boldsymbol{r}_i'\times\boldsymbol{F}_i=\sum_i(\boldsymbol{r}_i-\boldsymbol{r}_0)\times\boldsymbol{F}_i=\sum_i \boldsymbol{N}_i-\boldsymbol{r}_0\times\sum_i \boldsymbol{F}_i \tag{4.3}$$

となる。この式に式(4.1)と式(4.2)を用いると

$$\sum_i \boldsymbol{N}_i'=0 \tag{4.4}$$

となる。このように一つの点で力がつり合えば，他の任意の点でも力はつり合うということができる。

以上から，力のつり合いの条件は，式(4.1)と，適当に選んだ点Oについて式(4.2)が成り立つことである。

4.1.2　つり合いの問題の解析

つり合いの問題の解を得る一般的な方法を示す。まず解析の対象とする物体をまわりから切り離す。このとき，その物体と他の物体や周囲との関係を力の関係に置き換える。このようにして得られる線図を**自由物体線図**（free body diagram）という。つり合いの問題の解を得るには，問題の自由物体線図を導き，この線図を用いて，前項で述べたつり合いの条件を書き下し，得られた式を解く。

つり合いの問題の解析例として，つぎの問題を取り上げる。**図4.2**(a)に示すように，棒を立てかけて静止させたいとする。床と壁はいずれも滑らかとする。棒の傾きを指定した角 θ の位置で棒を静止させるため，棒の下端にいくらの力を加えたらよいか。ただし棒の長さを l，質量を m とする。

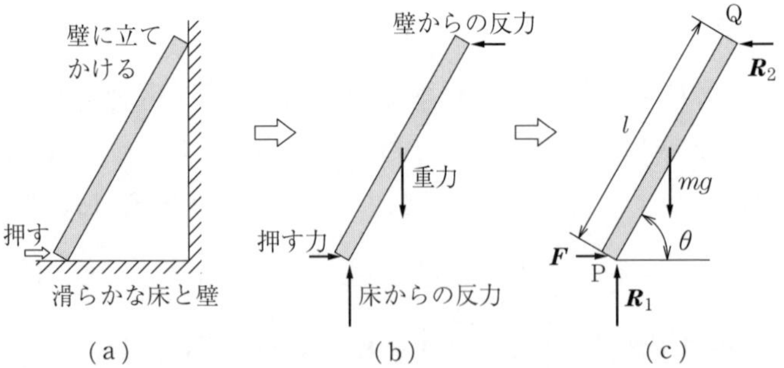

図4.2　壁に立てかけた棒のつり合い

この問題の解を得るため，壁と床から棒を切り離し，棒と壁，棒と床の関係

を力の関係に置き換えることを考える。棒は壁と床から反力を受けるので，壁や床を反力に置き換える。もとからの力として，押す力と重力が作用する。このようにしてまず図(b)に示す自由物体線図を得る。

押す力は大きさは未知であるが方向は床に水平である。これを $\boldsymbol{F}$ とおく。点 P，Q における反力は大きさは未知であるが，後に述べるように，床，壁とも滑らかな場合，方向はそれぞれ床，壁に垂直である。これらの反力を $\boldsymbol{R}_1$，$\boldsymbol{R}_2$ とする。棒は一様であるから重心は棒の中央にあり，ここに大きさ mg の重力が作用する。このようにして図(c)に示す自由物体線図を得る。

図(c)を用いてつり合いの条件を書き下す。式(4.1)の力に関する条件を，水平方向，鉛直方向の成分で表せば

$$\begin{aligned} &F-R_2=0 \\ &R_1-mg=0 \end{aligned} \tag{4.5}$$

となる。またモーメントを考える点を P とすると，この点まわりのモーメントに関する式(4.2)の条件は

$$R_2 l\sin\theta-mg\frac{l}{2}\cos\theta=0 \tag{4.6}$$

となる。

以上でつり合いの条件が示された。式(4.6)から R_2 を導き，式(4.5)の第 1 式に代入すると，力 $\boldsymbol{F}$ の大きさ F は

$$F=R_2=\frac{1}{2}mg\cot\theta \tag{4.7}$$

となる。これが求める大きさである。ついでに反力の大きさ R_1 を求めておくと，式(4.5)の第 2 式から得られるように $R_1=mg$ となる。

【例題 4.1】 **図 4.3**(a)のように，両端がひもで支えられた軽い棒がある。この棒の両端からの距離 l_1，l_2 の位置に質量 m の物体をつり下げるとき，両端のひもに働く力はいくらか。

解答 棒のつり合いを考えるため，棒の自由物体線図を考える。まず両端のひもを，力 $\boldsymbol{T}_1$，$\boldsymbol{T}_2$ で置き換えて切り離す。また棒の途中のひもを，物体に作用する重力で置き換えて切り離す。このようにして図 4.3(b)に示す自由物体線図を得る。

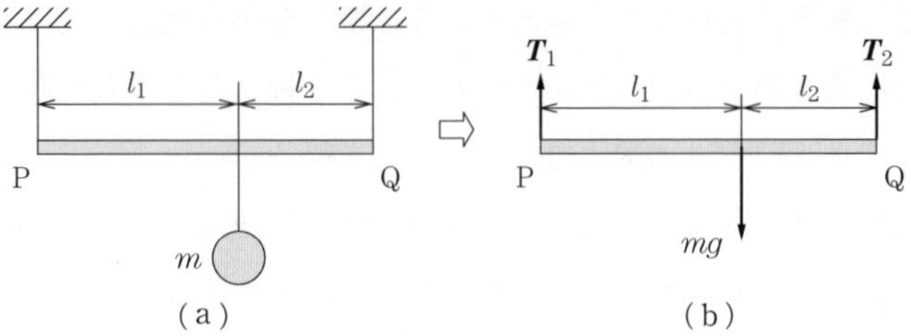

図 4.3　ひもで支えた棒のつり合い

この線図を用いて力のつり合いの条件を求める。まず鉛直方向の力に関する条件は

$$T_1 + T_2 - mg = 0 \tag{1}$$

となる。つぎにモーメントを考える点を点Qとすると，モーメントに関する条件は

$$mgl_2 - T_1(l_1 + l_2) = 0 \tag{2}$$

となる。式(1)，(2)を連立させて T_1，T_2 を求めると

$$T_1 = \frac{l_2}{l_1 + l_2} mg, \quad T_2 = \frac{l_1}{l_1 + l_2} mg \tag{3}$$

となる。

【例題 4.2】　図 4.4(a)に示すように，質量 m，長さ l の一様な棒の一端Pを長さ a の糸でつるし，他端Qに水平方向の力 $\boldsymbol{F}$ を加えてつり合わせたとき，糸と棒が鉛直線となす角 α，θ はいくらか。

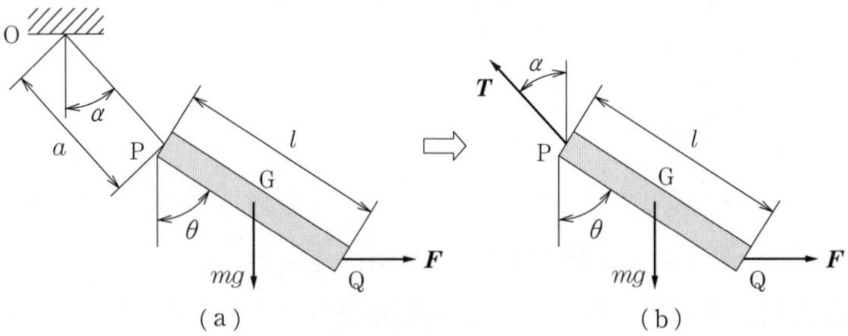

図 4.4　棒のつり合い

解答　ひもに働く張力を $\boldsymbol{T}$ とする。棒を切り離して自由物体線図を求めると，図 4.4(b)のようになる。ここで重力 mg は，棒の中央にある重心Gに集中して働く。

つり合いの条件は，水平，鉛直方向の力に関して

$$F - T \sin\alpha = 0$$
$$T \cos\alpha - mg = 0 \tag{1}$$

となり，点 P まわりのモーメントに関して

$$Fl \cos\theta - mg\frac{l}{2}\sin\theta = 0 \tag{2}$$

となる。

式(1)から T を消去すると $\tan\alpha = F/mg$ が得られ，したがって

$$\alpha = \tan^{-1}\frac{F}{mg} \tag{3}$$

となる。また式(2)から $\tan\theta = 2F/mg$ が得られ，したがって

$$\theta = \tan^{-1}\frac{2F}{mg} \tag{4}$$

となる。

4.2　接触点と支持点の力

物体のつり合いを考えるのに，物体と物体の間の力が必要になる。ここで接触点の力，支持点の力を考え，これが関係するつり合いの問題を取り上げる。

4.2.1　接 触 点 の 力

二つの物体が接触しているとき，一方が他方をある大きさの力で押すと，作用反作用の法則によって，他方は同じ大きさの反力で押し返す。接触面が十分滑らか，すなわち後に述べる摩擦が無視できる場合，この反力の方向は接触面に垂直である。

接触点の力が関係するつり合いの問題の例として，**図 4.5**(a)に示す問題を考える。半径 a の滑らかな球を長さ l のひもで滑らかな壁に接するように支えるとき，球が壁を押しつける力はいくらか。

球が壁を押すと，同じ大きさで壁は球を押し返す。ここでは球，壁とも滑らかであるから，壁が球を押し返す力 $\boldsymbol{R}$ は壁に垂直である。ひもの張力 $\boldsymbol{T}$ はひもの方向である。したがって球に作用する力は，張力 $\boldsymbol{T}$，壁からの反力 $\boldsymbol{R}$，大きさ mg の重力である。このようにして図 4.5(b)の自由物体線図を得る。

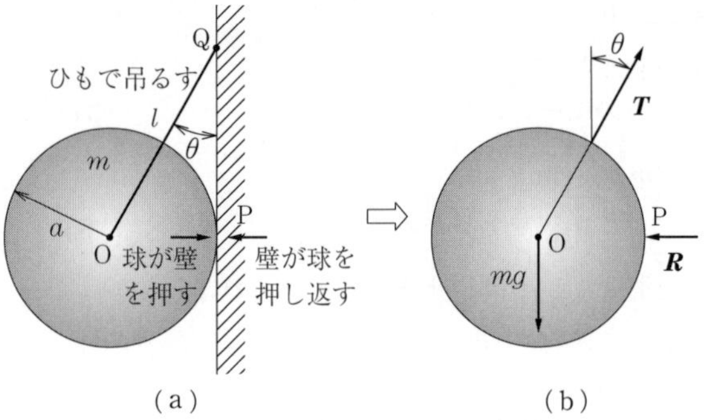

図 4.5　球のつり合い

つり合いの条件は，水平方向，鉛直方向の力に関して

$$\begin{aligned} T\sin\theta - R &= 0 \\ T\cos\theta - mg &= 0 \end{aligned} \qquad (4.8)$$

となる。ここで角度 θ は，球の半径 a とひもの長さ l を用いて

$$\sin\theta = \frac{a}{l} \qquad (4.9)$$

によって定められる。またモーメントを考える点を点 O とすると，すべての力の作用線が点 O を通ることから，モーメントに関する条件は自動的に満たされることがわかる。

式(4.8)の第 2 式から張力 T は $T = mg/\cos\theta$ となる。これを第 1 式に代入して，求める力 R は

$$R = T\sin\theta = mg\tan\theta \qquad (4.10)$$

となる。

4.2.2　支 持 点 の 力

物体を支持する方法としていろいろなものがある。**図 4.6** に機械で用いられる代表的なものを示す。この図の(a)は，一定の方向への移動可能な支持を表し，これを**移動支持**（roller support）という。この支持点の力は，移動の方向の抵抗が無視できれば移動方向に垂直に働くと考えることができる。(b)の

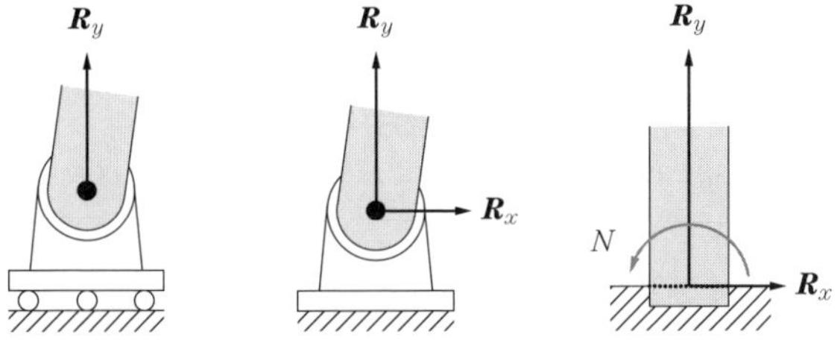

（a） 移動支持　（b） 回転支持　（c） 固定支持

図 4.6 支持点の反力

ように，回転だけが自由な支持を**回転支持**（pin connection）あるいは**単純支持**（simple support）という。この支持点の力は，回転中心を通って斜めの方向に働く。つり合いの問題を扱うとき，ふつうこの力を，直角 2 方向の分力に分けて考える。(c)のように，移動も回転もできない支持を**固定支持**（fixed support）という。この支持点では，力だけでなく，モーメントも生じる。

【例題 4.3】 **図 4.7**(a)に示すように，長さ $2l$ の棒 OQ の点 Q に質量 m の物体が取り付けられている。この棒が点 O で回転支持され，点 P でひもによって支えられて水平になっている。ひもの張力と支持点 O における力を求めよ。ただし $m=50$〔kg〕，$l=1$〔m〕，$\theta=30°$ とし，棒とひもの質量は無視できるとする。

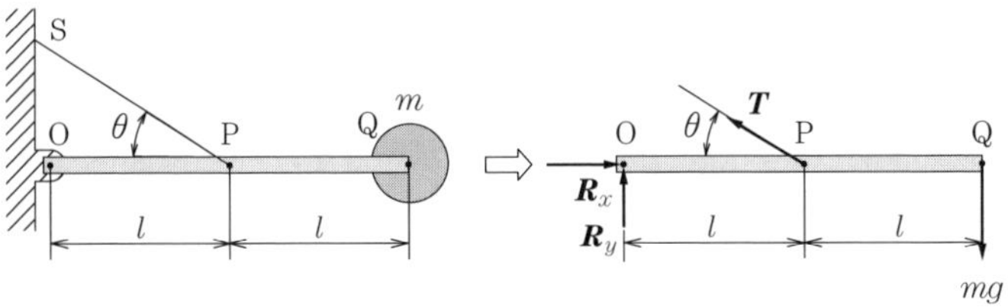

（a）　（b）

図 4.7 棒のつり合い

解答 回転支持 O の力を直角 2 方向の力 R_x，R_y とおく。ひもの張力を T とおく。物体の重力は鉛直下方に向き，大きさは mg である。このようにして図 4.7(b)の自由物体線図を得る。

つり合いの条件のうち，水平，鉛直方向の力に関する条件から

$$R_x - T\cos\theta = 0$$
$$R_y + T\sin\theta - mg = 0 \qquad (1)$$

を得る。また点Oまわりのモーメントに関する条件から

$$Tl\sin\theta - 2lmg = 0 \qquad (2)$$

を得る。

式(1)，(2)を解いて必要な力が求められる。まず式(2)から

$$T = \frac{2mg}{\sin\theta} = \frac{2\times 50\times 9.8}{\sin 30^\circ} = 1\,960\ [\mathrm{N}] \qquad (3)$$

を得る。これを式(1)に代入すると

$$R_x = T\cos\theta = 1\,960\times\cos 30^\circ = 1\,697\ [\mathrm{N}]$$
$$R_y = mg - T\sin\theta = 50\times 9.8 - 1\,960\sin 30^\circ = -490\ [\mathrm{N}] \qquad (4)$$

を得る。力 $\boldsymbol{R}_y$ が負の値となったのは，この力が，はじめに考えた図の方向と逆方向に働くことを意味する。

4.3 摩 擦 力

接触している二つの物体を接触面に沿って動かそうとすると，動きを妨げる方向に抵抗力を生じる。接触面に生じるこのような抵抗力を**摩擦力** (frictional force) という。この節で摩擦力を考える。

図 4.8 に示すように，物体が力 $\boldsymbol{N}$ で押しつけられ，床面と接触しているとする。この物体を接触面に平行な力 $\boldsymbol{F}$ で押す。図(a)のように，力 $\boldsymbol{F}$ が小さい間物体は動かない。これは，力 $\boldsymbol{F}$ を打ち消すように摩擦力 $\boldsymbol{f}$ が働くためである。物体が静止しているときに働くこの摩擦力を，つぎに述べる摩擦力と区別して**静摩擦力** (static friction) という。力 $\boldsymbol{F}$ を図(b)に示すある値を超え

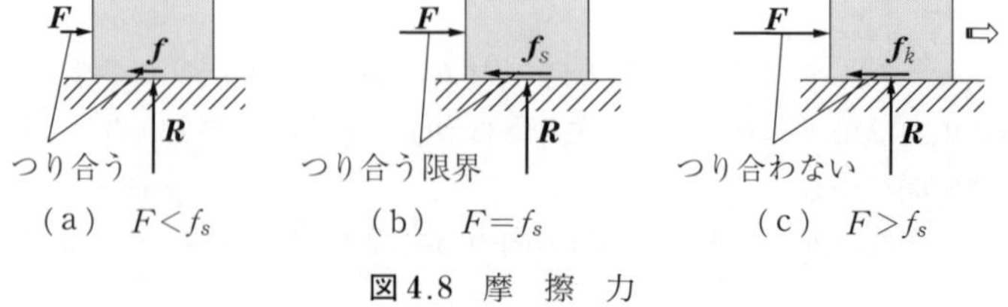

(a) $F<f_s$　(b) $F=f_s$　(c) $F>f_s$

図 4.8 摩 擦 力

てさらに大きくすると，摩擦力は力 $\boldsymbol{F}$ を打ち消すことができなくなり，図(c)に示すように物体は運動をはじめる。運動するときにも物体に摩擦力が働く。物体が運動しているときに働くこの摩擦力を**動摩擦力**（kinetic friction）という。図(b)，(c)のように，同じ状況で静摩擦力と動摩擦力を比較すると，ふつう動摩擦力のほうが小さい。つり合いの問題では静摩擦を，後の章で扱う運動の問題では動摩擦を考慮する必要がしばしばある。

摩擦力の特性を考える。動き出す直前の静摩擦力 $\boldsymbol{f}_s$ は静摩擦力の最大値である。これを**最大静摩擦力**（maximum static friction）という。最大静摩擦力の大きさ f_s は，接触面の大小に関係なく，接触面に垂直に働く力の大きさに比例する。図 4.8 のように，垂直に働く力の大きさが N のとき，最大静摩擦力の大きさ f_s は

$$f_s = \mu_s N \tag{4.11}$$

で与えられる。ここで μ_s は摩擦面の材質や摩擦面の状態によって定まる定数で，これを**静摩擦係数**（coefficient of static friction）という。

運動を論ずるときに必要になるので，動摩擦力の特性もここでまとめて述べる。動摩擦力 $\boldsymbol{f}_k$ は，速度にほとんど関係しない。その大きさ f_k は，静摩擦力と同じように，接触面に垂直に働く力の大きさ N に比例し

$$f_k = \mu_k N \tag{4.12}$$

で与えられる。ここで μ_k は摩擦面の材質や摩擦面の状態によって定まる定数で，これを**動摩擦係数**（coefficient of kinetic friction）という。

【例題 4.4】 質量 45 kg の物体が水平な床の上に置かれている。これを水平方向に押したところ，133 N の力で動きはじめた。この物体と床の間の静摩擦係数 μ_s はいくらか。

解答 物体を押しつける力 N は $N=45\times 9.8$〔N〕であるから，式(4.11)によって

$$133 = \mu_s \times 45 \times 9.8 \tag{1}$$

を得る。この式から静摩擦係数 μ_s は

$$\mu_s = \frac{133}{45\times 9.8} = 0.30 \tag{2}$$

となる。

【例題 4.5】 **図 4.9**(a)に示すように，長さ l，質量 m の棒を鉛直な壁に立てかけたとき，棒が滑りはじめる角度 θ を求めよ。ただし壁は滑らかで，摩擦力は棒と床の間でのみ生じるとし，静摩擦係数を μ_s とする。

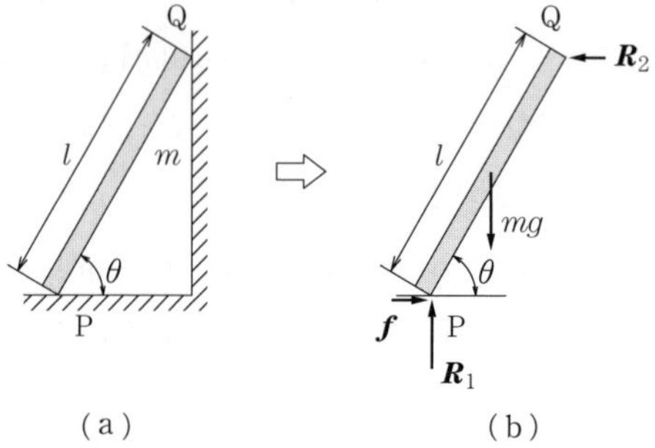

図 4.9　静摩擦力が作用する棒のつり合い

解答　問題の自由物体線図を求めると，図 4.9(b)のようになる。この図に示すように，棒には反力 $\boldsymbol{R}_1$，$\boldsymbol{R}_2$，大きさ mg の重力のほかに，摩擦力 $\boldsymbol{f}$ が働く。棒を，鉛直な状態から少しずつ傾けていくと，傾きに応じて摩擦力 $\boldsymbol{f}$ は大きくなる。摩擦力の大きさ f が最大値 $f=\mu_s R_1$ に達すると，これ以上摩擦力は大きくなれず，このときの傾き以上に傾けると棒は滑りはじめる。棒が滑りはじめる限界では，反力，重力，最大摩擦力はつり合う。このときのつり合いの条件のうち，水平，鉛直方向の力に関する条件は

$$\begin{aligned}&\mu_s R_1 - R_2 = 0\\&R_1 - mg = 0\end{aligned} \tag{1}$$

であり，点 P まわりのモーメントに関する条件は

$$R_2 l \sin\theta - \frac{1}{2} mgl \cos\theta = 0 \tag{2}$$

である。式(1)から

$$R_1 = mg, \quad R_2 = \mu_s R_1 = \mu_s mg \tag{3}$$

を得る。これを式(2)に代入すると，$\tan\theta = 1/2\mu_s$ が得られ，したがって

$$\theta = \tan^{-1}\frac{1}{2\mu_s} \tag{4}$$

となる。

◇演　習　問　題◇

4.1　**図 4.10** に示すように，水平面と角度 $\theta_1=45°$，$\theta_2=30°$ をなす溝の中に質量 $m=50$〔kg〕の円柱が入っている。円柱が溝から受ける反力 $\boldsymbol{R}_1$，$\boldsymbol{R}_2$ を求めよ。

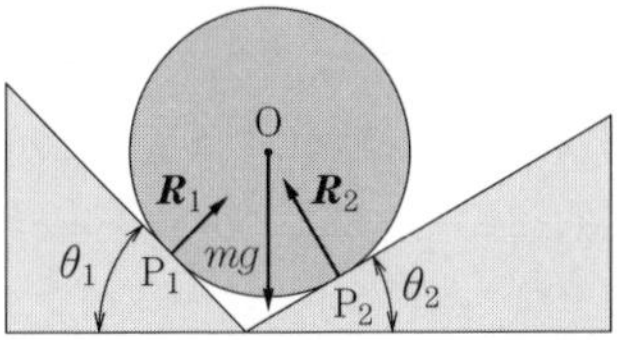

図 4.10　円柱のつり合い

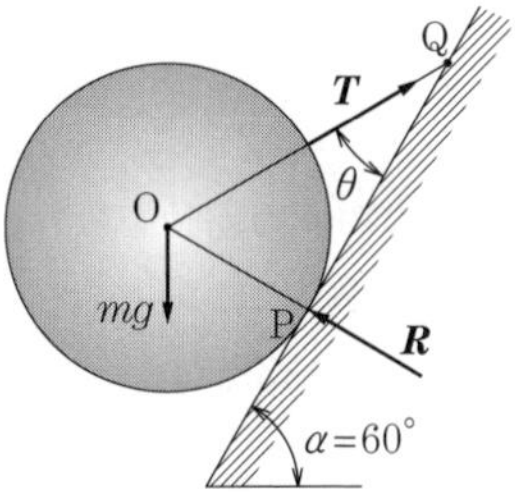

図 4.11　球のつり合い

4.2　**図 4.11** に示すように，半径 $a=0.3$〔m〕，質量 $m=4$〔kg〕の球が，水平方向と角 $\alpha=60°$をなす壁と点 P で接するように軽いひも OQ でつり下げられている。点 P から点 Q までの距離は $\overline{\mathrm{PQ}}=0.4$〔m〕である。球，壁とも表面は滑らかであるとする。ひもの張力 $\boldsymbol{T}$ と壁からの力 $\boldsymbol{R}$ を求めよ。

4.3　質量 $m=20$〔kg〕の一様な棒を，**図 4.12**(a)に示すように，重心 G から左右に $l_1=1.0$〔m〕，$l_2=1.5$〔m〕の位置で支持した。左右の支持部に働く力の大きさはいくらか。つぎに，図(b)に示すように，右の支持部から $d=0.5$〔m〕の距離に物体をつけて左右の支持部に働く力を等しくしたい。物体の質量 m_0 をいくらにしたらよいか。

図 4.12　棒のつり合い

4.4*　質量が m，$2m$ で，長さがそれぞれ l の二本の棒を結合してできた棒 OP がある。この棒を，**図 4.13** に示すように，壁上の点 O とひも PQ で支えている。棒 OP は水平であり，ひも PQ は水平方向と 60°をなす。壁における反力とひもに働く張力を求めよ。

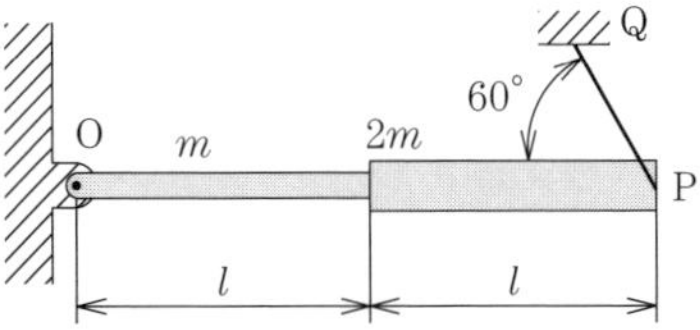

図 4.13　棒のつり合い

5 点の速度と加速度

次章以降で物体の運動を扱う。このための準備としてこの章で，点の速度と加速度を考える。この章に進む前に，微分の基礎を確認しておくことが望ましい（⇒ 数学入門 A3)。

5.1 点の位置

これまでの章で物体のつり合いを扱ってきた。次章以降で物体の運動を扱う。このための準備としてこの章で，点の速度と加速度を考える。まず1章で述べた，点の位置を表す方法の復習から議論をはじめる。

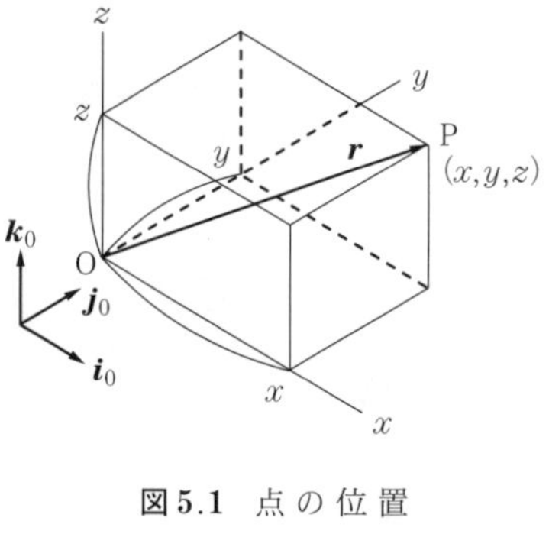

図 5.1　点 の 位 置

図 5.1 に示すように，空間内に一つの点 P があるとする。この空間内の適当な位置に基準となる点 O を定めると，点 P の位置は位置ベクトル $\boldsymbol{r}=\overrightarrow{\mathrm{OP}}$ で表すことができる。

実際に問題を扱うには，位置を数量的に表すことが必要になる。位置を数量的に表す最も一般的な方法は，基準となる座標系を導入し，座標を指定することである。図 5.1 では，点 O を原点とする直角座標系 O-xyz を導入し，点 P の位置を座標 $(x,\ y,\ z)$ で表している。座標で表した位置と位置ベクトルを結びつけるには成分表示を用いる。図 5.1 の場合，点 P の位置ベクトル $\boldsymbol{r}$ の成分表示は

$$\boldsymbol{r}=x\boldsymbol{i}_0+y\boldsymbol{j}_0+z\boldsymbol{k}_0 \tag{5.1}$$

である。このように点Pの位置を数量的に表すには，座標$(x,\ y,\ z)$あるいは成分表示のベクトル$\boldsymbol{r}$を用いる。

点Pの位置が，時間tの関数の位置ベクトル$\boldsymbol{r}=\boldsymbol{r}(t)$で与えられるとする。このとき点Pは，時間の経過とともに位置ベクトル$\boldsymbol{r}$の終点をつないで得られる曲線を描く。この曲線を**軌道**（orbit）あるいは**経路**（path）と呼ぶ。特に点Pが直線運動する場合，軌道は直線上の一部となり，点Pが平面運動する場合，軌道は平面内の曲線となる。

【例題5.1】 直角座標系O-xyで定められる平面内を点Pが運動している。時刻tにおける点Pの位置が，位置ベクトル

$$\boldsymbol{r}=2t\,\boldsymbol{i}_0+\frac{1}{2}t^2\boldsymbol{j}_0$$

で与えられるとする。時刻$t=1,\ 2,\ 3$における点Pの位置ベクトルを図示せよ。また軌道のおおよその形を示せ。

解答 位置ベクトル$\boldsymbol{r}$の式に$t=1,\ 2,\ 3$を代入すると，この順に

$$\boldsymbol{r}=2\boldsymbol{i}_0+\frac{1}{2}\boldsymbol{j}_0,\quad 4\boldsymbol{i}_0+2\boldsymbol{j}_0,\quad 6\boldsymbol{i}_0+\frac{9}{2}\boldsymbol{j}_0$$

を得る。これらの値を用いると，位置ベクトル$\boldsymbol{r}$は，**図5.2**の矢印のようになる。これらの終点をつなぐと，軌道として図に示す曲線を得ることができる。

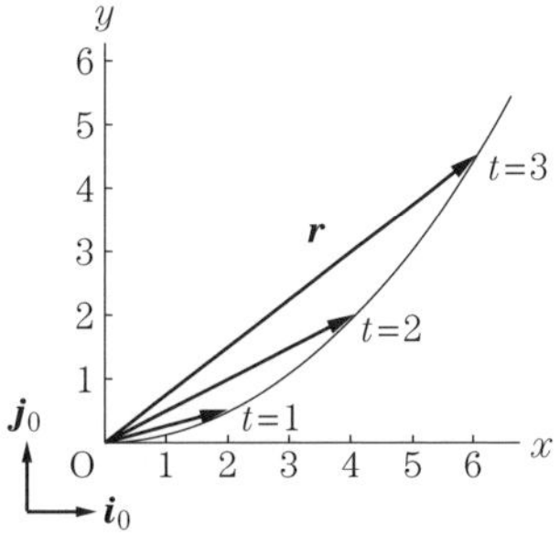

図5.2 位置ベクトル

5.2 点 の 速 度

この節では，運動している点の速度を求める問題を考える。速度の基本的な定義を思い出しておこう。**速度**（velocity）とは，単位時間あたりの移動距離をいう。具体的に速度を求めるには，ある時間の間に移動した距離を求め，“移動距離÷時間”の式を用いる。この式による速度は，厳密には時間内の平均的な速度を表しているので，平均的であることを強調したいとき，**平均速度**

(average velocity) という。速度の単位は，1章で述べたように，SI単位で〔m/s〕である。

【例題5.2】 200 m の距離を走るのに22秒かかった。この走者の平均速度はいくらか。

解答 22秒の間に走者は200 m移動しているので，平均速度 $\tilde{v}$ は

$$\tilde{v}=\frac{200}{22}=9.09\,〔\mathrm{m/s}〕$$

である。

点の位置が時間の関数で与えられるときの速度の求め方を考える。問題の点をPとする。

■ 直線上の運動の速度　はじめに点Pが直線運動している場合を考える。運動の直線上に座標系O-xを導入する。点Pの位置を表す座標 x が時間 t の関数 $x=x(t)$ で与えられるとし，この関数を用いて速度を求めることを考える。

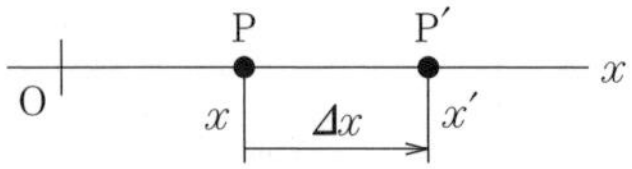

図5.3　直線上の点の速度

図5.3に示すように，t をある特定の時刻に定め，その時刻における位置 $x=x(t)$，それから有限の時間 Δt だけ経過した時刻 $t'=t+\Delta t$ における位置 $x'=x(t+\Delta t)$ を考える。これらが図の点Pと点P′で表されたとする。図に示されるように，点Pは，時間 Δt の間に，距離 $\Delta x=x(t+\Delta t)-x(t)$ だけ移動したことになる。したがってこの間の平均速度 $\tilde{v}$ は

$$\tilde{v}=\frac{\Delta x}{\Delta t}=\frac{x(t+\Delta t)-x(t)}{\Delta t} \tag{5.2}$$

である。

式(5.2)は有限時間 Δt 内の平均速度 $\tilde{v}$ であり，時間 Δt の間の各瞬間の速度を表すとは限らない。そこで式(5.2)において Δt を短くすると，この式の速度 $\tilde{v}$ は時刻 t の瞬間における速度に近づく。このようにして $\Delta t\to 0$ とした極限値

$$v=\lim_{\varDelta t\to 0}\frac{\varDelta x}{\varDelta t}=\lim_{\varDelta t\to 0}\frac{x(t+\varDelta t)-x(t)}{\varDelta t} \tag{5.3}$$

を，時刻 t における速度とする。この式の右辺は位置 x の時間に関する微分

$$v=\frac{dx}{dt} \tag{5.4}$$

を表している（⇒ 数学入門 A3)。したがって速度は位置を時間で微分して得られる。

【例題 5.3】 点 P の位置 x〔m〕が，時間 t〔s〕の関数

$$x=t^2+3t+5$$

で与えられたとする。$t=1$，2，3〔s〕におけるこの点の速度 v〔m/s〕はいくらか。

解答 位置 x を時間 t で微分すると

$$v=\frac{dx}{dt}=2t+3$$

を得る。これが点 P の速度 v を表す関数である。この式において $t=1$，2，3 とおくと，各時刻における点 P の速度として

$$v=5,\ 7,\ 9\,〔\mathrm{m/s}〕$$

を得る。

■ 3 次元空間内の運動の速度　つぎに点が 3 次元空間内の運動をする場合の速度を考える。この場合には，点の位置を，位置ベクトルで表すのが便利である。そこで**図 5.4** に示すように，点 P の位置が時間 t の関数の位置ベクトル $\boldsymbol{r}=\boldsymbol{r}(t)$ で与えられるとする。

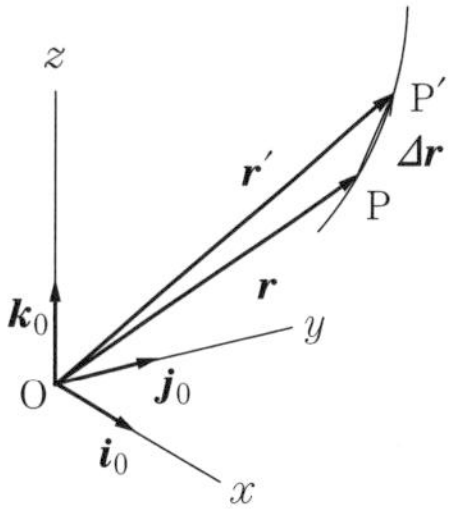

図 5.4　空間内の点の速度

図 5.4 に示すように，時刻 t における点 P の位置 $\boldsymbol{r}=\boldsymbol{r}(t)$，それから有限の時間 $\varDelta t$ だけ経過した時刻 $t=t+\varDelta t$ における位置 $\boldsymbol{r}'=\boldsymbol{r}(t+\varDelta t)$ を考え，それらが図の点 P と点 P′ で表されたとする。図に示されるように，時間 $\varDelta t$ の間に，点 P は，ベクトル $\varDelta\boldsymbol{r}=\boldsymbol{r}(t+\varDelta t)-\boldsymbol{r}(t)$ で与えられる量だけ移動している。ベクトル $\varDelta\boldsymbol{r}$ を時間 $\varDelta t$ で割ったベクトル

$$\tilde{\boldsymbol{v}}=\frac{\Delta \boldsymbol{r}}{\Delta t}=\frac{\boldsymbol{r}(t+\Delta t)-\boldsymbol{r}(t)}{\Delta t} \tag{5.5}$$

を考える。ベクトル $\tilde{\boldsymbol{v}}$ の方向は，ベクトル $\Delta \boldsymbol{r}$ を時間 Δt で割ったものであるから，$\Delta \boldsymbol{r}$ の方向と一致する。またベクトル $\tilde{\boldsymbol{v}}$ の大きさ $|\tilde{\boldsymbol{v}}|$ は，ベクトル $\Delta \boldsymbol{r}$ の大きさ $|\Delta \boldsymbol{r}|$ を時間 Δt で割った $|\tilde{\boldsymbol{v}}|=|\Delta \boldsymbol{r}|/\Delta t$ であるから，平均速度の大きさを表す。このように式(5.5)のベクトル $\tilde{\boldsymbol{v}}$ は，方向は移動方向，大きさは時間 Δt の間の平均速度を表している。

式(5.5)は方向も含めて有限時間 Δt 内の平均速度を表す。この式で時間 Δt を短くすることを考える。Δt を短くすると，$\Delta \boldsymbol{r}$ の方向は軌道の接線の方向に近づき，$\Delta t \to 0$ の極限で接線の方向に一致する。また式(5.5)において，時間 Δt を小さくすると，$\Delta \boldsymbol{r}$ の大きさは，軌道に沿う長さ $|\Delta \boldsymbol{r}|$ に近づき，$\Delta t \to 0$ としたとき，時刻 t における速度の大きさとなる。このようにして式(5.5)において，$\Delta t \to 0$ としたときの極限値

$$\boldsymbol{v}=\lim_{\Delta t \to 0}\frac{\Delta \boldsymbol{r}}{\Delta t}=\lim_{\Delta t \to 0}\frac{\boldsymbol{r}(t+\Delta t)-\boldsymbol{r}(t)}{\Delta t} \tag{5.6}$$

を**速度ベクトル**（velocity vector）といい，これで表される物理量を力学的な意味で速度とする。速度は力学的にはベクトルであるが，日常的には大きさを意味することが多い。以下混乱のおそれがないとき，速度ベクトルを単に速度ともいう。式(5.6)の右辺は，位置 $\boldsymbol{r}$ の時間に関する微分

$$\boldsymbol{v}=\frac{d\boldsymbol{r}}{dt} \tag{5.7}$$

を表すので，速度は，位置ベクトルを時間で微分して得られる。

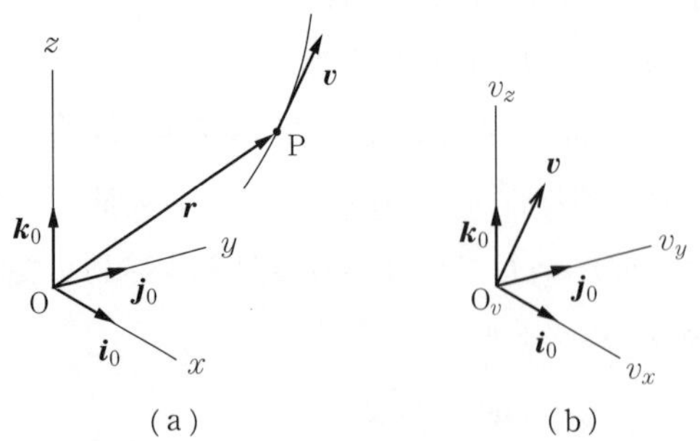

図 5.5　速度ベクトル

速度ベクトルを図示するのに，**図 5.5**(a)のように，そのときの点 P の位置を始点とする方法と，図(b)のように，空間に任意に定めた点 O_v を始点とする方法が用いられる。前者の表示では位置と速度の関係がわかりやすい。後者の表示では速度自体の変化が見やすく，したがって後に述べる加速度を求めるのに便利である。

【例題 5.4】 例題 5.1 の点 P の速度の式を導き，時刻 $t=1$，2，3 における点 P の速度ベクトルを図示せよ。

解答 速度 $\boldsymbol{v}$ は，与えられた $\boldsymbol{r}$ を時間で微分して得られ

$$\boldsymbol{v}=2\boldsymbol{i}_0+t\boldsymbol{j}_0$$

となる。この式に $t=1$，2，3 を代入すると，この順に

$$\boldsymbol{v}=2\boldsymbol{i}_0+\boldsymbol{j}_0,\quad 2\boldsymbol{i}_0+2\boldsymbol{j}_0,\quad 2\boldsymbol{i}_0+3\boldsymbol{j}_0$$

を得る。得られた速度ベクトルを図示すると，**図 5.6** のようになる。このうち図(a)は点 P の位置を，図(b)は同じ一つの点 O_v をそれぞれ始点とした速度ベクトルを表している。

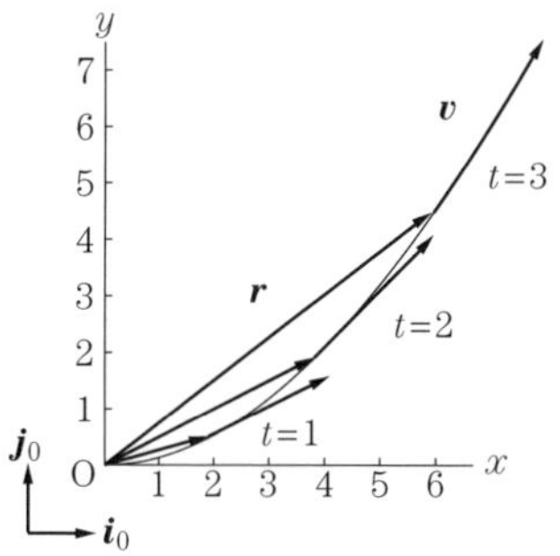

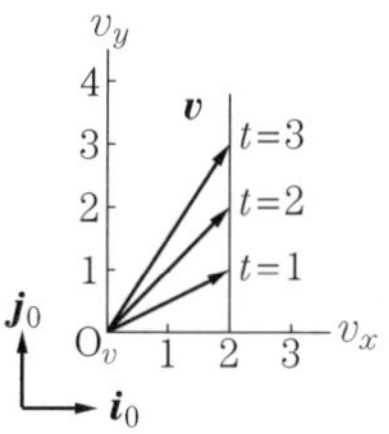

図 5.6 速度ベクトル

5.3 点 の 加 速 度

点の加速度を考える。まず加速度の基本的な定義を思い出しておこう。1 章で述べたように，**加速度**（acceleration）とは単位時間あたりの速度の変化をいう。具体的に加速度を求めるには，ある時間の間の速度の変化を求め，“速

度変化÷時間”の式を用いる。この式で求めた加速度はこの時間内の平均的な加速度を表すので，平均的であることを強調したいとき，これを**平均加速度** (average acceleration) という。加速度の単位は，1章で述べたように，SI単位で〔m/s²〕である。

【例題5.5】 停止している自動車が，走り出してから12秒後に時速60 kmに達した。この間の平均加速度を求めよ。

解答 時速60 kmを秒速に直すと，速度 v は

$$v=\frac{60\times1\,000}{60\times60}=16.67\,〔\mathrm{m/s}〕$$

となる。速度が0からこの値に達するまでに12秒かかっているので，平均加速度 $\tilde{a}$ は

$$\tilde{a}=\frac{16.67-0}{12}=1.39\,〔\mathrm{m/s^2}〕$$

である。

位置あるいは速度が時間の関数として与えられたときの加速度を求める問題を考える。問題の点をPとする。

■ **直線運動の加速度**　はじめに点Pが直線運動している場合を考える。点Pの位置が関数 $x=x(t)$ で与えられるとする。これを微分すれば速度となるので，速度の関数 $v=v(t)$ も与えられているとしてよい。時刻 t における点Pの位置と速度は $x=x(t)$ と $v=v(t)$ であり，それから有限の時間 Δt だけ経過した時刻 $t+\Delta t$ における点Pの位置と速度は，$x'=x(t+\Delta t)$ と $v'=v(t+\Delta t)$ である。これを図示して**図5.7**のようになったとする。この図の(a)は，点の位置を始点として速度ベクトルを示したもの，(b)は一つの点 O_v を定めて速度ベクトルを示したものである。図に示されるように点Pは，時間 Δt の間に，速度を $\Delta v=v(t+\Delta t)-v(t)$ だけ変化させている。したがって時間 Δt の間の平均の加速度 $\tilde{a}$ は

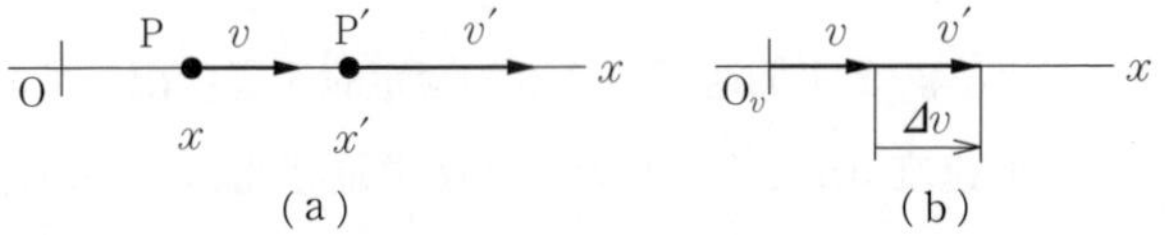

図5.7　直線上の点の加速度

$$\tilde{a}=\frac{\varDelta v}{\varDelta t}=\frac{v(t+\varDelta t)-v(t)}{\varDelta t} \tag{5.8}$$

である。

速度の場合と同じように，式(5.8)の加速度は，時間 $\varDelta t$ の間の平均加速度を表し，各瞬間の加速度を表しているとは限らない。式(5.8)において $\varDelta t$ を短くとれば，平均加速度は時刻 t における瞬間的な加速度に近づく。このようにして $\varDelta t \to 0$ の極限値

$$a=\lim_{\varDelta t \to 0}\frac{\varDelta v}{\varDelta t}=\lim_{\varDelta t \to 0}\frac{v(t+\varDelta t)-v(t)}{\varDelta t} \tag{5.9}$$

を，時刻 t における加速度とする。この式は，速度 v の時間に関する微分

$$a=\frac{dv}{dt} \tag{5.10}$$

を表すので，加速度は，速度 v を時間 t で微分して得られる。この式に式(5.4)を代入すると，変位 x を用いた場合の加速度の式

$$a=\frac{d^2x}{dt^2} \tag{5.11}$$

を得る。加速度は，位置 x を時間 t について 2 回微分して得ることもできる。

【例題 5.6】 点 P が x 軸上を運動し，位置 x が時間 t の関数

$$x=5t^2+3t+1$$

で与えられるとする。点 P の速度と加速度を求めよ。

解答 位置 x を時間 t で微分すると，速度 v として

$$v=\frac{dx}{dt}=10t+3 \tag{1}$$

を得る。つぎに速度 v を時間 t で微分すると，加速度 a として

$$a=\frac{dv}{dt}=10 \tag{2}$$

を得る。

■ 3 次元空間内の運動の加速度　つぎに点 P が直線運動と限らない 3 次元空間内の運動をする場合の加速度を考える。点 P の位置が関数 $\boldsymbol{r}=\boldsymbol{r}(t)$ で，速度が関数 $\boldsymbol{v}=\boldsymbol{v}(t)$ で与えられているとする。これらの関数を用いると，点 P の位置と速度は，時刻 t において $\boldsymbol{r}=\boldsymbol{r}(t)$ と $\boldsymbol{v}=\boldsymbol{v}(t)$ であり，時間 $\varDelta t$ だけ

経過した時刻 $t'=t+\Delta t$ においては $\boldsymbol{r}'=\boldsymbol{r}(t+\Delta t)$ と $\boldsymbol{v}'=\boldsymbol{v}(t+\Delta t)$ である。これらの状況を図示すると**図 5.8** のようになる。このうち図(a)は時刻 t，$t+\Delta t$ における位置 P，P′ を始点として速度ベクトル $\boldsymbol{v}$，$\boldsymbol{v}'$ を示したもの，図(b)は同じ一つの点 O_v を始点にして速度ベクトル $\boldsymbol{v}$，$\boldsymbol{v}'$ を示したものである。有限の時間 Δt の間に速度は $\Delta\boldsymbol{v}=\boldsymbol{v}'-\boldsymbol{v}$ だけ変化している。速度の場合と同じ議論によって，速度の変化 $\Delta\boldsymbol{v}$ を時間 Δt で割った

$$\tilde{\boldsymbol{a}}=\frac{\Delta\boldsymbol{v}}{\Delta t}=\frac{\boldsymbol{v}(t+\Delta t)-\boldsymbol{v}(t)}{\Delta t} \tag{5.12}$$

は，方向も含めて，時間 Δt の間の平均加速度を表す。

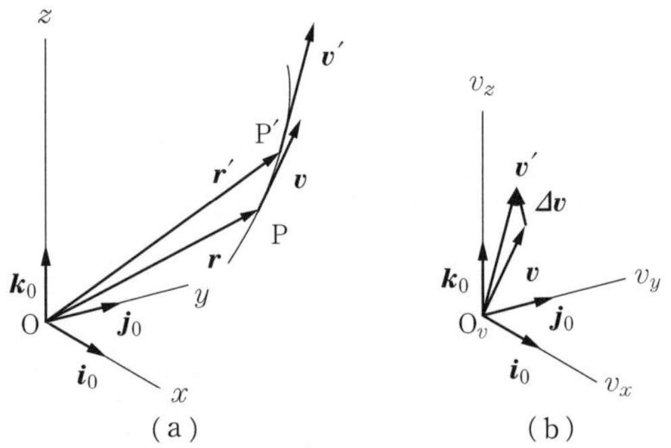

図 5.8　空間内の点の加速度

式(5.12)において，$\Delta t\to 0$ として得られる極限のベクトル

$$\boldsymbol{a}=\lim_{\Delta t\to 0}\frac{\Delta\boldsymbol{v}}{\Delta t}=\lim_{\Delta t\to 0}\frac{\boldsymbol{v}(t+\Delta t)-\boldsymbol{v}(t)}{\Delta t} \tag{5.13}$$

を，**加速度ベクトル**（acceleration vector）といい，これが意味する物理量を力学的な意味で加速度という。加速度は，力学的にはベクトル量であるが，日常的には大きさを指すことが多い。以下混乱のおそれがないとき，加速度ベクトルを単に加速度ともいう。式(5.13)は速度 $\boldsymbol{v}$ の時間に関する微分

$$\boldsymbol{a}=\frac{d\boldsymbol{v}}{dt}$$

を表すので，加速度 $\boldsymbol{a}$ は速度 $\boldsymbol{v}$ を時間 t で微分して得られる。またこの式に式(5.7)を代入すると

$$\boldsymbol{a}=\frac{d^2\boldsymbol{r}}{dt^2} \tag{5.14}$$

を得るので，加速度 $\boldsymbol{a}$ は，位置 $\boldsymbol{r}$ を時間 t について 2 回微分して得ることもできる。

【例題 5.7】 例題 5.4 の点 P の加速度を求め，時刻 $t=1,\ 2,\ 3$ における加速度ベクトルを図示せよ。

解答 例題 5.4 で点 P の速度 $\boldsymbol{v}$ として

$$\boldsymbol{v}=2\boldsymbol{i}_0+t\boldsymbol{j}_0 \tag{1}$$

を得た。これをさらに微分すると，加速度 $\boldsymbol{a}$ は

$$\boldsymbol{a}=\boldsymbol{j}_0 \tag{2}$$

となる。この式は，加速度 $\boldsymbol{a}$ がつねに一定であることを示している。この加速度ベクトルを，速度ベクトルの終点を始点として描くと**図 5.9**(a)のようになる。また始点を点 O_a に固定して描くと図(b)のようになる。

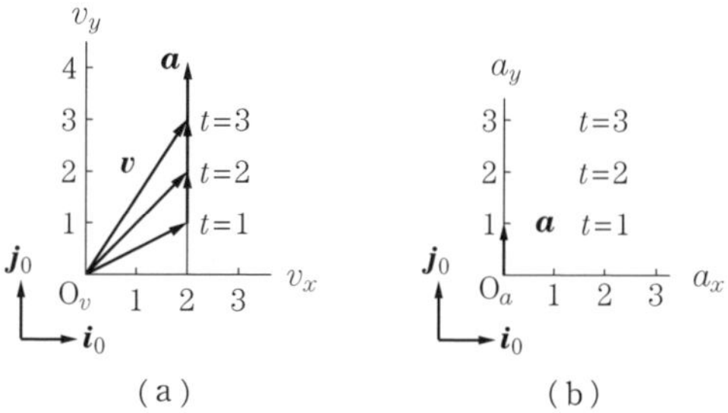

図 5.9 加速度ベクトル

◇演　習　問　題◇

5.1 点 P が x 軸上を運動し，位置 x が時間 t の関数

$$x=t^3-18t+32\ \text{〔m〕}$$

で与えられる。点 P が速度 9 m/s に達するとき，点 P の位置と加速度を求めよ。

5.2 点 P が平面内を運動している。時刻 t における点 P の位置ベクトル $\boldsymbol{r}$ が

$$\boldsymbol{r}=3\cos\left(\frac{\pi}{3}t\right)\boldsymbol{i}_0+3\sin\left(\frac{\pi}{3}t\right)\boldsymbol{j}_0$$

で与えられる。時刻 $t=0,\ 1,\ 2,\ 3$ における点 P の位置ベクトルを図示し，軌道を

示せ。

つぎに速度ベクトル $\boldsymbol{v}$，加速度ベクトル $\boldsymbol{a}$ を求め，時刻 $t=0$，1，2，3 におけるそれらのベクトルを図示せよ。

5.3　座標系 O-xy で定められる平面内で，r，ω を定数として，点 P の位置が

$$x=r\cos\omega t,\quad y=r\sin\omega t$$

で与えられる。点 P の速度，加速度を求めよ。また速度，加速度の方向を示せ。

5.4*　点 P が x 軸上を運動し，位置 x が時間 t の関数

$$x=t^3$$

で与えられるとき，時刻 $t=2$ における速度を求めよ。

つぎにはじめの時刻 $t=2$ とそれから Δt 経過した時刻 $t=2+\Delta t$ の間の平均速度 $\tilde{v}$ を，$\Delta t=1.0$，0.1，0.01，0.001 として求め，この速度が，Δt が小さくなるにつれて時刻 $t=2$ における速度に近づくことを確かめよ。

5.5*　点 P が x 軸上を運動し，位置 x が時間 t の関数

$$x=e^{-2t}\cos 3t$$

で与えられる。速度と加速度を求めよ。

5.6*　座標系 O-xy で定められる平面内で，**図 5.10** に示すように，点 P が位置ベクトル

$$\boldsymbol{r}=e^t\cos t\,\boldsymbol{i}_0+e^t\sin t\,\boldsymbol{j}_0$$

で与えられる，対数渦巻き線を軌道とする運動をしている。点 P の速度 $\boldsymbol{v}$ と加速度 $\boldsymbol{a}$ を求めよ。また位置ベクトル $\boldsymbol{r}$ に対する速度 $\boldsymbol{v}$ と加速度 $\boldsymbol{a}$ の方向を求めよ。

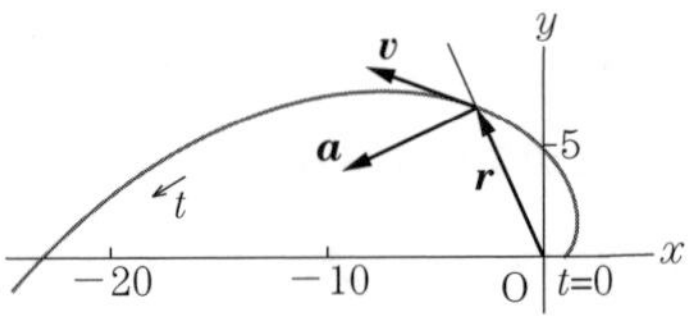

図 5.10　対数渦巻き線を軌道とする運動

6 質点の運動
—既知の力が働く場合—

これからの各章で，与えられた力に対して物体がどのような運動をするかを求める問題を取り上げる。まずこの章では，力が時間の既知の関数で与えられる場合の質点の運動を求める。この章に進む前に，微分と積分の基礎を確認しておくことが望ましい（⇒ 数学入門 A3，A4）。

6.1 運動の決定

与えられた力に対して物体がどのような運動をするかを求めることは，機械の開発設計のための基本の問題である。これからの各章で，物体の運動を考える。はじめに，物体が質点とみなせる場合を取り上げる。1章でみたように，物体は運動の法則に従って運動する。運動の法則を用いて，どのように質点の運動を定めるか。本節でこの問題を定式化する。

6.1.1 運動方程式

はじめに質点の意味を確認しておく。3章で，質点とは大きさが無視でき，質量が1点に集中していると考えられる物体であると述べた。大きさが無視できる物体では，それ自体の回転を考えないで運動を論ずることができる。したがって回転運動を考えなくてよい物体は，大きくても質点として扱うことができる。このように**質点**（point mass, material point）とは，大きさが無視できる物体，あるいは大きくても回転運動を考えなくてよい物体をいう。

つぎに運動の法則のうち，運動を定めるのに直接必要な，運動の第2法則を復習しておく。質量 m の質点に力 $\boldsymbol{F}$ が作用し，これによってこの質点に加速度 $\boldsymbol{a}$ を生じるとき，運動の第 2 法則は

$$m\boldsymbol{a}=\boldsymbol{F} \tag{6.1}$$

で表される。なお 1 章ではこれをスカラーで示したが，ここでは，力と加速度の方向が一致するという意味を含めてベクトルで示した。1 章と同じように，

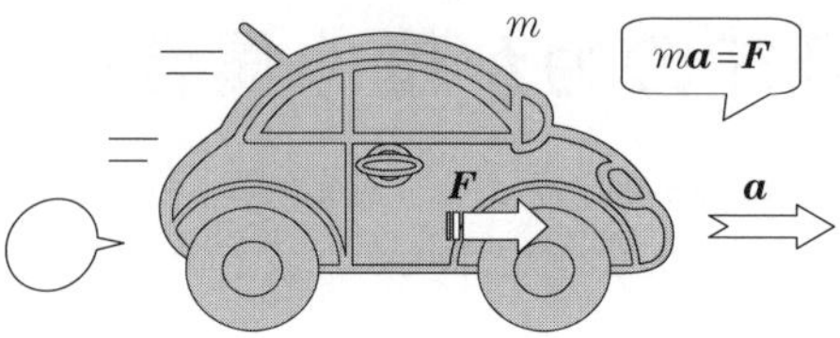

図 6.1　運動の第 2 法則

図 6.1 のような身近な例で式(6.1)の意味を再確認しておこう。式(6.1)あるいは個々の問題にこれを適用して得られる方程式を**運動方程式**（equation of motion）という。

6.1.2　運 動 の 決 定

質点の運動を定める問題を定式化する。質点の質量 m と，質点に働く力 $\boldsymbol{F}$ が与えられているとする。**図 6.2** に示すように，空間内の適当な位置に点 O を定め，時刻 t における質点の位置を，点 O を始点とする位置ベクトル $\boldsymbol{r}=\overrightarrow{\mathrm{OP}}$ で表す。運動を定めるとは，与えられた力 $\boldsymbol{F}$ に対して，位置 $\boldsymbol{r}$（また速度 $\boldsymbol{v}=d\boldsymbol{r}/dt$）を時間の関数として定めることである。

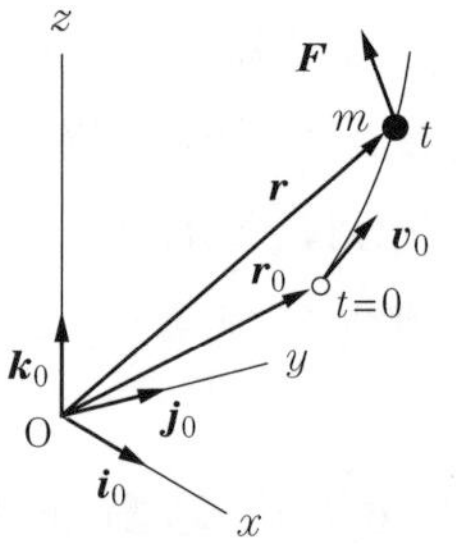

図 6.2　質点の運動

位置 $\boldsymbol{r}$ を定める式を導くため，加速度 $\boldsymbol{a}$ を位置 $\boldsymbol{r}$ で表すと $\boldsymbol{a}=d^2\boldsymbol{r}/dt^2$ となることに注意する。また力 $\boldsymbol{F}$ は一般に時間 t，位置 $\boldsymbol{r}$，速度 $\boldsymbol{v}=d\boldsymbol{r}/dt$ の関数となるので，これを明示するため $\boldsymbol{F}=\boldsymbol{F}(\boldsymbol{r},\ d\boldsymbol{r}/dt,\ t)$ と書く。これらを式(6.1)に代入すると，運動方程式は

$$m\frac{d^2\boldsymbol{r}}{dt^2}=\boldsymbol{F}\left(\boldsymbol{r},\ \frac{d\boldsymbol{r}}{dt},\ t\right) \tag{6.2}$$

となる。この式は，未知関数 $\boldsymbol{r}$ を微分の形で含む方程式である。このように

運動方程式は，位置 $\boldsymbol{r}$ に関する2階の**微分方程式**（differential equation）となる。位置 $\boldsymbol{r}$ はつねに運動方程式を満たさなければならない。したがって位置 $\boldsymbol{r}$ を定めるため，式(6.2)の微分方程式の解を求める必要がある。

微分方程式の理論によると，式(6.2)の解は一つとは限らず，任意定数を含む形で得られる。任意定数を含むこのような解を**一般解**（general solution）という。任意定数を含んだままでは運動を一意に定めたことにならないので，式(6.2)だけでは，運動を定めることはできないことになる。これは，運動について日常的に経験していることと対応している。実際，物体に同じ力が作用したとしても，出発の位置や速度が異なれば，物体のその後の位置や速度は異なる。

以上のことから，質点の運動を一意に定めるには，ある時刻における質点の位置や速度を指定する必要があることがわかる。この時刻をふつう $t=0$ とし，このときの位置を**初期位置**（initial position），速度を**初期速度**（initial velocity）という。初期位置，初期速度を指定する式を**初期条件**（initial condition）という。図6.2に示すように，初期位置，初期速度が $\boldsymbol{r}_0$，$\boldsymbol{v}_0$ の場合，初期条件は

$$t=0 \text{ において } \boldsymbol{r}=\boldsymbol{r}_0, \quad \frac{d\boldsymbol{r}}{dt}=\boldsymbol{v}_0 \tag{6.3}$$

となる。

以上で運動を定める定式化が終わった。式(6.3)の初期条件を満たす式(6.2)の解 $\boldsymbol{r}$ がただ一つ存在する。運動を定めるとは，この解 $\boldsymbol{r}$ を求めることである。

6.2　重力が働く質点の運動

力 $\boldsymbol{F}$ と初期条件を具体的に与えて，運動を定める問題に移る。力 $\boldsymbol{F}$ が式(6.2)のような一般の関数となる場合については次章で扱うことにし，この章では，力 $\boldsymbol{F}$ が時間 t のみの関数 $\boldsymbol{F}(t)$ となる場合を考える。この場合の運動

方程式は

$$m\frac{d^2\boldsymbol{r}}{dt^2}=\boldsymbol{F}(t) \tag{6.4}$$

である。この問題のうち，まずこの節では，力が重力である場合を取り上げる。重力は定数であるから，この問題は力 $\boldsymbol{F}$ が定数の場合であるといってもよい。

6.2.1　重力が働く質点の上下運動

はじめに重力が働く質点の上下運動を取り上げる。質量 m の質点を，地表から鉛直上方に速度 v_0 で投げるとする。

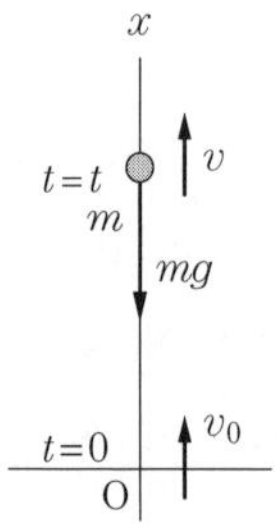

図 6.3　上 下 運 動

この場合の運動を求めるため，**図 6.3** に示すように，地表を原点 O とし，鉛直上方を x 軸の正方向とする座標系 O-x を定める。質点を投げる時刻を $t=0$ とし，質点の位置を座標 x で表す。

質点に作用する力は，下向きで大きさ mg の重力，したがって x 軸方向の成分で表して式 $-mg$ で与えられる。運動方程式は，式(6.4)の x 軸方向の成分の式

$$m\frac{d^2x}{dt^2}=-mg \tag{6.5}$$

となる。座標軸を上述のように定めたので，この問題の初期条件は

$$t=0 \text{ において } x=0,\quad \frac{dx}{dt}=v_0 \tag{6.6}$$

である。

式(6.6)の初期条件を満たす式(6.5)の解を求めよう。このため式(6.5)を時間 t について積分すると

$$\frac{dx}{dt}=-gt+C_1 \tag{6.7}$$

を得る。ここで右辺の C_1 は任意定数である。この式が正しいことは，これを微分して式(6.5)が得られることから確かめられる。式(6.7)を時間 t について

もう一度積分すると

$$x = -\frac{1}{2}gt^2 + C_1 t + C_2 \tag{6.8}$$

を得る。この式の右辺の C_2 は任意定数である。式(6.8)は二つの任意定数を含み，これで前述した一般解が得られたことになる。

式(6.6)の初期条件を用いて，任意定数を定める問題に移る。まず式(6.7)で $t=0$ とおいて式(6.6)の第 2 式を用いると $C_1=v_0$ を得る。つぎに式(6.8)で $t=0$ とおいて式(6.6)の第 1 式を用いると $C_2=0$ を得る。これらの値を式(6.7)と式(6.8)に代入すると，速度 v，位置 x は

$$v = -gt + v_0, \quad x = -\frac{1}{2}gt^2 + v_0 t \tag{6.9}$$

となる。これが最終の解で，これが問題の質点の運動を表す。

式(6.9)を用いて位置 x の変化を示すと**図 6.4** のようになる。この図の(a)では横軸を時間 t として位置 x を示し，(b)では軌道の形で位置 x を示している。いずれの図からも，質点ははじめ上方に向かうが，やがて向きを変えて下方に向かうことがわかる。

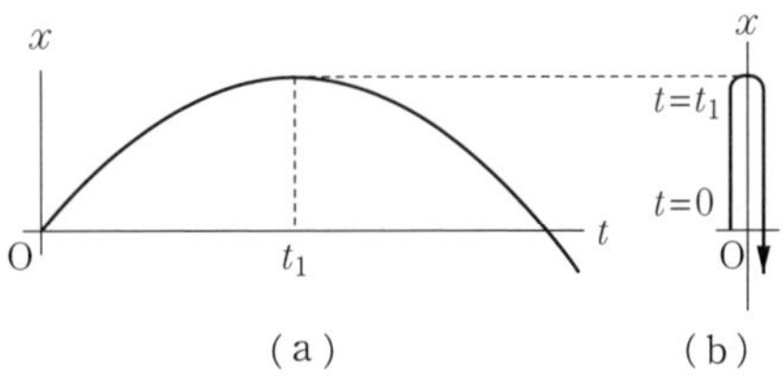

図 6.4　上下運動とその軌道

式(6.9)を用いた運動の検討の例として，質点の最高位置を求める問題を考える。最高位置で速度 v は 0 である。したがって最高位置となる時刻 t_1 は

$$v = -gt + v_0 = 0 \tag{6.10}$$

を満たす t として求められ

$$t_1 = \frac{v_0}{g} \tag{6.11}$$

となる。このときの高さ x_1 は，x の式の t に t_1 を代入して得られ

$$x_1 = \frac{{v_0}^2}{2g} \tag{6.12}$$

となる。これが求める最高位置である。

【例題 6.1】　高さ 20 m の位置から質点を静かに落とした。地表に達するまでの時間と，地表に達したときの質点の速度を求めよ。

解答　図 6.3 と同じ座標系を用いると，運動方程式は式(6.5)であり，初期条件は

$$t=0 \text{ において } x=20,\quad \frac{dx}{dt}=0 \tag{1}$$

である。

運動方程式が式(6.5)で与えられるから，一般解は式(6.8)で与えられる。この一般解に含まれる任意定数を，式(1)の初期条件を満たすように定めると

$$v=\frac{dx}{dt}=-gt,\quad x=-\frac{1}{2}gt^2+20 \tag{2}$$

を得る。

地表に達する時刻 t_1 は，式(2)の x の式で $x=0$ を満たす t として求められ

$$t_1=\sqrt{\frac{2\times 20}{g}}=2.02\,[\mathrm{s}] \tag{3}$$

となる。これを式(2)の v の式の t に代入すると，地表に達するときの速度 v_1 は

$$v_1=-gt_1=-19.8\,[\mathrm{m/s}] \tag{4}$$

となる。速度 v_1 が負であるのは，速度が下向きであることを示している。

6.2.2　重力が働く質点の放物運動

ここでは，質量 m の質点を，地表から，水平方向に対して角 θ_0 の方向に向かって初速度 v_0 で投げるときの質点の放物運動を求める。**図 6.5** に示すように，質点を投げる位置を原点 O とし，鉛直上方が y 軸となるように，運動の平面内に直角座標系 O-xy を定める。質点の位置を座標 $(x,\ y)$ で表す。

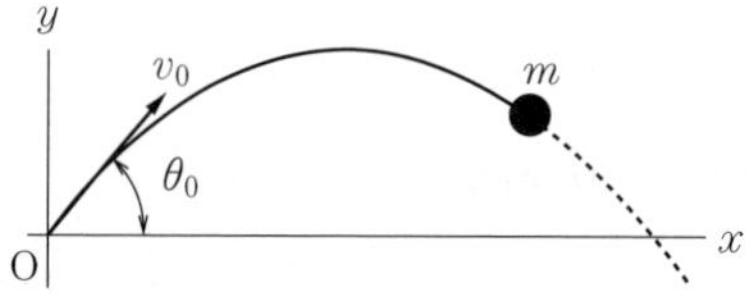

図 6.5　放 物 運 動

質点に働く力は，x 軸方向に 0，y 軸方向に重力 $-mg$ である。したがって運動方程式は，式(6.4)の x，y 軸方向の成分を用いて

$$m\frac{d^2x}{dt^2}=0,\quad m\frac{d^2y}{dt^2}=-mg \tag{6.13}$$

となる。質点を投げる瞬間を $t=0$ とすると，初期条件は

$$t=0 \text{ において } x=0, \quad y=0, \quad \frac{dx}{dt}=v_0\cos\theta_0, \quad \frac{dy}{dt}=v_0\sin\theta_0 \tag{6.14}$$

である。

運動を求める。式(6.13)をそれぞれ時間 t について積分すると

$$\frac{dx}{dt}=C_1, \quad \frac{dy}{dt}=-gt+C_3 \tag{6.15}$$

を得る。ここで C_1，C_3 は任意定数である。この式を時間 t についてもう一度積分すると

$$x=C_1t+C_2, \quad y=-\frac{1}{2}gt^2+C_3t+C_4 \tag{6.16}$$

を得る。ここで C_2，C_4 は任意定数である。これで一般解が得られた。

式(6.14)の初期条件を満たすように式(6.15)，(6.16)の任意定数を定めると，$C_1=v_0\cos\theta_0$，$C_2=0$，$C_3=v_0\sin\theta_0$，$C_4=0$ を得る。これを用いると，位置や速度がすべて求められたことになる。ここでは位置 x，y を示すと

$$x=(v_0\cos\theta_0)t, \quad y=(v_0\sin\theta_0)t-\frac{1}{2}gt^2 \tag{6.17}$$

となる。

式(6.17)を用いて x，y の変化を時間の関数として示すと，**図6.6**(a)のようになる。図から，質点は，水平方向には一定の速度で移動し，鉛直方向にははじめ上方に向かうが，やがて向きを変えて下方に向かうことがわかる。

式(6.17)の結果を用いて放物運動の軌道を求めてみよう。図6.6(a)は，t を与えると x，y が定められることを示している。これを，x を与えたときに

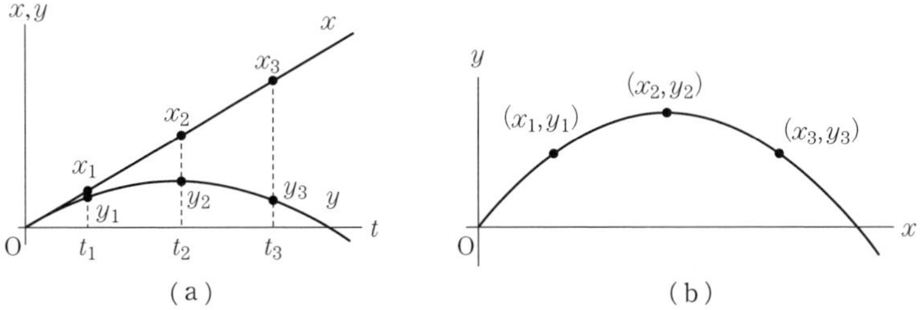

図6.6　放物運動とその軌道

t を介して y が定められると理解することができる。このように式(6.17)は，t をパラメータとして x，y を関係づけている。そこでこの式からパラメータ t を消去すれば，x，y の関係が得られ，軌道が求められる。t を消去するため第1式から t の式を導き，これを第2式に代入すると

$$y=(\tan\theta_0)x-\frac{1}{2}g\frac{x^2}{v_0{}^2\cos^2\theta_0} \tag{6.18}$$

となる。これを図示すると図6.6(b)のようになる。これが求める軌道である。

【例題6.2】 地表から10 mの位置で水平方向に速度40 m/sで質点を投げた。質点はどこまで飛んで地表に達するか。

解答 質点を投げた位置の地表を原点Oとして，運動の面内に直角座標系O-xy を定める。運動方程式は式(6.13)であり，初期条件は

$$t=0 \text{ において } x=0,\quad y=10,\quad \frac{dx}{dt}=40,\quad \frac{dy}{dt}=0 \tag{1}$$

である。式(6.16)の一般解に含まれる任意定数を，上式の初期条件を満たすように定めると，質点の位置 x，y は

$$x=40t,\quad y=10-\frac{1}{2}gt^2 \tag{2}$$

となる。

地表に達する時間 t_1 は，式(2)の y の式で $y=0$ を満たす t として求められ

$$t_1=\sqrt{\frac{10\times2}{g}}=1.43\,[\mathrm{s}] \tag{3}$$

となる。これを式(2)の x の式の t に代入すると，求める距離 x_1 は

$$x_1=40\times1.43=57.2\,[\mathrm{m}] \tag{4}$$

となる。

6.3 既知の力が働く質点の運動

この節では，式(6.4)の $\boldsymbol{F}(t)$ が時間の関数となる場合を考える。例として，質点が直線運動をする場合を取り上げる。質点が空間運動する場合もこの場合と同様に扱うことができる。運動の直線上に座標系O-x を定める。質点の位

置を座標 x で表す。初期位置 x_0 と初期速度 v_0 が与えられているとする。

運動方程式は，式(6.4)の x 軸方向の成分の式で右辺を $F(t)$ とした

$$m\frac{d^2x}{dt^2}=F(t) \tag{6.19}$$

となる。初期条件は

$$t=0 \text{ において } x=x_0, \quad \frac{dx}{dt}=v_0 \tag{6.20}$$

となる。

運動を定める。式(6.19)を時間 t について積分すると

$$\frac{dx}{dt}=\frac{1}{m}G(t)+C_1 \tag{6.21}$$

を得る。ここで $G(t)$ は

$$G(t)=\int_0^t F(t)dt \tag{6.22}$$

であり，C_1 は任意定数である。式(6.21)を時間 t についてもう一度積分すると

$$x=\frac{1}{m}H(t)+C_1t+C_2 \tag{6.23}$$

を得る。ここで $H(t)$ は

$$H(t)=\int_0^t G(t)dt \tag{6.24}$$

であり，C_2 は任意定数である。式(6.23)が一般解である。

一般解に含まれる任意定数 C_1，C_2 を定める。このため，式(6.21)で $t=0$ とおいて式(6.20)の第 2 式を用いると

$$C_1=v_0 \tag{6.25}$$

を得る。また式(6.23)の x の式で $t=0$ とおいて式(6.20)の第 1 式を用いると

$$C_2=x_0 \tag{6.26}$$

を得る。これらを用いれば，求める運動は

$$x=\frac{1}{m}H(t)+v_0t+x_0 \tag{6.27}$$

となる。

【例題 6.3】　質量 2 kg の質点が，座標系 O-x の x 軸上を運動している。この質点に，時間の関数 $6-4t$〔N〕で与えられる力が作用している。時刻 $t=0$〔s〕のとき質点は点 O にあり，速度は 3 m/s であったとする。この質点が速度 0 になるのは何秒後でどの位置か。また質点が再び点 O まで戻るのは何秒後か。

解答　運動方程式は

$$2\frac{d^2x}{dt^2}=6-4t \tag{1}$$

である。初期条件は

$$t=0 \text{ において } x=0,\quad \frac{dx}{dt}=3 \tag{2}$$

である。

式(1)を時間 t について 2 回積分すると

$$\frac{dx}{dt}=-t^2+3t+C_1,\quad x=-\frac{1}{3}t^3+\frac{3}{2}t^2+C_1t+C_2 \tag{3}$$

を得る。任意定数 C_1，C_2 を初期条件を満たすように定めると

$$\frac{dx}{dt}=-t^2+3t+3,\quad x=-\frac{1}{3}t^3+\frac{3}{2}t^2+3t \tag{4}$$

を得る。

まず速度が 0 となる時刻 t_1 は，$dx/dt=0$ を満たす t として求められ

$$t_1=\frac{3\pm\sqrt{21}}{2}=3.791,\ -0.791 \tag{5}$$

である。この中から $t_1>0$ の値 $t_1=3.791$〔s〕を選んで x の式に代入すると，速度が 0 となる質点の位置 x_1 は

$$x_1=14.8\,\text{〔m〕} \tag{6}$$

となる。

つぎに質点が点 O に戻る時刻 t_2 は，$x=0$ を満たす t として求められ

$$t_2=-\frac{3}{2},\quad 0,\quad 6 \tag{7}$$

となる。$t_2>0$ となる t_2 は $t_2=6$〔s〕であり，質点は 6 秒後に点 O に戻ることがわかる。

◇演　習　問　題◇

6.1　地表から鉛直上方に質点を投げて，高さ 10 m の地点を，速度 17 m/s で通過するようにしたい。初速度をいくらにしたらよいか。

6.2　地表上で質点を投げるとき，何度の角度で投げたら質点は地表上で最も遠くまで飛ぶか。

6.3　質量 1 200 kg の自動車が時速 30 km で走っている。この自動車に 4 000 N の力を加えて自動車を停止させた。自動車は何 m 走って停止するか。

6.4*　質量 m の質点を初速度 v_0 で水平な床面に沿って投げた。質点と床面の間の動摩擦係数は μ_k であった。質点が止まるまでに進む距離を求めよ。

6.5*　質量 1 200 kg の自動車が時速 27 km で走行している。この自動車のブレーキをかけたとき，動摩擦係数 $\mu_k=0.2$ の動摩擦が作用した。この自動車が停止するまでに要する時間と距離を求めよ。

6.6*　**図 6.7** に示すように，質点を投げて，水平距離 $x_a=30$〔m〕，高さ $y_a=10$〔m〕の目標位置 A を通るようにしたい。傾き角を $\theta_0=60°$ とするとき，初速速度 v_0 をいくらにすればよいか。

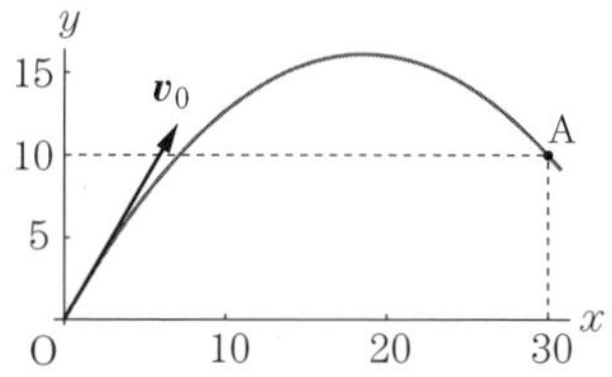

図 6.7　目標位置を通る運動

7 質点の運動
—運動に依存する力が働く場合—

前章に続いて質点の運動を考える。この章では，質点に働く力が物体の運動に依存して決まる場合を取り上げる。この章の問題に進む前に，微分方程式の基礎を確認しておくことが望ましい（⇒ 数学入門 A5）。

7.1 運動の決定

前章では，物体に働く力が時間の関数で与えられる場合について運動を求めた。実際の多くの問題では，物体に働く力は物体自身の運動に依存し，位置や速度の関数となる。この章でこのような力が働く場合の質点の運動を考える。

質点の質量を m，物体に働く力を $\boldsymbol{F}$ とする。空間内に点 O を定め，これを始点とする質点の位置をベクトル $\boldsymbol{r}$ で表す。運動方程式は，$\boldsymbol{r}$ に関する 2 階の微分方程式

$$m\frac{d^2\boldsymbol{r}}{dt^2}=\boldsymbol{F}\left(\boldsymbol{r},\ \frac{d\boldsymbol{r}}{dt},\ t\right) \tag{7.1}$$

となる。初期位置を $\boldsymbol{r}_0$，初期速度を $\boldsymbol{v}_0$ とすると，初期条件は

$$t=0 \text{ において } \boldsymbol{r}=\boldsymbol{r}_0,\quad \frac{d\boldsymbol{r}}{dt}=\boldsymbol{v}_0 \tag{7.2}$$

で与えられる。前章でみたように，質点の運動を定めるとは，式(7.2)の初期条件を満たす式(7.1)の解 $\boldsymbol{r}$ を求めることである。

力 $\boldsymbol{F}$ がもし位置 $\boldsymbol{r}$ に依存しなければ，つぎのように問題を定式化することもできる。速度 $\boldsymbol{v}=d\boldsymbol{r}/dt$ を用いて，式(7.1)の運動方程式を 1 階の微分方程式

$$m\frac{d\boldsymbol{v}}{dt}=\boldsymbol{F}(\boldsymbol{v},\ t) \tag{7.3}$$

に書き直す。この微分方程式の解 $\boldsymbol{v}$ を，式(7.2)の初期条件のうちの速度に関する条件を満たすように求める。つぎに，得られた速度 $\boldsymbol{v}=\boldsymbol{v}(t)$ を用いて，位置 $\boldsymbol{r}$ に関する式

$$\frac{d\boldsymbol{r}}{dt}=\boldsymbol{v}(t) \tag{7.4}$$

を導き，式(7.2)の初期条件のうちの位置に関する条件を満たすように位置 $\boldsymbol{r}$ を定める。

この章では，ふつう式(7.1)を出発の式とし，特に力 $\boldsymbol{F}$ が位置 $\boldsymbol{r}$ に依存しないときは，式(7.1)あるいは式(7.3)のいずれかを出発の式として運動を定める。

【例題 7.1】 質量 m の船が推力と水の抵抗を受けて直線の航路を進んでいる。推力は一定値 F_0 であり，水の抵抗は船の速度 v に比例し，比例定数は c であった。時刻 $t=0$ で船の速度を計測したところ v_0 であった。この船の運動方程式と初期条件を示せ。

解答 時刻 $t=0$ における船の位置を原点Oとして，航路に沿って座標系 O-x を定める。船の位置を座標 x で表す。船の速度 $v=dx/dt$ を用いると，抵抗の大きさは cv で速度と反対方向に働くから，船に働く力 F は

$$F=F_0-cv=F_0-c\frac{dx}{dt} \tag{1}$$

である。

位置 x で表した場合の運動方程式は

$$m\frac{d^2x}{dt^2}=F_0-c\frac{dx}{dt} \tag{2}$$

となる。時刻 $t=0$ において船は $x=0$ の位置にあり，速度は v_0 であるから，初期条件は

$$t=0 \text{ において } x=0,\quad \frac{dx}{dt}=v_0 \tag{3}$$

である。

式(1)の力は，速度 $v=dx/dt$ の関数で，x を含んでいない。そこで式(2)の運動方程式を，速度 $v=dx/dt$ を用いて表すと

$$m\frac{dv}{dt}=F_0-cv \tag{4}$$

となる。速度に関する初期条件は，式(3)の第2の条件で与えられる。

7.2 減衰力が働く質点の運動

7.2.1 減　　衰　　力

自動車が運動しているとき，運動を妨げる方向に空気から力を受ける。船が運動しているとき，運動を妨げる方向に水から力を受ける。流体などから受けるこのような力を**減衰力**（damping force）あるいは**抵抗力**（resistance force）という。この節では減衰力が働く質点の運動を扱う。

減衰力の大きさは物体の速度に依存する。速度が小さいとき，粘度の低い流体による減衰力は速度にほぼ比例することが知られている。この減衰力を**粘性減衰**（viscous damping）あるいは**粘性抵抗**（viscous resistance）という。速度を v とすると，粘性減衰の大きさ F_d は式 $F_d=cv$ で与えられる。この式の比例定数 c を**粘性減衰係数**（viscous damping coefficient），**粘性抵抗係数**（viscous resistance coefficient），あるいは単に**減衰係数**（damping coefficient）などという。粘性減衰係数の単位はSI単位で〔N・s/m〕である。

質量 m の質点に，時間 t の関数で与えられる力 $\boldsymbol{F}_t$ と粘性減衰力 $\boldsymbol{F}_d$ が作用する場合を考える。粘性減衰力 $\boldsymbol{F}_d$ は，速度 $\boldsymbol{v}$ の方向と反対方向に働くので，方向も含めて $\boldsymbol{F}_d=-c\boldsymbol{v}$ と表される。したがって質点に働く力 $\boldsymbol{F}$ は

$$\boldsymbol{F}=\boldsymbol{F}_t-c\boldsymbol{v}=\boldsymbol{F}_t-c\frac{d\boldsymbol{r}}{dt} \tag{7.5}$$

となる。この場合，式(7.1)の運動方程式は

$$m\frac{d^2\boldsymbol{r}}{dt^2}+c\frac{d\boldsymbol{r}}{dt}=\boldsymbol{F}_t \tag{7.6}$$

となる。また式(7.3)の形で表すとき，運動方程式は

$$m\frac{d\boldsymbol{v}}{dt}+c\boldsymbol{v}=\boldsymbol{F}_t \tag{7.7}$$

となる。式(7.6)と式(7.7)のそれぞれに初期条件を与えれば，運動を一意に定めることができる。

7.2.2 粘性減衰が働く質点の運動

質量 m の質点が，減衰係数 c の粘性減衰を受けて直線上を運動する場合を考える。これ以外の力は働かないとする。この質点を初期速度 v_0 で水平方向に投げるとする。経験的に，この場合の質点は次第に速度を減じ，やがて静止する。実際にどうなるかを求めよう。

質点を投げた瞬間を時刻 $t=0$ とする。このときの質点の位置を原点 O とし，運動の方向に座標系 O-x を定める。質点の位置を座標 x で表し，速度 $v=dx/dt$ を導入する。運動方程式は，式(7.7)の x 軸方向の成分を用いて

$$m\frac{dv}{dt}+cv=0 \tag{7.8}$$

である。初期条件は，速度 v について

$$t=0 \text{ において } v=v_0 \tag{7.9}$$

である。位置を求めるときに用いるので，位置 x に関する初期条件も示しておくと

$$t=0 \text{ において } x=0 \tag{7.10}$$

である。

■ 指数関数の解を用いる方法　式(7.8)を，前章で行ったようにこのまま時間で積分しようとしてもできない。この式は，微分方程式の理論で知られている同次の線形微分方程式である（⇒ 数学入門 A5）。そこでこの方程式の解法に従って，求める速度 v を，指数関数を用いて

$$v=Ce^{\lambda t} \tag{7.11}$$

の形におく。ここで C，λ は未知定数で，これを運動方程式と初期条件を満たすように定めることがここの課題である。

式(7.11)を式(7.8)に代入し，$e^{\lambda t}\neq 0$ に注意すると，式(7.11)が式(7.8)を満たすための条件として

$$(m\lambda+c)C=0 \tag{7.12}$$

を得る。この式は，λ が

$$\lambda=-\frac{c}{m} \tag{7.13}$$

であれば，任意の C に対して満たされる。そこでこの値を式(7.11)の λ に代入し，任意定数をあらためて C_1 とおくと，速度 v として

$$v=C_1e^{-\frac{c}{m}t} \tag{7.14}$$

を得る。このようにして一般解が得られた。この式の任意定数 C_1 を初期条件を満たすように定めると，求める速度 v は

$$v=v_0e^{-\frac{c}{m}t} \tag{7.15}$$

となる。

つぎに位置 x を求めるため，上式の v を用いて

$$\frac{dx}{dt}=v_0e^{-\frac{c}{m}t} \tag{7.16}$$

を導く。この式を積分すると

$$x=C_2-\frac{m}{c}v_0e^{-\frac{c}{m}t} \tag{7.17}$$

を得る。この式の任意定数 C_2 を式(7.10)の初期条件を満たすように定めると，求める位置 x は

$$x=\frac{m}{c}v_0(1-e^{-\frac{c}{m}t}) \tag{7.18}$$

となる。

式(7.15)と式(7.18)による運動の検討例として，時間 t が十分経過したときの速度 v と位置 x をみる。v，x の変化を図示すると，**図 7.1** のようになる。図(a)から，あるいは式(7.15)において $t\to\infty$ とすると，$v\to 0$ を得る。このように速度 v は次第に 0 に近づく。また図(b)から，あるいは式(7.18)において $t\to\infty$ とすると，$x\to mv_0/c$ を得る。このように最終位置は mv_0/c となる。

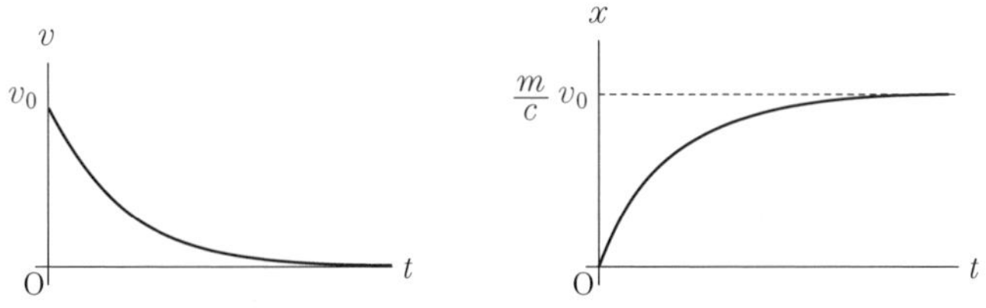

（a）　速度 v　　　（b）　位置 x

図 7.1　粘性減衰が働く質点の運動

■　**変数分離の方法**　　式(7.8)は変数分離形となっており，変数分離の方法を用いて解くこともできる（⇒ 数学入門 A5）。変数分離の方法に慣れることも重要であるから，ここでこの方法で式(7.8)の解を求める。変数分離の方法に基づいて微分を分数と同じように扱い，問題の式を

$$\frac{dv}{v}=-\frac{c}{m}dt \tag{7.19}$$

と書き直す。この形にすると，左辺，右辺はそれぞれ v，t で積分できる形となっている。そこでそれぞれ v，t で積分すると

$$\log v=-\frac{c}{m}t+C' \tag{7.20}$$

を得る。ここで C' は任意定数である。この式から

$$v=e^{-\frac{c}{m}t+C'}=e^{C'}e^{-\frac{c}{m}t} \tag{7.21}$$

を得る。係数 $e^{C'}$ は全体として任意定数であるから，これをあらためて C_1 とおくと，この解は式(7.14)に一致する。これ以降の扱いは上と同じである。

【例題 7.2】　質量 m の自動車が，c を定数として，速度 v の関数 cv^2 で与えられる減衰力を受けて惰行運動している。時刻 $t=0$ のときの速度は v_0 であった。自動車の位置と速度を求めよ。

解答　速度 v で表した運動方程式は

$$m\frac{dv}{dt}=-cv^2 \tag{1}$$

である。初期条件は

$$t=0 \text{ において } v=v_0 \tag{2}$$

である。

式(1)には v^2 の項が含まれているので，線形微分方程式の解法を用いることはできない。そこで変数分離の方法を用いる。この方法に従って式(1)を

$$\frac{m}{cv^2}dv=-dt \tag{3}$$

と書き直す。両辺をそれぞれ v，t で積分すれば

$$-\frac{m}{cv}=-t+C \tag{4}$$

となる。ここで C は任意定数である。初期条件を用いて C を定めると，速度 v は

$$v=\frac{mv_0}{cv_0t+m} \tag{5}$$

となる。速度 v は時間 t の分数となっており，時間 t とともに減少する。

時刻 $t=0$ のときの自動車の位置を原点 O として座標系 O-x を定め，位置を x で表すと，x を定める方程式は

$$\frac{dx}{dt}=\frac{mv_0}{cv_0t+m} \tag{6}$$

であり，初期条件は

$$t=0 \text{ において } x=0 \tag{7}$$

である。式(6)を時間について積分し，式(7)の初期条件を用いると

$$x=\frac{m}{c}\log\frac{m+cv_0t}{m} \tag{8}$$

を得る。

7.3　復元力が働く質点の運動

7.3.1　復　元　力

ばねは引っ張れば伸びるが自由にすればもとに戻る。自動車の車体は人が乗れば沈むが降りればもとに戻る。これらの例でみられる，物体をもとに戻そうとする力を**復元力**（restoring force）という。この節では，復元力が働く質点の運動を考える。

復元力の特性を，ばねについて検討する。**図 7.2**(a)に示すように，ばねの一端を固定し，他端を手で引っ張ると，手はばねの復元力を受ける。復元力とばねの変形量の関係を実験的に調べると，(b)に示すように，ふつうのばねで大きくない変形の範囲内で，復元力は変形量に比例する。この関係を**フックの**

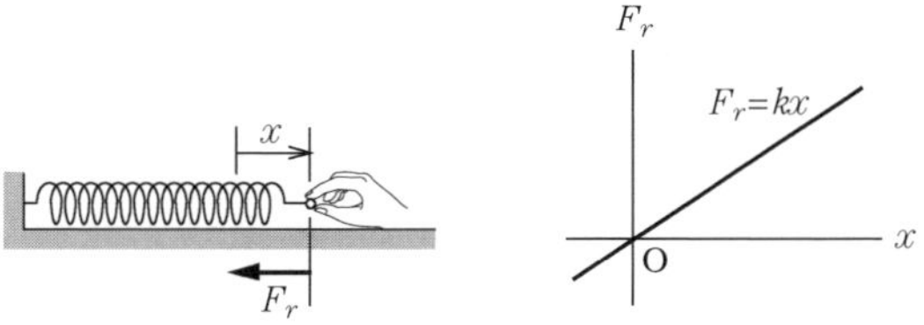

図 7.2 ばねの復元力

法則（Hooke's law）という。変形量の大きさを x，復元力の大きさを F_r とおくと，フックの法則は式 $F_r=kx$ で表される。この式の比例定数 k は，単位長さの変形量を与えるのに必要な力を意味する。比例定数 k を**ばね定数**（spring constant）という。ばね定数が大きいことはばねが剛であることを意味する。ばね定数の単位は SI 単位で〔N/m〕である。

一般の機械や構造物でも，大きな変形でなければ，その復元力は，ばねと同じようにフックの法則に従う。

質量 m の質点に，時間の関数で与えられる力 $\boldsymbol{F}_t$ と，ばね定数 k の復元力 $\boldsymbol{F}_r$ が作用する場合を考える。復元力が働かない自然の位置を始点にして，質点の位置をベクトル $\boldsymbol{r}$ で表す。このとき位置 $\boldsymbol{r}$ はそのまま変形量を表す。復元力 $\boldsymbol{F}_r$ は，変形の方向と逆方向に働くので，方向も含めて $\boldsymbol{F}_r=-k\boldsymbol{r}$ で表される。この場合に質点に働く力 $\boldsymbol{F}$ は

$$\boldsymbol{F}=\boldsymbol{F}_t-k\boldsymbol{r} \tag{7.22}$$

となる。したがって式(7.1)の運動方程式は

$$m\frac{d^2\boldsymbol{r}}{dt^2}+k\boldsymbol{r}=\boldsymbol{F}_t \tag{7.23}$$

となる。

7.3.2 質点の自由振動

復元力が働く質点の運動の例として，**図 7.3** に示すように，ばねにつながれた質点が直線上を運動する場合を考える。他の力は働かないとする。ばねが自然の長さになるときの質点の位置を**平衡位置**（equilibrium position）という。

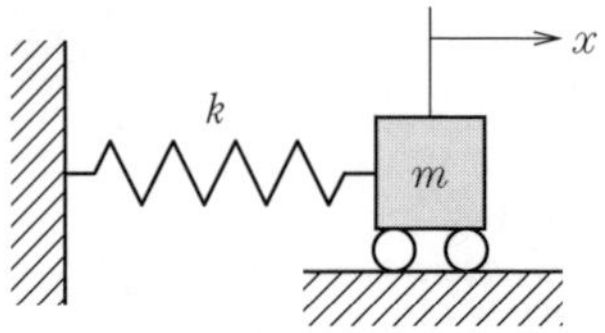

図 7.3　復元力が働く質点

質点を平衡位置からずらして自由にすると，質点は平衡位置を中心にして振動することは日常経験するところである。この例のように，復元力によって引き起こされる振動を**自由振動**（free vibration, natural vibration）という。

質点の質量を m，ばね定数を k として，図 7.3 の質点の自由振動を調べる。平衡位置を原点 O として，運動の方向に座標系 O-x を定める。質点の位置を座標 x で表す。質点を平衡位置から x_0 だけずらし，その位置で初期速度 v_0 を与えて質点を運動させたとする。

質点が x の位置にあるとき，ばねは x だけ変形しており，質点には，x 軸方向に $-kx$ の力が働く。運動方程式は，式(7.23)を x 軸方向の成分で表して

$$m\frac{d^2x}{dt^2}+kx=0 \tag{7.24}$$

となる。m，k で決まる定数

$$\omega_n=\sqrt{\frac{k}{m}} \tag{7.25}$$

を導入すると，この式は

$$\frac{d^2x}{dt^2}+\omega_n{}^2x=0 \tag{7.26}$$

となる。初期条件は

$$t=0 \text{ において } x=x_0,\quad \frac{dx}{dt}=v_0 \tag{7.27}$$

である。

運動を求める。式(7.26)は線形微分方程式であるから（⇒ 数学入門 A5），この方程式の解法にしたがって，求める解を

$$x=Ce^{\lambda t} \tag{7.28}$$

の形におく。ここで C と λ は未知定数である。上式を式(7.26)に代入して，これが解になるための条件を求めると

$$C(\lambda^2+\omega_n{}^2)=0 \tag{7.29}$$

を得る。この式から，未知定数 λ が

$$\lambda=+j\omega_n,\ -j\omega_n \tag{7.30}$$

のいずれかであれば，任意の C に対して式(7.28)が解となることがわかる。λ の値をこれらの値とし，それぞれに対して任意定数をあらためて C_1，C_2 とおくと，二つの解

$$x=C_1e^{j\omega_nt},\ C_2e^{-j\omega_nt} \tag{7.31}$$

を得る。これらの和

$$x=C_1e^{j\omega_nt}+C_2e^{-j\omega_nt} \tag{7.32}$$

も，代入すればわかるように解となる。この解は二つの任意定数 C_1，C_2 を含んでおり式(7.26)の一般解である。任意定数は初期条件によって定められる。

式(7.32)の一般解は別の形に変形したほうが理解しやすいので，ここでこれを考える。オイラーの公式（⇒ 数学入門 A2）を用いると，式(7.32)の一般解は

$$\begin{aligned}x&=C_1(\cos\omega_nt+j\sin\omega_nt)+C_2(\cos\omega_nt-j\sin\omega_nt)\\&=(C_1+C_2)\cos\omega_nt+j(C_1-C_2)\sin\omega_nt\end{aligned} \tag{7.33}$$

と変形できる。この式の C_1+C_2，$j(C_1-C_2)$ は全体として任意定数であるので，これをあらためて a，b とおく。この結果，上式は

$$x=a\cos\omega_nt+b\sin\omega_nt \tag{7.34}$$

となる。この式は二つの任意定数 a，b を含み，式(7.32)と同じように一般解である。任意定数は初期条件によって定められる。

式(7.34)の一般解に含まれる任意定数 a，b を式(7.27)の初期条件を満たすように定めると，求める運動として

$$x=x_0\cos\omega_nt+\frac{v_0}{\omega_n}\sin\omega_nt \tag{7.35}$$

を得る。なお式(7.32)の一般解を用いて初期条件を満たすように任意定数を定

めても，この式と同じ結果が得られる。運動の性質を検討するため，この式を，三角関数の合成の公式（⇒ 数学入門 A2）を用いて

$$x = a_0 \cos(\omega_n t - \alpha_0) \tag{7.36}$$

と書き直す。ここで a_0 と α_0 は

$$a_0 = \sqrt{{x_0}^2 + \left(\frac{v_0}{\omega_n}\right)^2}, \quad \cos\alpha_0 = \frac{x_0}{a_0}, \quad \sin\alpha_0 = \frac{v_0}{\omega_n a_0} \tag{7.37}$$

によって定められる。

式(7.36)を用いて運動の性質をみておく。時間 t を横軸にとって，この式の x を示すと**図 7.4** のようになる。この図から，この節のはじめに予想したように，質点は振動的な運動をすることがわかる。**振幅**（amplitude）は一定値 a_0 で，この値は初期条件によって決まる。三角関数で表されるこのような運動を**調和運動**（harmonic motion）あるいは**単振動**（simple harmonic motion）という。質点の自由振動は調和運動になるということができる。

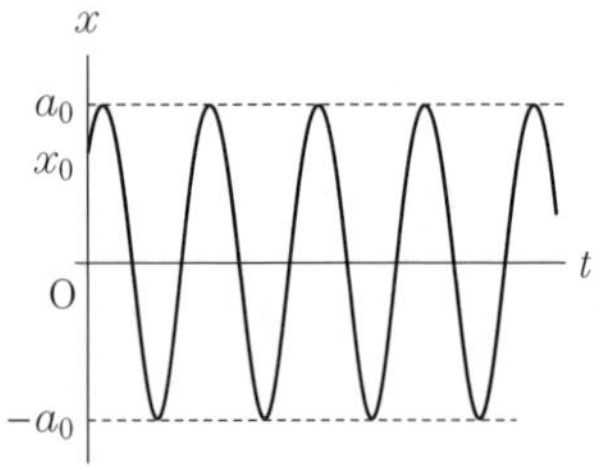

図 7.4　調和運動

式(7.36)で表される運動 x は重要な性質を持っている。これを論ずる準備として x の式に含まれる ω_n の意味を考える。ω_n を変えてグラフを描けばわかるように，運動 x は，ω_n が大きければ速く変化する振動，小さければゆっくり変化する振動を表す。一般に式(7.36)の形の調和運動の式で，ω_n に相当する量を**角振動数**（angular frequency）といい，2π 時間に 1 周期分の運動が何回繰り返されるかを表す（⇒ 数学入門 A2）。角振動数の単位は，SI 単位で〔rad/s〕である。

これで図 7.3 の質点の運動の重要な性質を述べる準備ができた。この質点の自由振動の角振動数 ω_n は，式(7.25)で与えられ，質量 m とばね定数 k のみで定められる。m，k は対象に固有の値で，したがって角振動数 ω_n も対象に固有の値であるという意味で，この角振動数を**固有角振動数**（natural angular frequency）という。図 7.3 の質点は，初期条件などに関係なく，いつも

一定の固有角振動数 ω_n で振動するということができる。身近な例で考えると，例えばピアノの一つの鍵盤からいつも同じ高さの音が聞こえるのは，鍵盤の先に連なる弦の自由振動がいつも固有角振動数で振動するからである。

【例題 7.3】 図 7.3 に示すように，質量 10 kg の質点がばね定数 6 250 N/m のばねで支えられている。この質点を平衡位置から 15 mm だけずらして自由にするときの自由振動を求めよ。

解答 式(7.25)により，固有角振動数 ω_n は

$$\omega_n=\sqrt{\frac{6\,250}{10}}=25\,[\mathrm{rad/s}] \tag{1}$$

となる。一般解として式(7.34)の形を用いることにすると，自由振動を表す一般解は

$$x=a\cos 25t+b\sin 25t \tag{2}$$

となる。ここで a，b は任意定数である。

自由にした時刻を $t=0$ とすると，初期条件は

$$t=0 \text{ において } x=15\,[\mathrm{mm}],\quad \frac{dx}{dt}=0 \tag{3}$$

である。これを満たすように a，b を定めると，振動 x は

$$x=15\cos 25t\,[\mathrm{mm}] \tag{4}$$

となる。

7.3.3　粘性減衰が働く質点の自由振動

前項では，減衰力を考慮しないで自由振動を扱った。実際の場合には減衰力が働く。ここでは，**図 7.5** に示す，減衰係数 c の粘性減衰が働く場合の自由振動を扱う。図では粘性減衰をダンパで模式化して示している。初期条件は式(7.27)とする。

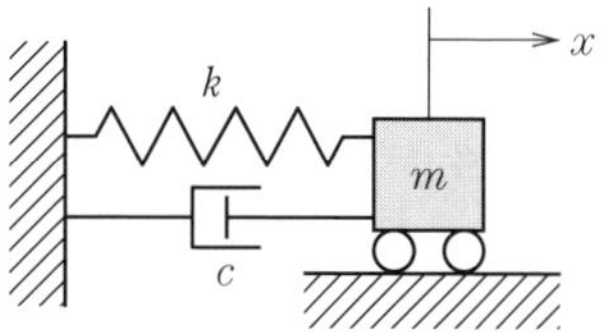

図 7.5　復元力と減衰力が働く質点

前項と同じように座標系 O-x を定める。質点には x 軸方向に復元力 $-kx$ と減衰力 $-c(dx/dt)$ が働く。したがって運動方程式は，式(7.24)を導いたと同じようにして

$$m\frac{d^2x}{dt^2}+c\frac{dx}{dt}+kx=0 \tag{7.38}$$

となる。式(7.25)の ω_n と

$$\zeta=\frac{c}{2m} \tag{7.39}$$

を導入すると，式(7.38)は

$$\frac{d^2x}{dt^2}+2\zeta\frac{dx}{dt}+\omega_n{}^2x=0 \tag{7.40}$$

となる。

運動を求める。式(7.40)の解を，C，λ を未知定数として

$$x=Ce^{\lambda t} \tag{7.41}$$

とおく。これを式(7.40)に代入すると，これが解になるための条件として

$$(\lambda^2+2\zeta\lambda+\omega_n{}^2)C=0 \tag{7.42}$$

を得る。この式から，λ が

$$\lambda^2+2\zeta\lambda+\omega_n{}^2=0 \tag{7.43}$$

を満たせば，任意の C に対して式(7.41)は解となる。上式を満たす λ は

$$\lambda=-\zeta+\sqrt{\zeta^2-\omega_n{}^2},\quad -\zeta-\sqrt{\zeta^2-\omega_n{}^2} \tag{7.44}$$

である。

ここから先の議論は，λ が実数か複素数かによって異なる。以下では，実用的に重要な場合として，減衰が小さく $\zeta<\omega_n$ となる場合を考える。このとき式(7.44)の λ は複素数となる。これを

$$\lambda=-\zeta+j\omega_d,\quad -\zeta-j\omega_d \tag{7.45}$$

と書く。ここで ω_d は

$$\omega_d=\sqrt{\omega_n{}^2-\zeta^2} \tag{7.46}$$

である。式(7.45)で定められる λ を式(7.41)に代入し，λ のそれぞれに対して任意定数をあらためて C_1，C_2 とおくと，式(7.40)の解として

$$x=C_1e^{(-\zeta+j\omega_d)t},\quad C_2e^{(-\zeta-j\omega_d)t} \tag{7.47}$$

を得る。これらの和

$$x=C_1e^{(-\zeta+j\omega_d)t}+C_2e^{(-\zeta-j\omega_d)t} \tag{7.48}$$

も解となり，これは二つの任意定数 C_1，C_2 を含むので一般解である。任意定

数 C_1，C_2 は初期条件により定められる。

式(7.48)の一般解を書き直しておく。まずこれを

$$x=e^{-\zeta t}(C_1e^{j\omega_d t}+C_2e^{-j\omega_d t}) \tag{7.49}$$

と書き直す。つぎにこの式の括弧の中を，式(7.32)から式(7.34)を得たと同じように書き直すと

$$x=e^{-\zeta t}(a\cos\omega_d t+b\sin\omega_d t) \tag{7.50}$$

となる。ここで a，b は任意定数である。式(7.27)の初期条件を用いて任意定数 a，b を定めると

$$x=e^{-\zeta t}\left(x_0\cos\omega_d t+\frac{v_0+\zeta x_0}{\omega_d}\sin\omega_d t\right) \tag{7.51}$$

となる。この式を，式(7.35)から式(7.36)を得たと同じようにして書き直すと

$$x=e^{-\zeta t}a_0\cos(\omega_d t-\alpha_0) \tag{7.52}$$

を得る。ここで a_0 と α_0 は

$$a_0=\sqrt{{x_0}^2+\left(\frac{v_0+\zeta x_0}{\omega_d}\right)^2},\quad \cos\alpha_0=\frac{x_0}{a_0},\quad \sin\alpha_0=\frac{v_0+\zeta x_0}{\omega_d a_0} \tag{7.53}$$

によって定められる。

式(7.52)の解で示される運動の性質をまとめる。**図 7.6** に示されるように，ここで考えている自由振動は，振幅が指数関数 $e^{-\zeta t}$ に従って減少し，振動数は式(7.46)で与えられる一定の値 ω_d となる。この場合の自由振動を，**減衰自由振動** (damped free vibration) という。また角振動数 ω_d を**減衰固有角振動数** (angular frequency of the damped free vibration) という。

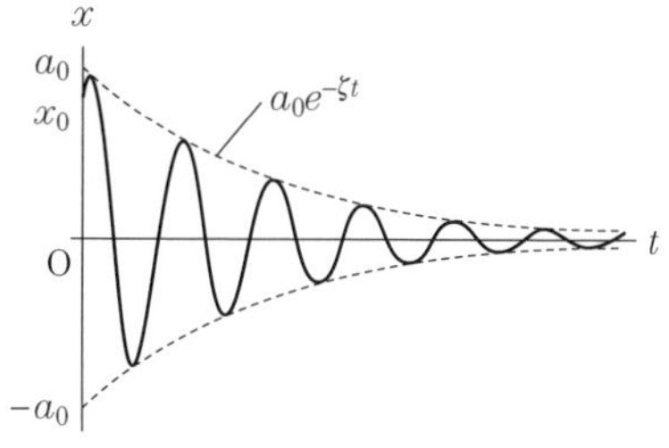

図 7.6 減衰自由振動

7.3.4 質点の強制振動

ばねで支えられた質点に，時間的に変化する外力が働く場合の例として，図

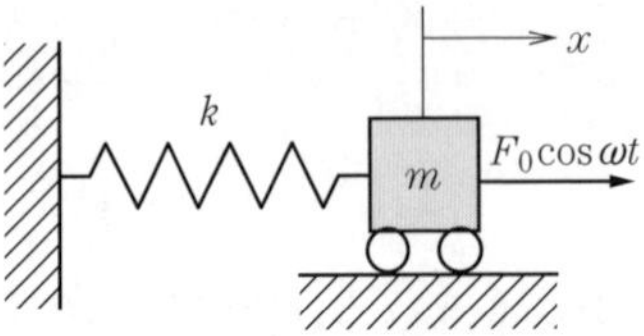

図 7.7　復元力と外力が働く質点

7.7 に示すように，大きさ F_0，角振動数 ω の三角関数の外力 $F_0\cos\omega t$ が働く場合を考える。初期条件は式(7.27)のように与えられているとする。

座標系 O-x を前項と同じように定める。質点に復元力 $-kx$ と外力 $F_0\cos\omega t$ が働くので，運動方程式は

$$m\frac{d^2x}{dt^2}=-kx+F_0\cos\omega t \tag{7.54}$$

となる。この式を，式(7.25)の ω_n を用いて書き直すと

$$\frac{d^2x}{dt^2}+\omega_n{}^2x=\frac{F_0}{m}\cos\omega t \tag{7.55}$$

となる。

式(7.55)から運動を定める。線形微分方程式の理論によれば，この形の方程式の一般解は，式(7.55)の特解と，この式の右辺を 0 とおいて得られる同次方程式の一般解の和で与えられる（⇒ 数学入門 A5）。このうち同次方程式は，7.3.1 項で扱ったものと同じで，一般解は式(7.34)で与えられている。

式(7.55)の特解を求めよう。経験に基づいて，外力 $F_0\cos\omega t$ によって引き起こされる振動が外力と同じ角振動数 ω を持つ三角関数で与えられると予想してみる。このようにして特解 x を，未知定数 X を含んだ形で

$$x=X\cos\omega t \tag{7.56}$$

とおく。これを式(7.55)に代入して，これが解になる条件を求めると

$$(\omega_n{}^2-\omega^2)X=\frac{F_0}{m} \tag{7.57}$$

となる。この式から未知定数 X を求めると

$$X=\frac{1}{m}\frac{F_0}{\omega_n{}^2-\omega^2} \tag{7.58}$$

となる。したがって特解 x として

$$x=\frac{1}{m}\frac{F_0}{\omega_n{}^2-\omega^2}\cos\omega t \tag{7.59}$$

を得る。このように解が得られたので，特解を式(7.56)の形においたことは正

しかったといえる。

式(7.55)の一般解は，特解と同次方程式の一般解を加えた

$$x=a\cos\omega_n t+b\sin\omega_n t+\frac{1}{m}\frac{F_0}{\omega_n{}^2-\omega^2}\cos\omega t \tag{7.60}$$

となる。この式の任意定数 a，b は初期条件によって定められる。任意定数を定めることはいままでと同じように容易にできる。

得られた解で示される運動の性質をまとめる。式(7.60)によれば，ここで考えている質点の振動は，角振動数 ω_n と角振動数 ω の2種類の振動成分からなることがわかる。このうち前者は，7.3.1項で扱った自由振動である。後者は外力によって引き起こされる振動で，これを**強制振動**（forced vibration）という。

式(7.60)の2種類の振動のうち，以下では，強制振動に注目して性質をみておく。式(7.59)を用いて，外力と強制振動を並べて示すと，**図7.8**のようになる。$\omega<\omega_n$ の場合，図(a)に示されるように，外力と強制振動は揃って最大値や最小値をとる。これに対し $\omega>\omega_n$ の場合，図(b)に示されるように，外力と強制振動は逆になって最大値や最小値をとる。このように強制振動は，ω と ω_n の大小関係によって**位相**（phase）が異なるということができる。

強制振動の振幅 X_0 は，式(7.58)の絶対値で与えられ

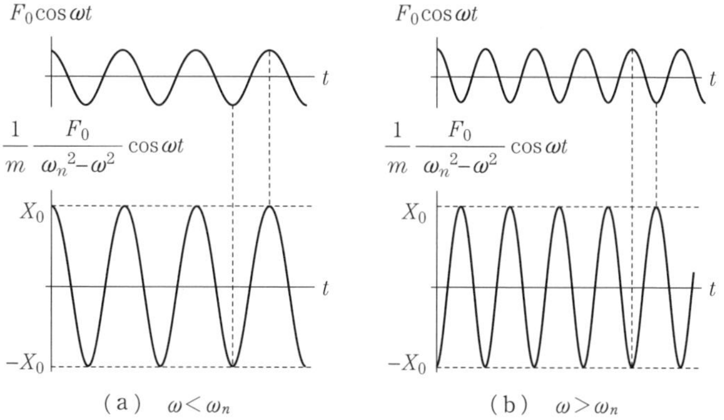

図7.8　強制振動

$$X_0=\frac{F_0}{m}\left|\frac{1}{{\omega_n}^2-\omega^2}\right| \tag{7.61}$$

となる。この式から，振幅 X_0 は，角振動数 ω に依存し，特に外力の角振動数 ω が固有角振動数 ω_n に近く $\omega \fallingdotseq \omega_n$ となるとき，きわめて大きくなることがわかる。この現象を**共振**（resonance）という。機械を設計するとき，共振対策をどのように進めるかは設計者の基本課題である。

◇演　習　問　題◇

7.1　質量 m の自動車が，c_1，c_2 を定数として，速度 v の関数 $c_1v+c_2v^2$ で与えられる減衰力を受けて惰行運動している。時刻 $t=0$ のときの速度は v_0 であった。この時刻の位置から自動車が止まるまでにどれだけの距離を走るか。

7.2　質量 $m=2$〔kg〕の物体が，図 7.5 に示すように，ばね定数 $k=98$〔N/m〕のばねで支えられている。物体には減衰係数 $c=2.8$〔N･s/m〕の粘性減衰が働く。固有角振動数 ω_d 求め，減衰を無視した場合の固有角振動数 ω_n と比較せよ。つぎに，$t=0$ において初期変位は $x=8$〔mm〕，初期速度は $dx/dt=0$〔m/s〕であったとして，変位 x の式を求めよ。

7.3　式(7.44)で減衰力が大きく $\zeta>\omega_n$ となる場合の運動を求めよ。

7.4*　水平な床の上を，質量 m の物体が，一定の力と速度の 2 乗に比例する抵抗力を受けて運動している。一定の力の大きさは F_0，抵抗力の比例定数は c^2F_0 であった。この物体が一定の速度に近づくことを示し，その速度を求めよ。この速度で物体が一定の速度になることを力学的に説明せよ。

7.5*　図 7.7 の m，k，F_0 が $m=1$，$k=1$，$F_0=1$ の値をとるとき，強制振動の振幅 X_0 は ω のどのような関数となるか。

7.6*　質量 1 の質点がばね定数 9 のばねで壁につながれ，水平で滑らかな床に置かれている。この質点に外力 $2\cos^2 t$ が働いた。時刻 $t=0$ で $x=dx/dt=0$ であったとして，この質点の運動を求めよ。

8 運動量と角運動量

前の二つの章で，運動方程式に基づいて質点の運動を求めた。この章では，運動方程式から運動量や角運動量などの関係を導き，これに基づいて質点の運動を求める。問題によっては，この方法は，運動を求める有力な手段となる。この章に進む前に，ベクトルについて再度確認しておこう（⇒ 数学入門 A1）。

8.1 運動量と力積

8.1.1 運　動　量

投げられたボールを手で受けるとき，これを止めようとして手が受ける衝撃は，ボールの質量が大きいほど，またボールの速度が速いほど大きい。この例からわかるように，物体の運動の勢いは速度と質量で決められる。

運動の勢いを表す量を力学的に定義する。質量 m の質点が速度 $\boldsymbol{v}$ で運動しているとき，この質点の運動の勢いを，質量と速度の積

$$\boldsymbol{P}=m\boldsymbol{v} \tag{8.1}$$

で与える。これを質点の**運動量**（momentum）あるいは後に述べる角運動量と区別して**直線運動量**（linear momentum）という。定義からわかるように，運動量はベクトルである。運動量の大きさの単位は，SI 単位で，質量の単位〔kg〕と速度の単位〔m/s〕の積として定められる〔kg・m/s〕である。

【例題 8.1】　質量 145 g のボールを時速 150 km で投げた。このボールが持っている運動量はいくらか。

解答　ボールの速度を〔m/s〕で表すと

$$v=\frac{150\times1\,000}{60\times60}\,〔\mathrm{m/s}〕 \tag{1}$$

となる。したがってボールが持つ運動量の大きさ P は，質量 $m=0.145$〔kg〕と上式の速度を掛けた

$$P=0.145\times\frac{150\times1\,000}{60\times60}=6.04\,〔\mathrm{kg\cdot m/s}〕 \tag{2}$$

である。運動量の方向はボールが飛んでいく方向である。

8.1.2 運動量の式

前項で導入した運動量がどのような法則に従うかを考える。質量 m の質点に力 $\boldsymbol{F}$ が働いて運動しているとする。質点の位置をPとし，空間内に任意に定めた点Oを始点とする点Pの位置ベクトルを $\boldsymbol{r}=\overrightarrow{\mathrm{OP}}$ とする。位置ベクトル $\boldsymbol{r}$ で表した運動方程式は

$$m\frac{d^2\boldsymbol{r}}{dt^2}=\boldsymbol{F} \tag{8.2}$$

である。質量 m が時間に依存せず一定のとき，この式は

$$\frac{d}{dt}\left(m\frac{d\boldsymbol{r}}{dt}\right)=\boldsymbol{F} \tag{8.3}$$

と書き直すことができる。この式に速度 $\boldsymbol{v}=d\boldsymbol{r}/dt$ を代入すると

$$\frac{d}{dt}(m\boldsymbol{v})=\boldsymbol{F} \tag{8.4}$$

を得る。この式の括弧の中は運動量 $\boldsymbol{P}$ に一致する。したがってこの式から，運動量 $\boldsymbol{P}$ は

$$\frac{d\boldsymbol{P}}{dt}=\boldsymbol{F} \tag{8.5}$$

を満たすことがわかる。この式によれば

“運動量の時間的な変化割合は，物体に働く力に等しい”

ということができる。

ニュートンの時代には運動量の概念が定着していなかったので，運動量という言葉を用いていないが，ニュートンの運動の第2法則は，内容的に式(8.5)

であった。このように運動の第2法則は，一般には式(8.5)で与えられ，質量が一定となるふつうの場合，式(8.2)の形でよいと考えるのが適切である。

質点に力が作用せず $\boldsymbol{F}=0$ のとき，式(8.5)から

$$\boldsymbol{P}=\text{一定} \tag{8.6}$$

となることが導かれる。これを**運動量保存の法則**（law of conservation of momentum）という。この法則の応用は，10章で扱う質点系の問題において考えることにして，ここでは，この法則があることを記憶しておこう。

8.1.3 力積とその応用

式(8.5)から得られる一つの関係式を導く。時刻 t_0，t_1 を任意に定めて，式(8.5)の両辺を時刻 t_0 から t_1 まで積分すると

$$\Big[\boldsymbol{P}\Big]_{t_0}^{t_1}=\int_{t_0}^{t_1}\boldsymbol{F}\,dt \tag{8.7}$$

を得る。時刻 t_0，t_1 における速度を $\boldsymbol{v}_0$，$\boldsymbol{v}_1$ とし，それぞれの時刻における運動量 $\boldsymbol{P}_0=m\boldsymbol{v}_0$，$\boldsymbol{P}_1=m\boldsymbol{v}_1$ を導入すると，式(8.7)は

$$\boldsymbol{P}_1-\boldsymbol{P}_0=\int_{t_0}^{t_1}\boldsymbol{F}\,dt \tag{8.8}$$

と書くことができる。この式の右辺の量

$$\boldsymbol{I}(t_0,\ t_1)\equiv\int_{t_0}^{t_1}\boldsymbol{F}\,dt \tag{8.9}$$

は，時刻 t_0 から t_1 までの間に質点に働いた力の積分値を表す。この積分は，例えば重いものを持ち続けるときの手の疲れのように，人間の感覚からすれば一種の仕事である。この積分のことを**力積**（impulse）という。式(8.8)から

“運動量の変化は力積に等しい”

ということができる。

式(8.8)の工学的な応用を考えよう。物体に瞬間的な力が働く場合を考える。この物体の運動を調べるため運動方程式を利用しようとすると，力を測定する必要があるが，瞬間的な力の測定は簡単ではない。力を測定できなければ，運動方程式をこのままの形で用いることはできない。瞬間的な力が働く場合に，

力そのものの測定は難しいが，力が作用する前と後の物体の速度，あるいは力が作用している時間間隔のような量の測定は難しくない。目的に応じてこれらの量を測定して式(8.8)を利用すると，運動についてある程度のことを知ることができる。これを例を挙げて説明しよう。

物体に瞬間的な力が働く場合に，平均的な力 $\tilde{\boldsymbol{F}}$ を求めたいとする。この目的のため，力が作用する前後の物体の速度 $\boldsymbol{v}_0$，$\boldsymbol{v}_1$ と，力が作用している間の時間 $\varDelta t$ を測定する。前者の測定結果から運動量の変化 $\boldsymbol{P}_1-\boldsymbol{P}_0$ を求めることができる。また式(8.9)の力積 $\boldsymbol{I}$ は，測定結果の時間 $\varDelta t$ と未知の平均的な力 $\tilde{\boldsymbol{F}}$ を用いて，近似的に

$$\boldsymbol{I}=\int_0^{\varDelta t}\tilde{\boldsymbol{F}}dt=\tilde{\boldsymbol{F}}\varDelta t \tag{8.10}$$

で与えられる。これらの値を用いると，式(8.8)によって，平均的な力 $\tilde{\boldsymbol{F}}$ が

$$\tilde{\boldsymbol{F}}=\frac{\boldsymbol{P}_1-\boldsymbol{P}_0}{\varDelta t} \tag{8.11}$$

と定められる。

【例題 8.2】　質量 1 200 kg の自動車が時速 27 km で走行している。この自動車に一定の力を加えて 0.2 s 以内に静止させたい。いくらの力を加えたらよいか。

解答　自動車の速度は 27〔km/h〕=7.5〔m/s〕である。求める力を $\tilde{F}$ とすると，式(8.11)によって

$$\tilde{F}=\frac{0-1\,200\times7.5}{0.2}=-45\,000\,[\mathrm{N}] \tag{1}$$

を得る。求める力は，自動車の進行と反対方向で，大きさ 45 kN である。

【例題 8.3】　**図 8.1**(a)に示すように，滑らかで水平な床の上に，質量 m の質点が置かれている。この質点に，短い時間 $\varDelta t$ の間だけ瞬間的な力を加える。力を加え終わった瞬間の質点の速度 v を求めよ。加える力 F の最大値 F_0 と時間 $\varDelta t$ が測定されたとして，力 F は(b)に示すように，正弦波で近似できるものとする。

解答　力 F は式 $F=F_0\sin(\pi t/\Delta t)$ で与えることができる。力 F の作用によって，運動量は 0 から mv に変化するので，式(8.8)によって

$$mv-0=\int_0^{\Delta t}F_0\sin\left(\frac{\pi t}{\Delta t}\right)dt$$
$$=\frac{2F_0\Delta t}{\pi} \tag{1}$$

を得る。したがって求める速度 v は

$$v=\frac{2F_0\Delta t}{m\pi} \tag{2}$$

である。

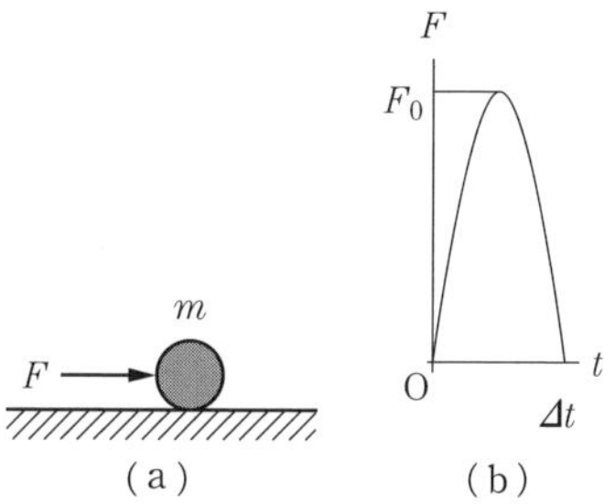

図 8.1　瞬間的な力を受ける物体の速度

8.2　角運動量と角力積

8.2.1　角　運　動　量

前節では，直線運動する物体の運動の勢いを表す量として運動量を導入した。ここでは，物体の回転運動の勢いを表す量を導入しよう。

物体がある点まわりに回転しているとする。回転している物体の回転を止めようとするとき，運動量は同じでも，回転中心からの距離が長いものはなかなか止められないことは日常経験するとおりである。このように物体の回転の勢いは，運動量のほか，回転中心からの距離が関係する。

回転の勢いを表す量を力学的に定義する。まず平面内の運動を考える。**図 8.2** に示すように，質量 m の質点が平面内で点 O まわりを速度 $\boldsymbol{v}$ で運動しているとする。運動の平面内に直角座標系 O-xy を，この平面に垂直に z 軸を定める。質点の位置 P を，点 O を始点とするベクトル $\boldsymbol{r}=\overrightarrow{\mathrm{OP}}$ で表す。この物体は運動量 $\boldsymbol{P}=m\boldsymbol{v}$ を持っている。この質点の回転の勢いは，運動量

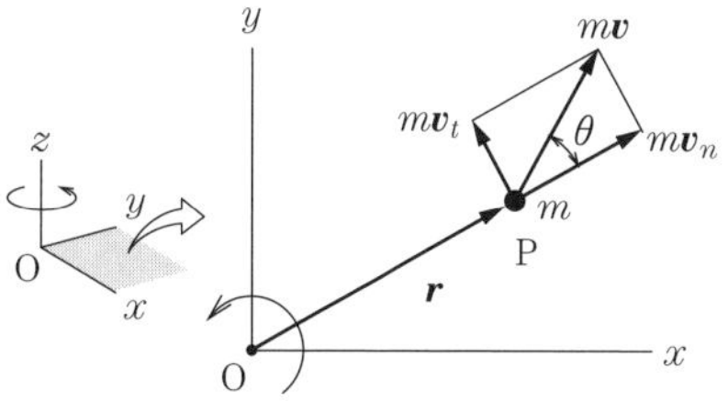

図 8.2　角 運 動 量

$\boldsymbol{P}=m\boldsymbol{v}$ のうちの $\overrightarrow{\mathrm{OP}}$ に直角方向の成分 $mv_t=mv\sin\theta$ が大きければ，また点Oから点Pまでの距離 r が大きければ大きい。このようにして回転の勢いは，これらの積

$$L=rmv_t=rmv\sin\theta \tag{8.12}$$

で与えられる。この勢いの回転の方向は，運動量 $\boldsymbol{P}$ と位置ベクトル $\boldsymbol{r}$ の位置関係によって決まり，例えば図8.2の場合，反時計方向である。大きさと回転の方向をこのように定めた量を**角運動量**（angular momentum）という。角運動量の大きさの単位は，SI単位で〔kg・m²/s〕である。

上で導入した角運動量は，力のモーメントと同じようにベクトル積を用いて

$$\boldsymbol{L}=\boldsymbol{r}\times m\boldsymbol{v} \tag{8.13}$$

で与えることができる。実際，この式のベクトル $\boldsymbol{L}$ の大きさから式(8.12)の大きさが得られ，またベクトル $\boldsymbol{L}$ の方向から右ねじの法則にしたがって回転の方向を定めると，角運動量の回転の方向が得られる。

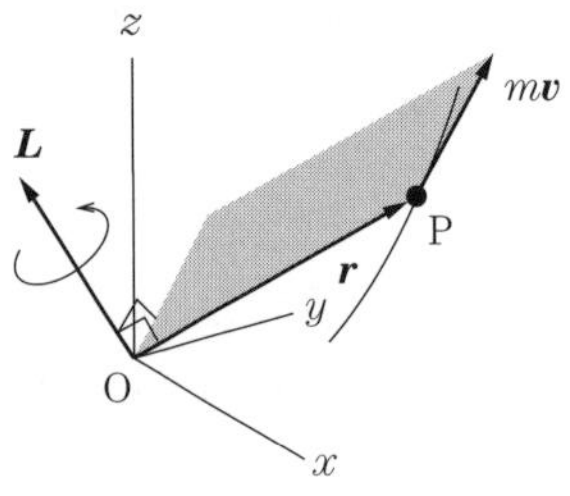

図8.3　角運動量

質点が3次元空間内を運動している場合の角運動量は，上の議論を一般化して定義される。**図8.3**に示すように，質量 m の質点が運動量 $\boldsymbol{P}=m\boldsymbol{v}$ を持って点Oを回転中心として運動しているとする。この質点の回転は，点Oと運動量 $\boldsymbol{P}=m\boldsymbol{v}$ で定められる平面に垂直な軸まわりで行われ，回転の勢いの大きさは上と同じように式(8.12)で与えられる。したがってこの場合の角運動量 $\boldsymbol{L}$ は，点Pの位置 $\boldsymbol{r}$ と運動量 $m\boldsymbol{v}$ を用いて式(8.13)で与えられる。

8.2.2　角運動量の式

前項で導入した角運動量がどのような法則に従うかを考えよう。このため，式(8.4)の両辺に，ベクトル積を作るように点Pの位置ベクトル $\boldsymbol{r}$ を掛けると

$$\boldsymbol{r}\times\frac{d}{dt}(m\boldsymbol{v})=\boldsymbol{r}\times\boldsymbol{F} \tag{8.14}$$

となる。この式を

$$\frac{d}{dt}(\boldsymbol{r}\times m\boldsymbol{v})=\boldsymbol{r}\times\boldsymbol{F} \tag{8.15}$$

と書き直す。このように書き直すことができることは，この式の左辺の微分を実際に行って $(d\boldsymbol{r}/dt)\times m\boldsymbol{v}=\boldsymbol{v}\times m\boldsymbol{v}=0$ に注意すれば確かめられる。

式(8.15)の左辺の括弧の中は，式(8.13)で与えられる角運動量 $\boldsymbol{L}$ を表している。また右辺の

$$\boldsymbol{N}=\boldsymbol{r}\times\boldsymbol{F} \tag{8.16}$$

は力のモーメントを表している。これらの量を用いると式(8.15)は

$$\frac{d\boldsymbol{L}}{dt}=\boldsymbol{N} \tag{8.17}$$

と書くことができる。この式から

“角運動量の時間的な変化割合は物体に働く力のモーメントに等しい”

ということができる。これを式(8.5)と対比して覚えておこう。この式を利用して，回転が関係する問題の運動を求めることができる。

上で導いた式(8.17)を実際の問題に応用する場合には，この式の成分表示を用いる。力のモーメント $\boldsymbol{N}$ の成分表示は2章で示した。角運動量 $\boldsymbol{L}$ はモーメント $\boldsymbol{N}$ の式において $\boldsymbol{F}$ の代わりに $m\boldsymbol{v}$ とおいたものであるから，$\boldsymbol{L}$ の成分表示も，2章と同じように求められ

$$L_x=y\cdot mv_z-z\cdot mv_y,\quad L_y=z\cdot mv_x-x\cdot mv_z,\quad L_z=x\cdot mv_y-y\cdot mv_x \tag{8.18}$$

となる。特に x-y 平面内の運動の角運動量 L は，上式の L_z によって与えられる。L を求めるのにこの式あるいは式(8.12)を用いることができる。

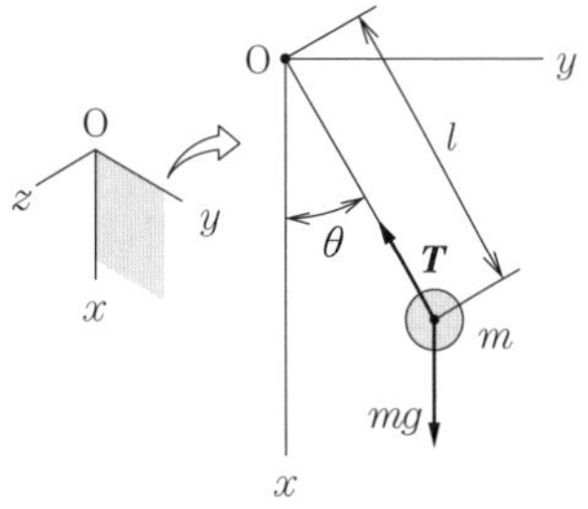

図8.4　単振り子

【例題8.4】　図8.4に示すように，質点を軽い棒で支え，軸まわりに回転できるようにした振り子を**単振り子**（simple pendulum）という。単振り子は鉛直下方を平衡位置として自由振動する。棒の長さ l，質点の質量 m の単振

り子について，平衡位置から角度 θ_0 だけ傾けて静かに自由にしたときの自由振動を調べよ。

解答 図 8.4 に示すように，運動の平面に直角座標系 O-xy を，この平面に垂直に z 軸を定め，質点の位置を座標 (x, y) とする。運動は x-y 平面内で行われるので，運動は式(8.17)の z 軸方向の成分の式で支配される。

x 軸からの振り子の傾き角 θ を導入すると，質点の座標 (x, y) は

$$x = l\cos\theta, \quad y = l\sin\theta \tag{1}$$

である。この式から，x，y 軸方向の速度の成分 v_x，v_y は

$$v_x = -l\sin\theta\frac{d\theta}{dt}, \quad v_y = l\cos\theta\frac{d\theta}{dt} \tag{2}$$

となる。これを用いると，点 O まわりの角運動量 $\boldsymbol{L}$ の z 軸方向の成分 $L_z = L$ は

$$L = x\cdot mv_y - y\cdot mv_x = ml^2\frac{d\theta}{dt} \tag{3}$$

となる。

質点に作用する力は，下向きで大きさ mg の重力と，棒の方向の内力 $\boldsymbol{T}$ である。このうち内力 $\boldsymbol{T}$ は点 O まわりにモーメントを生じないので，モーメント $\boldsymbol{N}$ の z 軸方向の成分 $N_z = N$ は

$$N = -mgl\sin\theta \tag{4}$$

である。

式(3)，(4)を式(8.17)の z 軸方向の成分の式に代入すると

$$\frac{d}{dt}\left(ml^2\frac{d\theta}{dt}\right) = -mgl\sin\theta \tag{5}$$

を得る。これを書き直すと，運動方程式として

$$\frac{d^2\theta}{dt^2} + \frac{g}{l}\sin\theta = 0 \tag{6}$$

を得る。振り子の最初の傾き角 θ_0 を用いて，初期条件は

$$t = 0 \text{ において } \theta = \theta_0, \quad \frac{d\theta}{dt} = 0 \tag{7}$$

である。

上式を解いて運動を定める。式(6)はこのままでは解くのが難しい。傾き角 θ が小さいとき $\sin\theta \fallingdotseq \theta$ の近似が成り立つ（⇒ 数学入門 A2）。そこで傾き角が小さいときの自由振動を求めることにすると，式(6)は，近似的に

$$\frac{d^2\theta}{dt^2} + \frac{g}{l}\theta = 0 \tag{8}$$

となる。この式は，7.3.1 項で扱った質点の自由振動の式と数学的に同じである。そこで式(7.34)を利用すると，式(8)の一般解は

$$\theta = a\cos\omega_n t + b\sin\omega_n t \tag{9}$$

である。ここで ω_n は固有角振動数を表し

$$\omega_n = \sqrt{\frac{g}{l}} \tag{10}$$

である。また a，b は任意定数で，これを式(7)の初期条件を用いて定めると

$$\theta = \theta_0 \cos\omega_n t \tag{11}$$

となる。

質点に作用する力のモーメント $\boldsymbol{N}$ が 0 ならば，式(8.17)の右辺は 0 となるので

$$\boldsymbol{L} = 一定 \tag{8.19}$$

が成り立つ。これを**角運動量保存の法則**（principle of conservation of angular momentum）という。

【例題 8.5】 **図 8.5** のように，質量 m の質点が，中心 O から出ているひもで引っ張られ，中心に近づきながら水平面上を回転運動している。この質点の角速度はどのように変化するか。

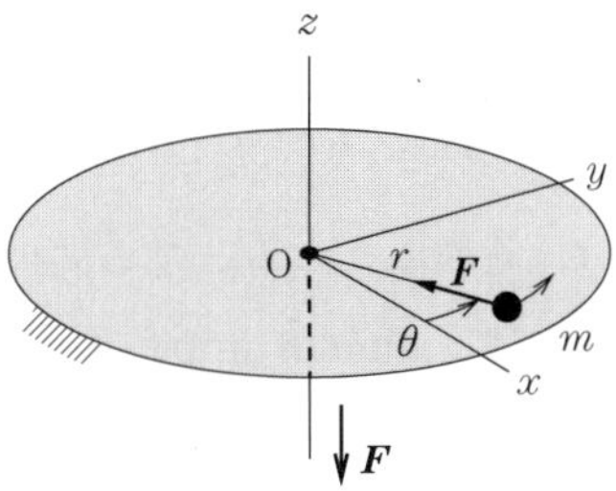

図 8.5 水平面上の質点

解答 図 8.5 に示すように，直角座標系 O-xy と z 軸を定め，変数 r，θ を導入すると，質点の座標 (x, y) は

$$x = r\cos\theta, \quad y = r\sin\theta \tag{1}$$

となる。この式から，x，y 軸方向の速度 v_x，v_y は

$$v_x = \frac{dr}{dt}\cos\theta - r\sin\theta\frac{d\theta}{dt}, \quad v_y = \frac{dr}{dt}\sin\theta + r\cos\theta\frac{d\theta}{dt} \tag{2}$$

となる。これを用いると，角運動量 $\boldsymbol{L}$ のうち 0 でない成分 $L_z = L$ は

$$L = x \cdot mv_y - y \cdot mv_x = mr^2\frac{d\theta}{dt} \tag{3}$$

となる。質点に働く力 $\boldsymbol{F}$ は中心を向くので，この力によるモーメント $N_z = N$ は 0 である。したがって角運動量保存の法則により，L_0 を定数として

$$mr^2\frac{d\theta}{dt} = L_0 \tag{4}$$

を得る。この式の $d\theta/dt = \omega$ は角速度を表す。したがってこの式から角速度 ω は

$$\omega = \frac{L_0}{mr^2} \tag{5}$$

となる。この式によれば，r が小さくなるにつれて角速度 ω は大きくなる。図8.5のような対象でひもを引っ張ると，角速度がしだいに速くなることは日常経験するとおりである。

8.2.3　角力積とその応用

式(8.17)の両辺を，任意に定めた時刻 t_0 から t_1 まで時間 t に関して積分すると

$$\Big[\boldsymbol{L}\Big]_{t_0}^{t_1}=\int_{t_0}^{t_1}\boldsymbol{N}dt \tag{8.20}$$

を得る。時刻 t_0，t_1 における位置を $\boldsymbol{r}_0$，$\boldsymbol{r}_1$，速度を $\boldsymbol{v}_0$，$\boldsymbol{v}_1$ として，角運動量 $\boldsymbol{L}_0=\boldsymbol{r}_0\times m\boldsymbol{v}_0$，$\boldsymbol{L}_1=\boldsymbol{r}_1\times m\boldsymbol{v}_1$ を導入すれば，式(8.20)は

$$\boldsymbol{L}_1-\boldsymbol{L}_0=\int_{t_0}^{t_1}\boldsymbol{N}dt \tag{8.21}$$

と書くことができる。この式の右辺の

$$\boldsymbol{I}(t_0,\ t_1)\equiv\int_{t_0}^{t_1}\boldsymbol{N}dt \tag{8.22}$$

は，時刻 t_0 から t_1 までの間に働いた力のモーメントの積分値である。これを**角力積**（angular impulse）という。

瞬間的なモーメントが作用するような場合，運動の詳細を時々刻々追うことはできない。しかし前節の力積と同じように，式(8.21)を利用して，回転運動についてある程度のことを知ることができる。

◇演　習　問　題◇

8.1　質量 0.01 kg の質点が静止している。この質点に 2 N の力が短い時間働いた結果，この質点は 1 m/s の速さで動き出した。力が働いた時間は何秒か。

8.2　**図8.6**に示すように，速度 $\boldsymbol{v}_0$ で運動している質量 m の質点の速度を，大きさを 1.2 倍とし，方向を 30° 変えた速度 $\boldsymbol{v}_1$ とするため，どれだけの力積を加えたらよいか。

8.3　**図8.7**に示すように，質量 m の質点が水平な床面上を，長さ l のひもでつながれて回転している。質点と床の間の摩擦係数は μ_k であるとする。この質点の角速度 ω は時間とともにどのように変わるか。

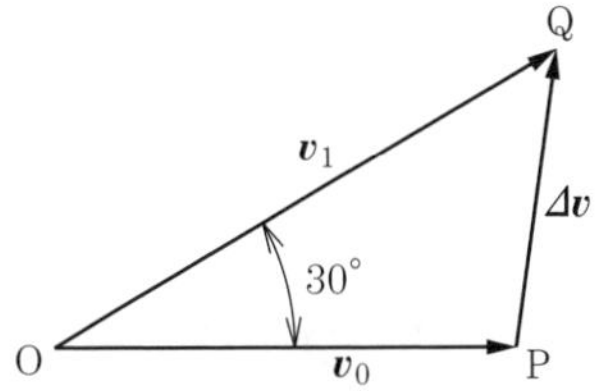

図 8.6　質点の速度の変化

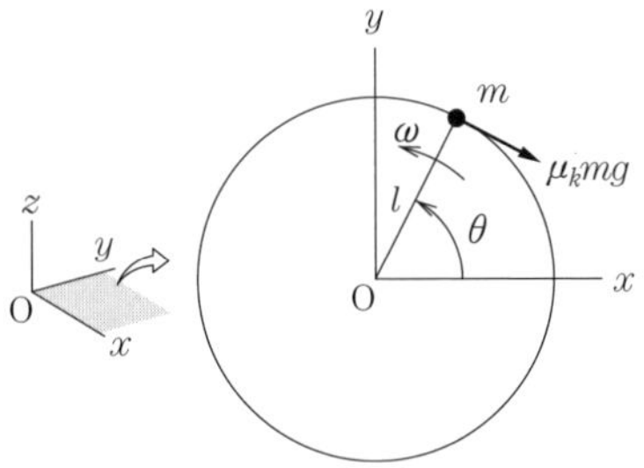

図 8.7　質点の角速度の変化

8.4* 　図 8.8 に示すように，質量 $m=1\,500$〔kg〕の自動車が半径 $r_0=40$〔m〕の円形コースを一定の速度 $v_0=10$〔m/s〕で走っている。この自動車の中心 O まわりの角運動量はいくらか。

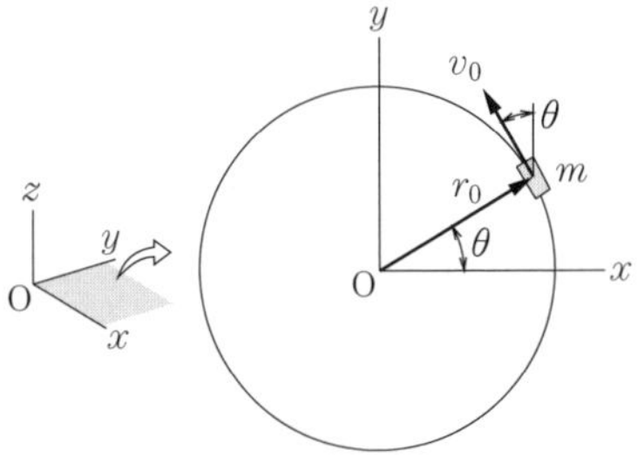

図 8.8　自動車の角運動量

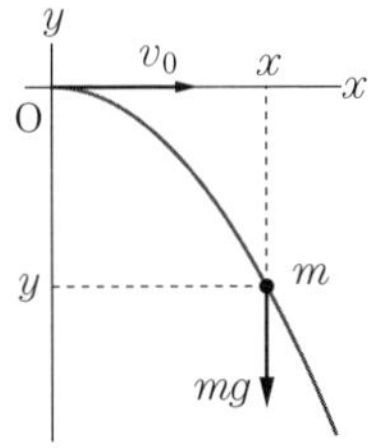

図 8.9　放物運動の角運動量

8.5* 　図 8.9 に示すように，高い位置にある点 O から，質量 m の質点を初速度 v_0 で水平方向に投げて放物運動させる。この質点の点 O まわりの角運動量 L と力のモーメント N を，投げた時刻を基準とする時刻 t の関数として求め，それらが式 (8.17) の関係を満たすことを確かめよ。

9 仕事とエネルギー

前章では，質点の運動を求めるのに運動量などの関係を用いた。この章では，質点の運動を求めるのにエネルギーなどの関係を用いる。この方法も，問題によって，運動を求める有力な手段となる。

9.1 仕事と運動エネルギー

9.1.1 仕　　　事

日常生活において，力を加えて物体を移動させるとき，われわれは体力的な意味で仕事をしたと感じる。加える力が大きいほど，また距離が長いほど，多くの仕事をしたと感じる。体力的な意味の仕事と対比しながら，力学的な意味の仕事を考えよう。

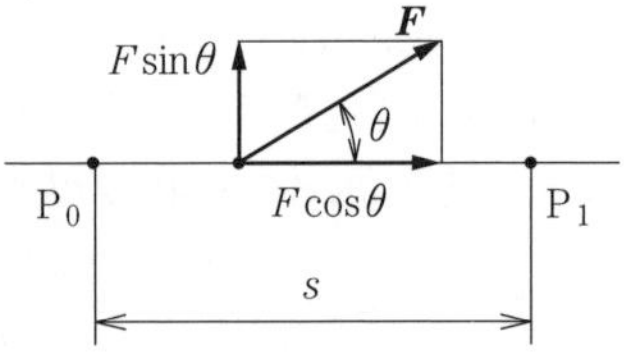

図 9.1 仕　　事

はじめ簡単な場合として，**図 9.1** に示すように，一定の力 $\boldsymbol{F}$ を加えて，直線に沿って点 P_0 から点 P_1 まで物体を移動させる場合を考える。仕事 W は力 $\boldsymbol{F}$ と距離 $s=\overline{P_0P_1}$ で決まる。このうち力 $\boldsymbol{F}$ については，移動方向の成分 $F\cos\theta$ が仕事に寄与し，移動と直角方向の成分 $F\sin\theta$ は仕事に寄与しないと考えられる。距離については，距離 s が長ければ仕事は大きいと考えられる。力学で**仕事**（work）とは，移動方向の力の成分と距離の積

$$W=F\cos\theta\cdot s \tag{9.1}$$

であると定義する。仕事の単位は，SI 単位で，力の単位〔N〕と距離の単位〔m〕の積〔N・m〕を意味するジュール（joule）が用いられ，記号〔J〕で表される。

【例題 9.1】 25 kg の物体を 5 m 持ち上げた。このときの仕事はいくらか。

解答 この物体を持ち上げるのに必要な力の大きさは $25\times g$〔N〕である。力の方向は移動方向と一致するので，仕事 W は，力の大きさと移動距離を掛けた

$$W=25\times g\times 5=25\times 9.8\times 5=1\,225 \text{〔J〕}$$

となる。

仕事の定義を，3 次元空間内の力で，大きさや方向が位置によって変わる場合に拡張する。**図 9.2** に示すように，力 $\boldsymbol{F}$ を加えて，与えられた軌道に沿って点 P_0 から点 P_1 まで物体を移動させるとする。軌道に沿って長さを表す変数 s を導入する。力 $\boldsymbol{F}$ は変数 s の関数である。物体の全移動距離を短い区間に分け，s の位置で短い区間 $\varDelta\boldsymbol{r}$ を考える。力 $\boldsymbol{F}$ がこの区間でする仕事 $\varDelta W$ は，式(9.1)によって，力 $\boldsymbol{F}$ の移動方向の成分 $F\cos\theta$ と区間の長さ $|\varDelta\boldsymbol{r}|=\varDelta s$ の積 $F\cos\theta\,\varDelta s$ で与えられる。この積は数学的には $\boldsymbol{F}$ と $\varDelta\boldsymbol{r}$ のスカラー積 $\boldsymbol{F}\cdot\varDelta\boldsymbol{r}$ に一致する。したがって $\varDelta W$ は

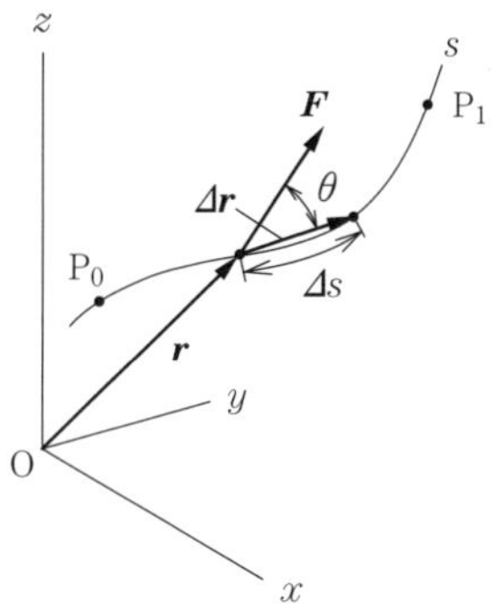

図 9.2 仕　　事

$$\varDelta W=F\cos\theta\,\varDelta s=\boldsymbol{F}\cdot\varDelta\boldsymbol{r} \tag{9.2}$$

となる。これを点 P_0 から点 P_1 までの全移動距離にわたって加え合わせると，全移動距離を短い区間の集まりと考えたときの仕事 W は

$$W=\sum\boldsymbol{F}\cdot\varDelta\boldsymbol{r} \tag{9.3}$$

となる。この式で $|\varDelta\boldsymbol{r}|\to 0$ の極限を考えると，総和は積分で置き換えられ，仕事 W は

$$W=\int_{P_0}^{P_1}\boldsymbol{F}\cdot d\boldsymbol{r} \tag{9.4}$$

となる。これが仕事を与える一般的な式である。

以下，いくつかの基本的な場合について，仕事の計算例を示す。仕事を計算

するとき，仕事の主体がなんであるかに注意する必要がある。

■　**重力が関係する仕事**　　第1の例として重力が関係する仕事を考える。**図9.3**に示すように，質量 m の物体を，地表から高さ h のところまで移動させ，再び地表まで下ろすとする。地表を原点Oとして，鉛直上方向を x 軸とする座標系O-x を定める。

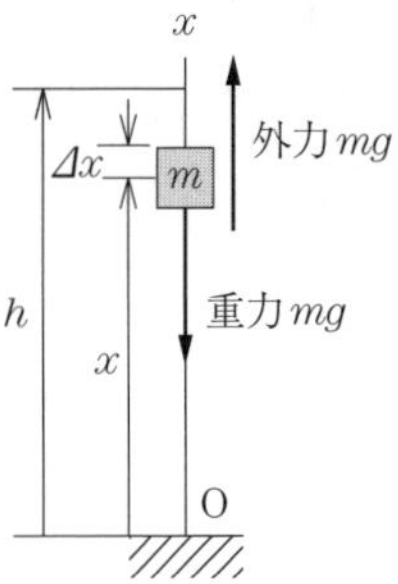

図9.3　重力が関係する仕事

まず物体を移動させる人間の立場から考える。物体を持ち上げるのに必要な力は，大きさ mg で x 軸の正方向を向く。したがって力は，x の各位置において式 mg で与えられる。短い区間 $\varDelta x$ でする仕事は $mg\varDelta x$ である。これを $x=0$ から $x=h$ まで加え合わせた式において $\varDelta x\to 0$ とする。このようにして物体を持ち上げるときの仕事 W は

$$W=\int_0^h mg\,dx=mgh \tag{9.5}$$

となる。仕事 W は正となり，人間は仕事をする。つぎに高さ h のところから物体を下ろす場合，物体を支えながら下ろすので，人間が加える力は持ち上げるときと同じ式 mg で与えられる。仕事 W は，短い区間 $\varDelta x$ でする仕事 $mg\varDelta x$ を $x=h$ から $x=0$ まで加え合わせた式において $\varDelta x\to 0$ として得られ

$$W=\int_h^0 mg\,dx=-mgh \tag{9.6}$$

となる。仕事 W は負となり，人間は仕事をされる。

つぎに重力の立場から仕事を考える。まず物体が上に移動する場合を考える。重力は，大きさ mg で x 軸の負方向を向くので，式 $-mg$ で与えられる。短い区間 $\varDelta x$ での仕事は $-mg\varDelta x$ である。仕事 W は，これを $x=0$ から $x=h$ まで加え合わせた式において $\varDelta x\to 0$ として得られ

$$W=\int_0^h(-mg)\,dx=-mgh \tag{9.7}$$

となる。仕事 W は負となり，重力は負の仕事をする。続いて高さ h の位置にある質点が下に移動するとき，重力は，上に移動する場合と同じ式 $-mg$ で与

えられる。仕事 W は，短い区間 $\varDelta x$ でする仕事 $-mg\varDelta x$ を $x=h$ から $x=0$ まで加え合わせた式において $\varDelta x\to 0$ として得られ

$$W=\int_h^0(-mg)\,dx=mgh \tag{9.8}$$

となる。仕事 W は正となり，重力は仕事をする。

■ **ばねの力が関係する仕事**　第2の例として，ばねの力が関係する仕事を考える。ばねを自然状態から x_1 だけ伸ばし，再びもとに戻すときの仕事を考える。**図 9.4** に示すように，自然状態のばねの位置を原点 O として，ばねの伸びの方向に x 軸をとって座標系 O-x を定める。

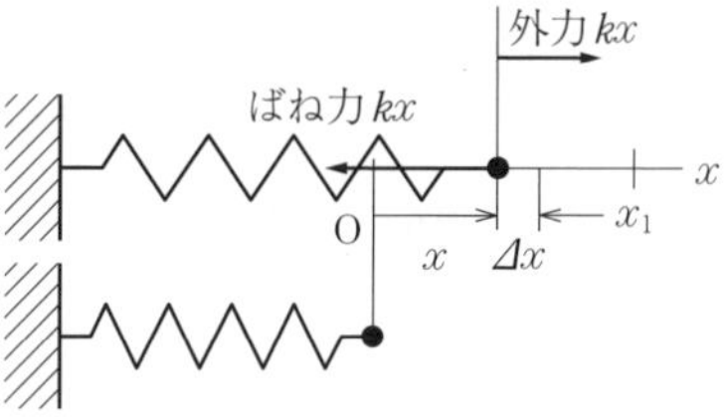

図 9.4　ばねの力が関係する仕事

まずばねを伸ばす人間の立場から考える。ばねを伸ばすため，座標 x の位置で x 軸の正方向に大きさ kx の力を加える必要がある。したがって力は式 kx で与えられる。座標 x の位置で $\varDelta x$ だけ伸ばすに必要な仕事は，力 kx と距離 $\varDelta x$ を掛けた $kx\varDelta x$ である。仕事 W は，これを $x=0$ から $x=x_1$ まで加え合わせた式において $\varDelta x\to 0$ として得られ

$$W=\int_0^{x_1}kx\,dx=\frac{1}{2}kx_1{}^2 \tag{9.9}$$

となる。仕事は正となり，人間は仕事をする。続いてこの状態から自然状態までゆっくり戻すときに人間がする仕事を考える。座標 x の位置で加える力は，上の場合と同じで，式 kx で与えられる。仕事 W は

$$W=\int_{x_1}^0 kx\,dx=-\frac{1}{2}kx_1{}^2 \tag{9.10}$$

となる。仕事は負となり，人間は仕事をされる。

つぎにばねの立場で考える。ばねを自然状態から x_1 だけ伸ばすときばねがする仕事 W は

$$W=\int_0^{x_1}(-kx)\,dx=-\frac{1}{2}kx_1{}^2 \tag{9.11}$$

である。仕事 W は負となり，ばねは負の仕事をする。続いてこの状態から自然の状態に戻るまでにばねがする仕事 W は

$$W=\int_{x_1}^{0}(-kx)\,dx=\frac{1}{2}kx_1^2 \tag{9.12}$$

となる。仕事 W は正となり，ばねは仕事をする。

■ **摩擦力が関係する仕事**　最後に摩擦力が関係する仕事を考える。**図 9.5** に示すように，質量 m の質点を，動摩擦係数 μ_k の水平面上で x_1 だけ移動させ，もとに戻す場合の仕事を考える。最初の位置を原点 O として，移動の方向に x 軸をとって座標系 O-x を定める。

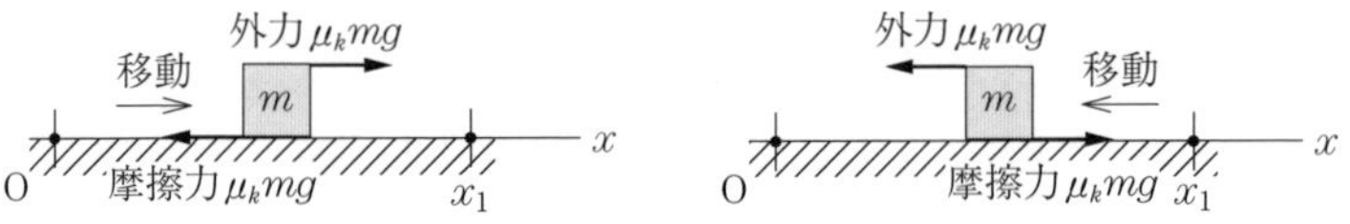

図 9.5　摩擦力が関係する仕事

まず人間の立場から考える。位置 x_1 まで移動させるとき人間が加える力は x 軸の正方向で，式 $\mu_k mg$ で与えられる。したがってこのとき人間がする仕事 W は

$$W=\int_{0}^{x_1}\mu_k mg\,dx=\mu_k mgx_1 \tag{9.13}$$

である。続いて原点 O まで移動させるとき，人間がする仕事 W は

$$W=\int_{x_1}^{0}(-\mu_k mg)\,dx=\mu_k mgx_1 \tag{9.14}$$

である。このときの仕事は行きも帰りも正であるから，人間は行きも帰りも仕事をする必要がある。

つぎに摩擦力の立場から仕事を考えると，原点から位置 x_1 へ移動するときの仕事は

$$W=\int_{0}^{x_1}(-\mu_k mg)\,dx=-\mu_k mgx_1 \tag{9.15}$$

となり，位置 x_1 から原点に戻るときの仕事 W は

$$W=\int_{x_1}^{0}\mu_k mg\,dx=-\mu_k mgx_1 \tag{9.16}$$

となる。このとき仕事 W は行きも帰りも負となり，摩擦力は負の仕事しかしない。

9.1.2 運動エネルギー

走っている自動車はブレーキを踏んでもすぐには止まらない。これは，走っている自動車がエネルギーを持ち，このエネルギーを使って，地面の摩擦力にさからって仕事をするからである。このように運動している物体が持っているエネルギーを**運動エネルギー**（kinetic energy）という。

質量 m の質点が速度 v で運動している場合の運動エネルギー T を求めよう。このため，この質点が静止するまで，運動と逆方向に一定の力 F_0 を加えた場合を考える。静止までの移動距離を s とすると，加えた力が質点にした仕事は $-F_0s$ である。質点の立場から見ると，質点がした仕事は

$$T=F_0s \tag{9.17}$$

である。この式の距離 s を求めて運動エネルギーの式を完成させよう。距離 s を求めるため，力を加えはじめた瞬間を時刻 $t=0$ とし，そのときの質点の位置を原点 O として，運動の方向を x 軸とする座標系 O-x を定める。質点の位置を x で表すと，位置 x を定める式は

$$m\frac{d^2x}{dt^2}=-F_0 \tag{9.18}$$

である。この式を積分し，時刻 $t=0$ において $x=0$，$dx/dt=v$ であることを用いると

$$\frac{dx}{dt}=v-\frac{F_0}{m}t, \quad x=vt-\frac{F_0}{2m}t^2 \tag{9.19}$$

を得る。質点が静止する時刻 t_1 は，$dx/dt=0$ となる時刻 t として定められ，$t_1=mv/F_0$ である。この間に質点が進む距離は，x の式で $t=t_1$ として得られ，これが s を表すので

$$s=v\left(\frac{mv}{F_0}\right)-\frac{F_0}{2m}\left(\frac{mv}{F_0}\right)^2=\frac{mv^2}{2F_0} \tag{9.20}$$

となる。これを式(9.17)に代入すると，T の式として

$$T=\frac{1}{2}mv^2 \tag{9.21}$$

を得る。この式に力 F_0 は含まれない。したがって仕事 T は，力の加え方によらないで，つねに上の値となることがわかる。

以上のように式(9.21)で与えられる T は，速度 v で運動している質点が持っている運動エネルギーであるということができる。運動エネルギーの単位は，SI 単位で，式(9.21)で得られる〔kg・m²/s²〕を書き直した〔N・m〕であり，仕事と同じ〔J〕となる。

式(9.21)の T を速度ベクトル $\boldsymbol{v}$ で表すと

$$T=\frac{1}{2}m(\boldsymbol{v}\cdot\boldsymbol{v}) \tag{9.22}$$

となる。

【例題 9.2】 質量 1 200 kg の自動車が時速 60 km で走行している。この自動車が持っている運動エネルギーはいくらか。

解答 速度 v を〔m/s〕で表すと

$$v=\frac{60\times1\,000}{60\times60}\ \text{〔m/s〕}$$

となる。したがって運動エネルギー T は

$$T=\frac{1}{2}\times1\,200\times\left(\frac{60\times1\,000}{60\times60}\right)^2=1.67\times10^5\ \text{〔J〕}$$

である。

9.2 エネルギー原理

前節で仕事と運動エネルギーを定義した。運動方程式に基づいて両者の関係を調べると，重要な原理にたどりつく。

質量 m の質点に力 $\boldsymbol{F}$ が働いて 3 次元空間内を運動しているとする。質点の

位置を，空間内に任意に定めた点Oを始点とする位置ベクトル $\boldsymbol{r}$ で表すと，この質点の運動は，運動方程式

$$m\frac{d^2\boldsymbol{r}}{dt^2}=\boldsymbol{F} \tag{9.23}$$

によって支配される。この式の両辺に，スカラー積を作るように速度 $\boldsymbol{v}=d\boldsymbol{r}/dt$ を掛けると

$$m\frac{d^2\boldsymbol{r}}{dt^2}\cdot\frac{d\boldsymbol{r}}{dt}=\boldsymbol{F}\cdot\frac{d\boldsymbol{r}}{dt} \tag{9.24}$$

を得る。この式は

$$\frac{d}{dt}\left[\frac{1}{2}m\left(\frac{d\boldsymbol{r}}{dt}\cdot\frac{d\boldsymbol{r}}{dt}\right)\right]=\boldsymbol{F}\cdot\frac{d\boldsymbol{r}}{dt} \tag{9.25}$$

と書き直すことができる。このように書き直すことができることは，この式の左辺の微分を実際に行って確かめられる。

式(9.25)を，任意の時刻 t_0 から t_1 まで時間 t について積分すると

$$\left[\frac{1}{2}m\left(\frac{d\boldsymbol{r}}{dt}\cdot\frac{d\boldsymbol{r}}{dt}\right)\right]_{t_0}^{t_1}=\int_{t_0}^{t_1}\boldsymbol{F}\cdot\frac{d\boldsymbol{r}}{dt}dt \tag{9.26}$$

を得る。時刻 t_0，t_1 のときの質点の位置を $\mathrm{P_0}$，$\mathrm{P_1}$ とし，$\boldsymbol{v}=d\boldsymbol{r}/dt$ を用いると，上式は

$$\left[\frac{1}{2}m(\boldsymbol{v}\cdot\boldsymbol{v})\right]_{t_0}^{t_1}=\int_{\mathrm{P_0}}^{\mathrm{P_1}}\boldsymbol{F}\cdot d\boldsymbol{r} \tag{9.27}$$

となる。ここで左辺の括弧の中は式(9.22)と一致しており，時刻 t_0，t_1 における運動エネルギー T_0，T_1 の差となる。これを用いると上式は

$$T_1-T_0=\int_{\mathrm{P_0}}^{\mathrm{P_1}}\boldsymbol{F}\cdot d\boldsymbol{r} \tag{9.28}$$

と書くことができる。この式の右辺は，点 $\mathrm{P_0}$ から $\mathrm{P_1}$ まで移動する間に力 $\boldsymbol{F}$ がする仕事を表す。このようにしてこの式から

“運動エネルギーの変化量は力がした仕事に等しい”

ということができる。この関係を**エネルギー原理**（work-energy principle）という。

【例題 9.3】　走っている自動車をブレーキで止めたところ，止まるまでに s

＝60〔m〕の距離が必要であった。タイヤと路面の間の動摩擦係数を $\mu_k=0.6$ として，この自動車のはじめの速度を求めよ。

解答 自動車の質量を m とおき，自動車のはじめの速度を v_0 とする。摩擦力による仕事は $-\mu_k mg$ と距離 s を掛けて得られる。エネルギー原理によって

$$0-\frac{1}{2}mv_0{}^2=-\mu_k mgs$$

が成り立つ。この式から，速度 v_0 は

$$v_0=\sqrt{2\mu_k gs}=\sqrt{2\times0.6\times9.8\times60}=26.6\,〔\mathrm{m/s}〕$$

となる。これを時速に直すと，はじめの速度 v_0 は時速 95.8 km である。

9.3 力学的エネルギー保存の法則

9.3.1 保　存　力

力がする仕事は一般に経路によって異なる。したがって始点と終点を与えても，経路を与えなければ，仕事は一意に決まるわけではない。しかし力によっては，仕事が経路によらないで，始点と終点のみで決まる。このような力を**保存力**（conservative force）といい，そうでない力を**非保存力**（nonconservative force）という。いくつかの力について，それが保存力か非保存力かをみてみよう。

■ **重　　力**　第1の例として重力を考える。**図 9.6** に示す座標系 O-xy で定められる面内で，質量 m の質点が点 P_0 から点 P_1 まで移動するときに重力がする仕事を，経路 $P_0\to C\to P_1$ の場合と，経路 $P_0\to P_1$ の場合について

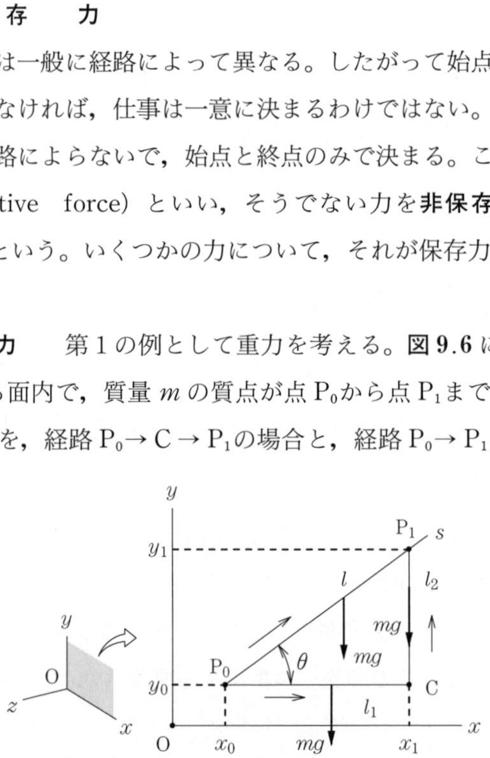

図 9.6　重力による仕事

比較する。まず経路 $P_0 \to C \to P_1$ の場合，経路 $P_0 \to C$ で移動方向の力は 0，経路 $C \to P_1$ で移動方向の力は $-mg$ であるから，仕事 W は

$$W=\int_{x_0}^{x_1} 0\, dx+\int_{y_0}^{y_1}(-mg)\, dy=-mg(y_1-y_0)=-mgl_2 \qquad (9.29)$$

となる。つぎに経路 $P_0 \to P_1$ の場合，この経路に沿って s 軸を定めると，移動方向の力は $-mg\sin\theta$ であるから，仕事 W は

$$W=\int_0^l(-mg\sin\theta)\, ds=-mgl\sin\theta=-mgl_2 \qquad (9.30)$$

となる。この結果は式(9.29)と一致する。この計算例のように，重力がする仕事は始点と終点の高さの差のみによって定められ，重力は一般に保存力である。

■　**ばねの力**　第 2 の例としてばねによる力を考える。**図 9.7** に示すように，自然の状態のときのばねの位置を原点 O にして，ばねの変形の方向に x 軸を定める。図に示す $x=x_0$ から $x=x_1$ の位置まで変形するときばねがする仕事を，図の(a)，(b)の 2 通りの経路について求める。まず図(a)のように，$x=x_0$ から $x=x_1$ の位置まで一方向に変形させる場合，ばねが座標 x の位置にあるときばねの力は $-kx$ であるから，仕事 W は

$$W=\int_{x_0}^{x_1}(-kx)\, dx=-\frac{1}{2}k({x_1}^2-{x_0}^2) \qquad (9.31)$$

である。つぎに図(b)のように，ばねをいったん x_2 まで伸ばし，その後 x_1 だけ伸ばした状態にするときの仕事 W は

$$W=\int_{x_0}^{x_2}(-kx)\, dx+\int_{x_2}^{x_1}(-kx)\, dx$$

$$=-\frac{1}{2}k({x_2}^2-{x_0}^2)-\frac{1}{2}k({x_1}^2-{x_2}^2)=-\frac{1}{2}k({x_1}^2-{x_0}^2) \qquad (9.32)$$

となる。この結果は式(9.31)と一致する。この計算例のように，一般にばねが

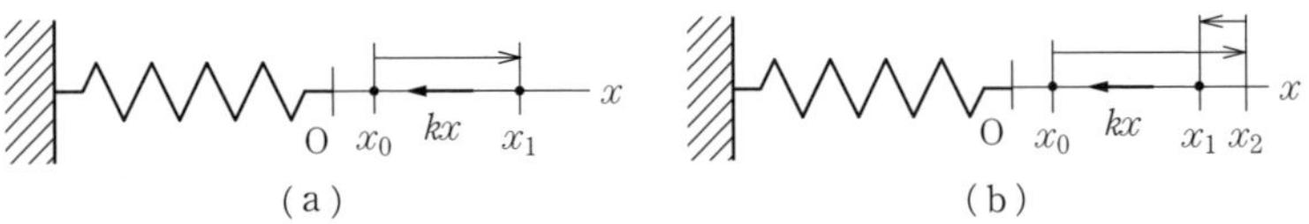

図 9.7　ばねの力による仕事

する仕事は始点と終点で定められ，ばねの力は保存力である。

■ **摩　擦　力**　最後に摩擦力を考える。**図 9.8** に示すように，経路 $P_0 \to C \to P_1$ の場合と，経路 $P_0 \to P_1$ の場合の仕事を比較する。まず経路 $P_0 \to C \to P_1$ の場合，移動方向の力は，経路 $P_0 \to C$，経路 $C \to P_1$ とも $-\mu_k mg$ であるので，仕事 W は

$$W = \int_{x_0}^{x_1} (-\mu_k mg)\, dx + \int_{y_0}^{y_1} (-\mu_k mg)\, dy = -\mu_k mg(l_1 + l_2) \qquad (9.33)$$

である。つぎに経路 $P_0 \to P_1$ の場合，移動方向の力は $-\mu_k mg$ であるので，仕事 W は

$$W = \int_0^l (-\mu_k mg)\, ds = -\mu_k mgl \qquad (9.34)$$

である。この場合，経路 $P_0 \to C \to P_1$ と経路 $P_0 \to P_1$ で摩擦による仕事は一致せず，摩擦力は非保存力である。

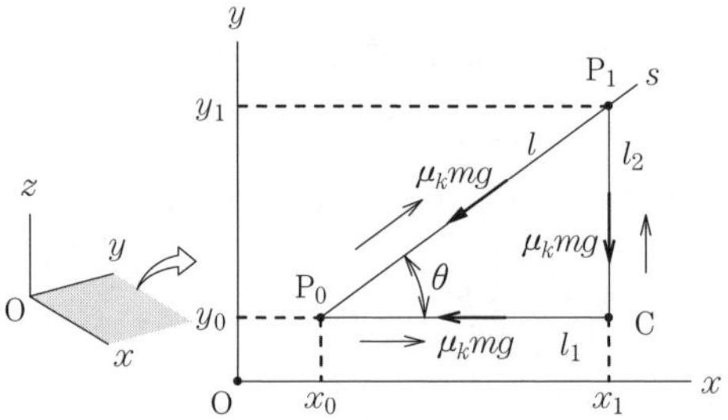

図 9.8　摩擦力による仕事

9.3.2　ポテンシャルエネルギー

保存力に対しては，上述のように，始点と終点を与えれば，その間で保存力がする仕事は一意に決まる。したがって**図 9.9** に示すように，空間内に一つの点 O を終点と定め，空間内で自由にとり得る点 P を始点とすると，点 P から点 O までの間に保存力がする仕事 U は，点 P を指定すれば一つの値に決まり，点 P の関数 $U(\mathrm{P})$ となる。のちにみるように，この仕事は，点 P にある物体が点 O に至るまでにすることができる潜在的な仕事の能力を意味する。

終点を**基準点**（reference point）といい，各点が持つ仕事の能力のことを，この基準点に対する**ポテンシャルエネルギー**（potential energy）という。

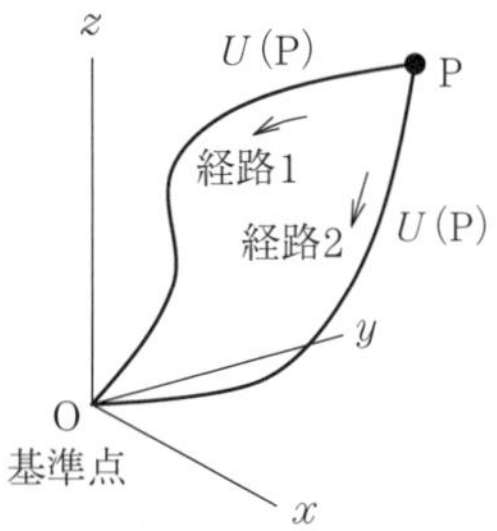

図9.9　ポテンシャルエネルギー

ポテンシャルエネルギーの意味を考えよう。例として，高いところにある水を考える。この水は水車を回して発電する。前章までの理解では，水は重力の働きで下に落ち，このときする仕事が発電量になるということができる。これに対してポテンシャルエネルギーを用いると，高いところにある水は仕事をする潜在的な能力を持ち，この能力を実際の仕事に変えて発電すると理解することができる。後者の考え方では，ポテンシャルエネルギーと発電量が直接結びつけられ，問題によって好都合である。

ポテンシャルエネルギーを求めるには，上述のように，現在の位置から基準点までに保存力がどれだけの仕事をするかを計算すればよい。したがってポテンシャルエネルギーを求める式は，終点を基準点にとること以外は，9.1節で示した仕事の式と同じで，以下のようになる。図9.9に示すように，基準点を点O，注目している点を点Pとし，保存力 $\boldsymbol{F}$ が働くとき，点Pにおけるポテンシャルエネルギー U は，式(9.4)で積分範囲を変えた

$$U=\int_{\mathrm{P}}^{\mathrm{O}}\boldsymbol{F}\cdot d\boldsymbol{r} \tag{9.35}$$

により求められる。

ポテンシャルエネルギーの例を示す。重力のポテンシャルエネルギー U は，高さ h にある質点が基準点Oまで至る間に重力がする仕事として求められ，式(9.8)と同じ

$$U=\int_{h}^{0}(-mg)\,dx=mgh \tag{9.36}$$

となる。ばね定数 k のばねが x だけ変形しているときのばねの力のポテンシャルエネルギー U は，変形 x の状態から自然の状態に至るまでにばねがする仕事として求められ，式(9.12)と記号が異なるだけで

$$U=\int_x^0(-kx')\,dx'=\frac{1}{2}kx^2 \tag{9.37}$$

となる。ここで積分変数 x' は，変形を表す変数 x と区別するため用いた。

9.3.3 ポテンシャルエネルギーから力を導く方法

前項では，与えられた保存力からポテンシャルエネルギーを求める問題を考えた。ここでは逆に，与えられたポテンシャルエネルギーから保存力を求める問題を考える。

簡単のため，直線運動の場合を考える。運動の方向に x 軸をとって座標系 O-x を定める。ポテンシャルエネルギー $U=U(x)$ が与えられているとして，物体に働く力 $F=F(x)$ を求めよう。このため，座標 x，$x+\varDelta x$ の 2 点におけるポテンシャルエネルギーの差

$$\varDelta U=U(x+\varDelta x)-U(x) \tag{9.38}$$

を考える。ポテンシャルエネルギーの定義を用いると，この式は

$$\varDelta U=\int_{x+\varDelta x}^0 F(x')\,dx'-\int_x^0 F(x')\,dx' \tag{9.39}$$

となる。この式から

$$\varDelta U=-\int_x^{x+\varDelta x} F(x')\,dx' \tag{9.40}$$

を得る。ここで $\varDelta x$ は十分小さいとして，この式の左辺，右辺をそれぞれ書き直す。まず左辺を，$U(x+\varDelta x)$ のテーラー級数展開を用いて書き直すと

$$\varDelta U=\left\{U(x)+\frac{dU(x)}{dx}\varDelta x+\cdots\right\}-U(x)\fallingdotseq\frac{dU(x)}{dx}\varDelta x \tag{9.41}$$

となる。また右辺を，関数 $F(x')$ が区間 x，$x+\varDelta x$ 内で $F(x)$ に十分近いことを用いて書き直すと

$$-\int_x^{x+\varDelta x} F(x')dx'\fallingdotseq -F(x)\int_x^{x+\varDelta x} dx'=-F(x)\varDelta x \tag{9.42}$$

となる。式 (9.41) と式 (9.42) を式 (9.40) に代入すると

$$F=-\frac{dU}{dx} \tag{9.43}$$

を得る。この式から，力 F はポテンシャルエネルギー U を微分して得られることがわかる。

直角座標系 O-xyz で定められる 3 次元空間でポテンシャルエネルギーが $U=U(x,\ y,\ z)$ で与えられる場合，保存力 $\boldsymbol{F}$ の x，y，z 軸方向の成分 F_x，F_y，F_z は

$$F_x=-\frac{\partial U}{\partial x},\quad F_y=-\frac{\partial U}{\partial y},\quad F_z=-\frac{\partial U}{\partial z} \tag{9.44}$$

によって求められる。

【例題 9.4】 自然の状態から x だけ変形したばねのポテンシャルエネルギー U は，ばね定数 k を用いて $U=(1/2)kx^2$ で与えられる。このばねの力 F を求めよ。

解答　ばねの力 F は，式(9.43)によって

$$F=-\frac{dU}{dx}=-kx$$

となる。この結果は，これまでしばしば用いたものと一致している。

9.3.4　力学的エネルギー保存の法則

9.2 節で導いたエネルギー原理は，一般の力について成り立つ原理である。ここでは力が特に保存力である場合に，この原理がどのようになるかを考える。

簡単のため，質点が直線運動する場合を取り上げる。この場合，式(9.28)のエネルギー原理の式は，x 軸方向の力 F を用いて

$$T_1-T_0=\int_{x_0}^{x_1}F\,dx \tag{9.45}$$

となる。ここで T_0，T_1 と x_0，x_1 は，それぞれ任意の時刻 t_0，t_1 における運動エネルギーと質点の位置を表す。この式の F に式(9.43)を代入すると

$$T_1-T_0=-\int_{x_0}^{x_1}\frac{dU}{dx}dx \tag{9.46}$$

を得る。この式の右辺の積分を行うと

$$T_1 - T_0 = -\Big[U\Big]_{x_0}^{x_1} \tag{9.47}$$

となる。位置 x_0，x_1 におけるポテンシャルエネルギーを U_0，U_1 と書くと，この式から

$$T_0 + U_0 = T_1 + U_1 \tag{9.48}$$

を得る。この式の左辺と右辺は，それぞれ時刻 t_0 と時刻 t_1 における運動エネルギーとポテンシャルエネルギーの和である。時刻 t_0，t_1 は任意であるので，上式は，運動中，運動エネルギー T とポテンシャルエネルギー U の和

$$E = T + U \tag{9.49}$$

が一定になることを示している。運動エネルギーとポテンシャルエネルギーの和を**力学的エネルギー**（mechanical energy）というので，上の結果から

“力が保存力である場合，運動中，力学的エネルギーは一定に保たれる”

ということができる。これを**力学的エネルギー保存の法則**（law of conservation of mechanical energy）という。

一般の3次元空間の運動の場合にも，力学的エネルギーが一定に保たれることを示すことができる。

【例題 9.5】 地表からの高さ h の位置で質点を静かに落下させるとき，質点が地表に達するときの速度 v を求めよ。

解答 質点の質量を m とする。ポテンシャルエネルギーの基準点Oを，質点の鉛直下方の地表に定める。高さ h の位置で，質点のポテンシャルエネルギーは mgh，運動エネルギーは0，したがって力学的エネルギーは mgh である。地表に達したとき，質点のポテンシャルエネルギーは0，運動エネルギーは $(1/2)mv^2$，したがって力学的エネルギーは $(1/2)mv^2$ である。力学的エネルギー保存の法則によって

$$mgh = \frac{1}{2}mv^2 \tag{1}$$

が成り立つ。この式から，速度 v として

$$v = \pm\sqrt{2gh} \tag{2}$$

を得る。鉛直上方を速度の正方向と定めると，速度 v は $v = -\sqrt{2gh}$ である。

運動方程式を用いてこの問題の解を求めて同じ結果が得られることは容易に確かめられる。

◇演　習　問　題◇

9.1　質量 1 200 kg の自動車が時速 27 km で走行している。この自動車が正面で衝突する場合に，正面に設けたバンパーの変形量を 100 mm 以内にしたい。平均的にいくらの力がバンパーに作用すると考えてバンパーを設計するのがよいか。

9.2　**図 9.10** のように，ばね定数 k_1，k_2 の 2 本のばねでつながれ，左右に動くようになっている質点がある。質点がつり合いの位置から x だけ移動したときの位置エネルギー U を求めよ。またそれを利用して質点が受ける力 F を求めよ。

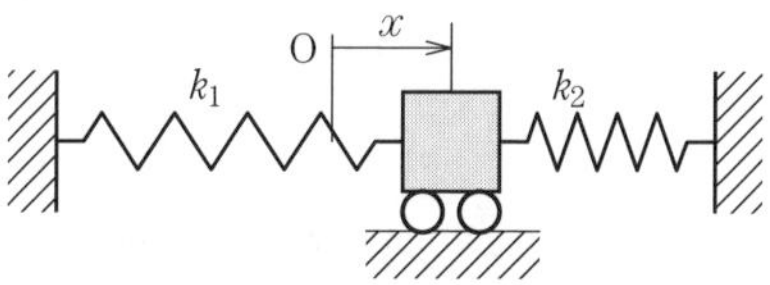

図 9.10　2 本のばねでつながれた質点

9.3　**図 9.11** のように，質量 0.8 kg の質点を長さ 1 m のひもでつり下げている。点 O から真下 0.6 m の位置にストッパーがある。右に 30°傾けて静かに離したとき，この質点が最も左に傾く角度 ϕ を求めよ。

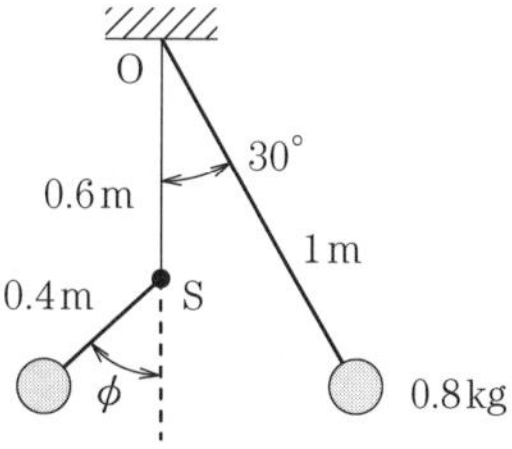

図 9.11　ひもでつり下げられた質点

9.4*　例題 6.1 を力学的エネルギー保存の法則を用いて扱え。

9.5*　大きさが一定値 F_0 の力が，つねに点 A の方向を向いて，**図 9.12** のように，物体を点 O から P まで移動させる間にする仕事はいくらか。

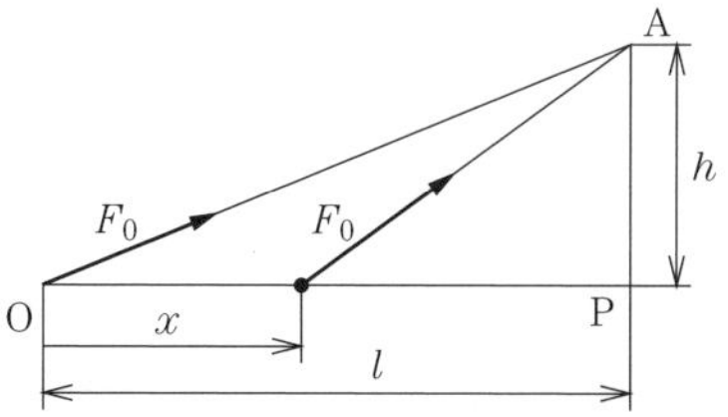

図 9.12　仕　　事

10 質点系の運動

この章では，質点系の運動を考える。質点系の運動については，質点系を構成する個々の質点の運動を知りたい場合と，質点系の全体的な運動を知ることで目的を達する場合とがある。ここではおもに後者の場合を論ずる。

10.1 質点系の運動

相互に力学的な影響を及ぼし合って位置関係を変えながら，一団となって運動する質点の集まりを**質点系**（system of particles）という。この章で，質点系の運動を考える。

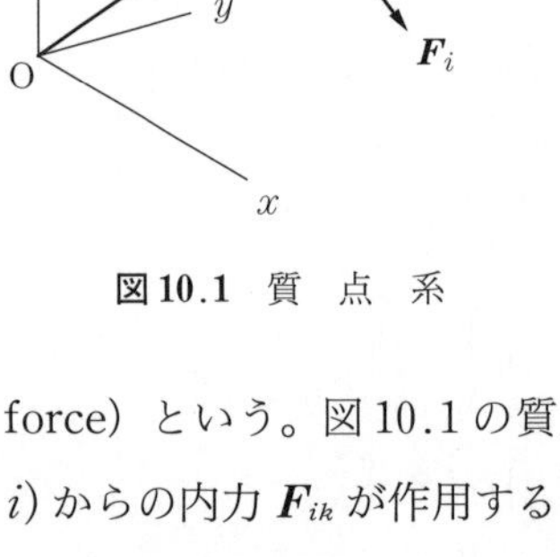

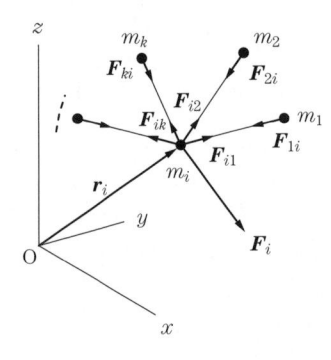

図 10.1 質　点　系

図 10.1 に示すように，質量 m_1，m_2，… の質点 1，2，…から構成される質点系があるとする。この質点系の運動方程式を示すため，空間内に点 O を定め，質点 i の位置を，点 O を始点とする位置ベクトル $\boldsymbol{r}_i$ で表す。質点に作用する力は，質点系の外から働く力と，質点どうしの間で働く力に分けることができる。両者を区別していうとき，前者を**外力**（external force），後者を**内力**（internal force）という。図 10.1 の質点系において，質点 i に，外力 $\boldsymbol{F}_i$ と質点 $k(k \neq i)$ からの内力 $\boldsymbol{F}_{ik}$ が作用するものとする。このとき各質点の運動方程式は

$$m_i \frac{d^2\boldsymbol{r}_i}{dt^2} = \boldsymbol{F}_i + \sum_{k(k \neq i)} \boldsymbol{F}_{ik} \tag{10.1}$$

を，$i=1$，2，…として並べたものとなる。

各質点に対して初期条件が与えられれば，各質点の運動は，初期条件を満たす式(10.1)の解として求められる。

【例題 10.1】 **図 10.2** に示すように，質量 m_1，m_2，m_3 の質点 1，2，3 が滑らかな床の上に置かれ，長さ l_1，l_2 の軽くて伸びないひもで結ばれている。質点 3 を一定の力 F_0 で引っ張るとき，各質点の運動を調べよ。

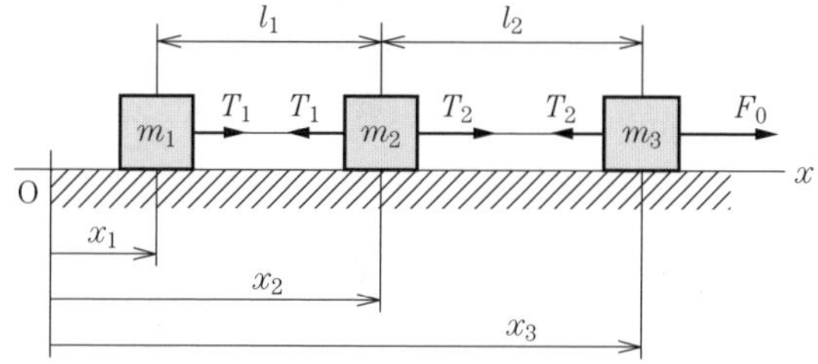

図 10.2　質点系の運動

解答　図 10.2 に示すように，運動の方向を x 軸として座標系 O-x を定める。各質点の位置を座標 x_1，x_2，x_3 で表す。この質点系に働く力は，質点 3 に働く外力 F_0 のほか，内力として質点間に未知の張力が働く。これを図のように T_1，T_2 とする。質点 1，2，3 について運動方程式

$$m_1 \frac{d^2x_1}{dt^2} = T_1, \quad m_2 \frac{d^2x_2}{dt^2} = -T_1 + T_2, \quad m_3 \frac{d^2x_3}{dt^2} = -T_2 + F_0 \tag{1}$$

が成り立つ。ひもは伸びないので

$$x_2 = x_1 + l_1, \quad x_3 = x_1 + l_1 + l_2 \tag{2}$$

が成り立つ。以上によって運動を定めることができる。

式(2)を式(1)に代入すると

$$m_1 \frac{d^2x_1}{dt^2} = T_1, \quad m_2 = \frac{d^2x_1}{dt^2} = -T_1 + T_2, \quad m_3 \frac{d^2x_1}{dt^2} = -T_2 + F_0 \tag{3}$$

を得る。未知量 T_1，T_2 を消去するため，3 式を辺々加え合わせると

$$(m_1 + m_2 + m_3) \frac{d^2x_1}{dt^2} = F_0 \tag{4}$$

を得る。質点 1 の初期条件を用いれば，この式から位置 x_1 を定めることができる。これを式(2)に代入すれば質点 2，3 の位置 x_2，x_3 を定めることができる。もし内力

T_1，T_2 が必要であれば，式(4)を式(3)に代入して

$$T_1=\frac{m_1}{m_1+m_2+m_3}F_0,\quad T_2=\frac{m_1+m_2}{m_1+m_2+m_3}F_0 \tag{5}$$

と定められる。

質点系に対して，与えられた初期条件を満たすように式(10.1)の運動方程式をすべて解けば，理論上は，各質点の運動を定めることができる。しかし現実には，運動方程式をすべて解こうとすると手間がかかったり，内力を求めることが難しかったりする。問題によっては，各質点の個々の運動を必要とせず，質点系の全体的な運動を知ることで目的を達することがある。このような場合，目的に適した式を式(10.1)から導いて問題を扱うのが適切である。以下，このような扱いを考える。

10.2 重心の運動

質点系の運動方程式をそのまま解いて運動を定めようとすると内力を求める必要がある。内力を考慮しないで求めることのできる運動の一つに重心の運動がある。重心の運動は，対象物の全体的な運動としてしばしば重要である。ここで重心の運動を定める方法を考える。

式(10.1)の運動方程式をすべての i について加え合わせると

$$\begin{aligned}\sum_i m_i\frac{d^2\boldsymbol{r}_i}{dt^2}=\sum_i\boldsymbol{F}_i&\\ &+\boldsymbol{F}_{12}+\boldsymbol{F}_{13}+\boldsymbol{F}_{14}+\cdots\\ +\boldsymbol{F}_{21}&\qquad\quad+\boldsymbol{F}_{23}+\boldsymbol{F}_{24}+\cdots\\ +\boldsymbol{F}_{31}+\boldsymbol{F}_{32}&\qquad\quad+\boldsymbol{F}_{34}+\cdots\\ +\boldsymbol{F}_{41}+\boldsymbol{F}_{42}+\boldsymbol{F}_{43}&\qquad\quad+\cdots\end{aligned} \tag{10.2}$$

となる。この式の右辺には，内力を表す項 $\boldsymbol{F}_{ik}$，$\boldsymbol{F}_{ki}$ $(k\neq i)$ が対になって表れる。図 10.2 の例などからわかるように，この内力は，質点 i と質点 k を結ぶ方向に働き，運動の第 3 法則によって

$$\boldsymbol{F}_{ik}+\boldsymbol{F}_{ki}=0 \tag{10.3}$$

を満たす。これを用いると，右辺の内力の項の和は 0 であり，式(10.2)は

$$\sum_i m_i \frac{d^2\boldsymbol{r}_i}{dt^2}=\sum_i \boldsymbol{F}_i \tag{10.4}$$

となる。

式(10.4)は重心の運動と結びついている。これをみるため，質点系の重心の式(3.5)を思い出そう。それによれば，質点系の重心の位置ベクトル $\boldsymbol{r}_{\mathrm{G}}$ は

$$\boldsymbol{r}_{\mathrm{G}}=\frac{\sum_i m_i\boldsymbol{r}_i}{\sum_i m_i}=\frac{\sum_i m_i\boldsymbol{r}_i}{M} \tag{10.5}$$

である。ここで $M=\sum_i m_i$ は全質量である。これを用いて式(10.4)を書き直すと

$$M\frac{d^2\boldsymbol{r}_{\mathrm{G}}}{dt^2}=\sum_i \boldsymbol{F}_i \tag{10.6}$$

となる。この式から

“重心の運動は，全質量 M に等しい質点に，外力の合力が作用した場合の運動と同じになる”

ということができる。式(10.6)には内力が含まれないので，重心の運動は，内力を考慮しないで求められる。

【例題 10.2】 質量 m_1，m_2 の二つの質点 1, 2 が，長さ l が一定の軽い棒でつながれている。この質点系を鉛直な平面内で投げる場合の重心の運動を求めよ。

解答 **図 10.3** に示すように，運動の面内に座標系 O-xy を定める。質点には，重力のほか，棒を通して未知の内力 T が作用するが，重心の運動を求めるには内力を必要としない。重心 G は，質点 1，2 から

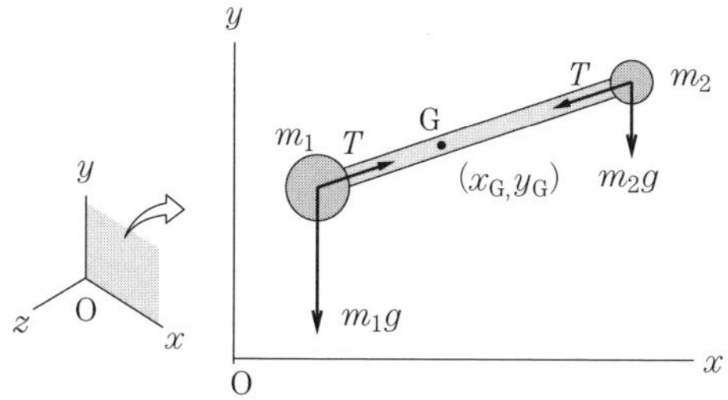

図 10.3 質点系の重心の運動

$$l_1=\frac{m_2}{m_1+m_2}l,\quad l_2=\frac{m_1}{m_1+m_2}l \tag{1}$$

の距離にある棒上の点となる。

この重心の座標を $(x_G,\ y_G)$ とおく。式(10.6)によって，重心の運動方程式は

$$(m_1+m_2)\frac{d^2x_G}{dt^2}=0,\quad (m_1+m_2)\frac{d^2y_G}{dt^2}=-m_1g-m_2g \tag{2}$$

となる。この式から

$$\frac{d^2x_G}{dt^2}=0,\quad \frac{d^2y_G}{dt^2}=-g \tag{3}$$

を得る。この式は，6章で扱った質点の放物運動の式と同じである。したがってこの質点系の運動は，個々の質点で見れば複雑であっても，重心で見れば放物運動である。重心に対して初期条件が与えられれば，この放物運動を一意に定めることができる。

10.3　全運動量の式

10.3.1　全運動量の式

前節では，式(10.4)を，重心の運動を定める式に書き直した。この節では，同じ式(10.4)を別の形に書き直す。この形の式も，問題によって有用である。

まず全運動量を定義する。質点 i の運動量 $\boldsymbol{P}_i$ は，8章の定義のように，質量 m_i と速度 $\boldsymbol{v}_i=d\boldsymbol{r}_i/dt$ を用いて

$$\boldsymbol{P}_i=m_i\boldsymbol{v}_i \tag{10.7}$$

で与えられる。この運動量を，質点系を構成するすべての質点について加え合わせた

$$\boldsymbol{P}=\sum_i m_i\boldsymbol{v}_i \tag{10.8}$$

を，質点系の**全運動量**（total momentum）という。

式(10.4)を書き直す問題に戻る。各質点の質量 m_i が時間に対して変化しないとして，この式を

$$\frac{d}{dt}\left(\sum_i m_i\frac{d\boldsymbol{r}_i}{dt}\right)=\sum_i \boldsymbol{F}_i \tag{10.9}$$

と書き直す。速度 $\boldsymbol{v}_i=d\boldsymbol{r}_i/dt$ に注意すれば，この式の括弧の中は全運動量を

表す。したがってこの式は

$$\frac{d\boldsymbol{P}}{dt}=\sum_i \boldsymbol{F}_i \tag{10.10}$$

となる。これを**全運動量の式**（formula of total momentum）という。この式によれば

“質点系の全運動量の時間的な変化割合は，内力に関係せず，全外力の合力によって定められる”

ということができる。

【例題 10.3】 例題 10.1 の質点系の運動を，全運動量の式を用いて議論せよ。

解答 例題 10.1 と同じように，質点 1，2，3 の位置を x_1，x_2，x_3 とする。各質点の速度 $v_1=dx_1/dt$，$v_2=dx_2/dt$，$v_3=dx_3/dt$ を導入すると，式(10.10)により

$$\frac{d}{dt}(m_1v_1+m_2v_2+m_3v_3)=F_0 \tag{1}$$

を得る。各質点の速度 v_1，v_2，v_3 は等しいので，これを $v_1=dx_1/dt$ とすると，上式から

$$(m_1+m_2+m_3)\frac{d^2x_1}{dt^2}=F_0 \tag{2}$$

を得る。このように内力のことを考えないで，例題 10.1 の式(4)を得ている。

10.3.2 全運動量保存の法則

各質点に作用する外力 $\boldsymbol{F}_i$ の合力 $\sum_i \boldsymbol{F}_i$ が 0 のとき，式(10.10)は

$$\frac{d\boldsymbol{P}}{dt}=0 \tag{10.11}$$

となる。この式から

$$\boldsymbol{P}=\sum_i m_i\boldsymbol{v}_i=\text{一定} \tag{10.12}$$

が得られる。この式によれば

“質点系に働く外力の合力が 0 のとき，全運動量は一定に保たれる”

ということができる。これを**全運動量保存の法則**（law of conservation of total momentum）という。

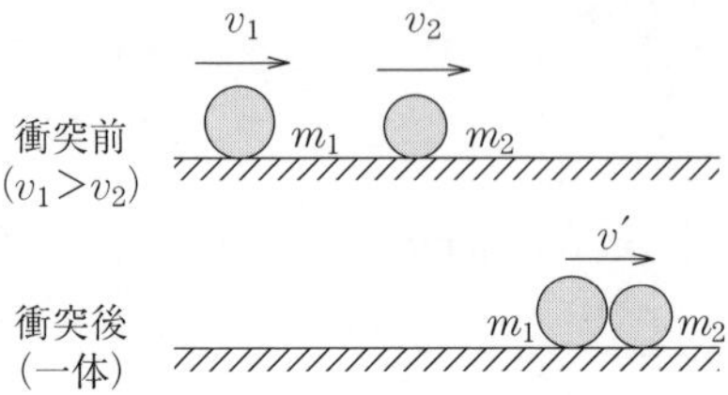

図 10.4　二つの質点の衝突

全運動量保存の法則の応用例としてつぎの問題を考えよう。**図 10.4** に示すように，質量 m_1，m_2 の二つの質点が速度 v_1，v_2（ただし $v_1>v_2$）で水平面内の同じ直線上を同じ方向に運動している。この二つの質点はある時間後に衝突する。衝突後に二つの質点は一体になって運動する。衝突後の速度 v' はいくらか。

運動方程式を用いてこの問題を扱うには，衝突のときに働く力を知らなければならない。衝突のときの力は複雑で，精密な計測をしなければわからない。幸いいまの問題では，外力が作用しないので運動量保存の法則が成り立ち，衝突後の速度を知りたいという目的に対しては，この法則で解を得ることができる。これを以下に示す。

衝突前の全運動量 P は $P=m_1v_1+m_2v_2$ である。衝突後の全運動量 P' は，衝突後の速度 v' を用いて $P'=(m_1+m_2)v'$ である。全運動量保存の法則によって

$$m_1v_1+m_2v_2=(m_1+m_2)v' \tag{10.13}$$

が成り立つ。この式から，求める速度 v' は

$$v'=\frac{m_1v_1+m_2v_2}{m_1+m_2} \tag{10.14}$$

となる。

いまの問題に対して，力学的エネルギーの変化を検討しておこう。水平面内の運動を考えているので，ポテンシャルエネルギーの変化はなく，運動エネルギーの変化が力学的エネルギーの変化に等しい。したがって力学的エネルギーの変化量 $\varDelta E=T'-T$ は

$$\begin{aligned}\varDelta E&=\frac{1}{2}(m_1+m_2)v'^2-\left(\frac{1}{2}m_1v_1{}^2+\frac{1}{2}m_2v_2{}^2\right)\\&=-\frac{1}{2}\frac{m_1m_2}{m_1+m_2}(v_1-v_2)^2\end{aligned} \tag{10.15}$$

となる。この式から，$v_1 \neq v_2$ である限り $\Delta E<0$ となるので，衝突によって力学的エネルギーが減少することがわかる。これは，衝突によって，音が発生したり物体が変形したりしてエネルギーが消費されることを意味する。

【例題 10.4】　質量 m の船が質量 m_0 の荷物を積んで水面上を速度 v で運動している。この船から荷物を船の運動と反対方向に投げた。投げたときの荷物の速度を水面上で測定したところ v_0 であった。荷物を投げた後の船の速度 v' を求めよ。

解答　荷物を投げる前の全運動量 P は $P=(m+m_0)v$ である。荷物を投げた後の全運動量 P' は $P'=-m_0v_0+mv'$ である。全運動量保存の法則によって

$$(m+m_0)v=-m_0v_0+mv' \tag{1}$$

が成り立つ。この式から

$$v'=\frac{(m+m_0)v+m_0v_0}{m} \tag{2}$$

を得る。

10.4　衝突する質点系の運動

前節で，全運動量保存の法則の応用として，衝突後に二つの質点が一体となる場合の衝突の問題を取り上げた。実際には，衝突した後に物体が一体となるとは限らない。この場合，物体の**衝突**（collision, impact）をどのように扱えばいいか。前節と同じように，衝突のときに働く力は複雑でよくわからないとする。このようなとき，衝突の働きを反発係数で表す方法がとられる。

図 10.5 に示すように，小さな物体が大きな壁に衝突する場合を考える。物体の衝突前の速度を v，衝突後の速度を v' とする。両速度の関係は，物体と

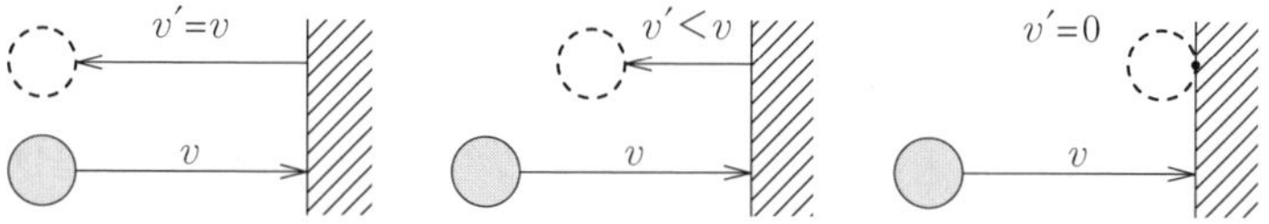

（a）　弾性衝突　（b）　非弾性衝突　（c）　完全非弾性衝突

図 10.5　小物体と壁の衝突

壁の材質によって異なる。反発しやすい材質の間では $|v'|$ は $|v|$ に近く，反発しにくい材質の間では $|v'|$ は 0 に近い。**反発係数**（restitution coefficient）とは，衝突する物体の衝突前後の速度 v，v' の絶対値の比

$$e=\left|\frac{v'}{v}\right| \tag{10.16}$$

であると定義する。

エネルギーの観点から，衝突した後に速度が速くなることはあり得ないので，$|v'|\leqq|v|$ である。反発しにくい材質の間では $|v'|$ は 0 に近い。これらを考慮すると $0\leqq e\leqq 1$ となる。通常は $0<e<1$ で，これを非弾性衝突という。特に $e=1$ のときの衝突を弾性衝突，$e=0$ のときの衝突を完全非弾性衝突という。反発係数 e の値は実験によって定められる。反発係数の値の例を**表 10.1** に示す。

表 10.1　反 発 係 数

材　質	反発係数 e
ガラスとガラス	0.95
鋼と鋼	0.55
木と木	0.50
鉛と鉛	0.20

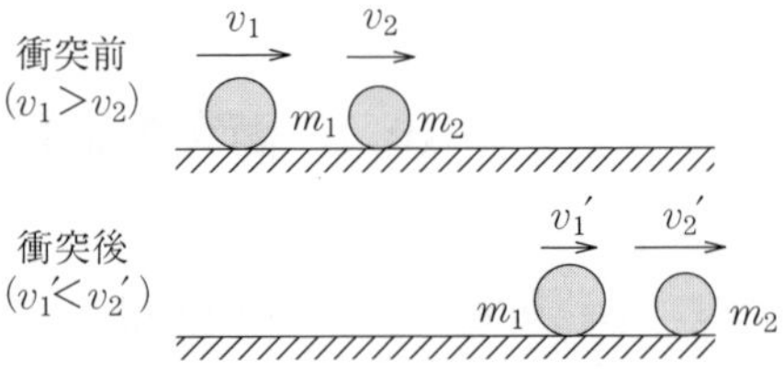

図 10.6　二つの質点の衝突

以上の準備をして衝突の問題を考えよう。例として，図 10.4 と類似の問題で，ここでは，二つの質点が衝突後に別々の速度で運動するものとする。この問題の図をあらためて**図 10.6** に示す。二つの質点の反発係数が e であるとして，衝突後の速度 v_1'，v_2' はいくらになるか。

外力が作用しないので，前節と同じように，全運動量保存の法則が成り立ち

$$m_1v_1+m_2v_2=m_1v_1'+m_2v_1' \tag{10.17}$$

となる。この問題では未知量は v_1'，v_2' の二つであるから，この式だけでは未知量を定めることはできない。

二つの質点の反発係数 e が与えられている。この場合には，式(10.16)の右

辺の v，v' に相当する量は，二つの質点の衝突前後の相対速度であるので

$$e=\frac{|v_1'-v_2'|}{|v_1-v_2|} \tag{10.18}$$

が成り立つ。問題の前提によって $v_1>v_2$ が成り立ち，また衝突後に追い越しがないため $v_1'<v_2'$ でなければならない。これらを考慮して上式の絶対値の記号をはずすと

$$e=-\frac{v_1'-v_2'}{v_1-v_2} \tag{10.19}$$

となる。

式(10.17)と式(10.19)で必要な式が得られた。これを連立させて速度 v_1'，v_2' を求めると

$$\begin{aligned} v_1'&=\frac{1}{m_1+m_2}\{m_1v_1+m_2v_2-em_2(v_1-v_2)\} \\ v_2'&=\frac{1}{m_1+m_2}\{m_1v_1+m_2v_2+em_1(v_1-v_2)\} \end{aligned} \tag{10.20}$$

となる。

式(10.20)の結果で $e=0$ とすると，$v_1'=v_2'$ となり，その値は式(10.14)に一致する。このように前節の問題は，完全非弾性衝突の場合を表すことがわかる。また $e=1$ とすると

$$\begin{aligned} v_1'&=\frac{1}{m_1+m_2}\{(m_1-m_2)v_1+2m_2v_2\} \\ v_2'&=\frac{1}{m_1+m_2}\{2m_1v_1+(m_2-m_1)v_2\} \end{aligned} \tag{10.21}$$

となる。この式で特に $m_1=m_2$ とすると

$$v_1'=v_2,\quad v_2'=v_1 \tag{10.22}$$

を得る。これは，衝突前に速度 v_1，v_2 であった二つの質点が衝突後に速度 v_2，v_1 となり，二つの質点が入れ替わったように振る舞うことを示している。

ここでも前節と同じように力学的エネルギーの変化を検討する。力学的エネルギーの変化量 $\Delta E=T'-T$ は

$$\Delta E=\frac{1}{2}m_1{v_1'}^2+\frac{1}{2}m_2{v_2'}^2-\left(\frac{1}{2}m_1{v_1}^2+\frac{1}{2}m_2{v_2}^2\right)$$
$$=-\frac{1}{2}\frac{m_1m_2}{m_1+m_2}(1-e^2)(v_1-v_2)^2 \tag{10.23}$$

となる。この式から，$e=1$ のとき $\Delta E=0$ となって力学的エネルギーが保存され，そうでなければ衝突によって力学的エネルギーが失われることがわかる。

【例題 10.5】 質量 1 600 kg の自動車が，静止している同じ質量の自動車に衝突した。自動車のバンパーで吸収可能なエネルギーはいずれも 3 500 J とする。反発係数を 0.35 として，衝突前の速度 v がいくらまでなら，バンパーでエネルギー吸収が可能か。

解答 衝突後の自動車の速度を v_1'，v_2' とすると

$$1\,600v+1\,600\times 0=1\,600v_1'+1\,600v_2'$$
$$\frac{v_2'-v_1'}{v}=0.35 \tag{1}$$

が成り立つ。これらの式から $v_1'=0.325v$，$v_2'=0.675v$ を得る。衝突によるエネルギーの減少量を両自動車のバンパーで吸収するためには

$$\frac{1}{2}\times 1\,600\times v^2-\frac{1}{2}\times\{1\,600\times(0.325v)^2+1\,600\times(0.675v)^2\}=2\times 3\,500 \tag{2}$$

が成り立たなければならない。この式から

$$v=4.47\,[\mathrm{m/s}]=16.1\,[\mathrm{km/h}] \tag{3}$$

を得る。

10.5　全角運動量の式

10.5.1　固定点まわりの全角運動量の式

空間内に点 O を固定する。8 章で定義したように，点 O に関する質点 i の角運動量 $\boldsymbol{L}_i$ は，質点 i の位置ベクトル $\boldsymbol{r}_i$ と速度 $\boldsymbol{v}_i$ を用いて $\boldsymbol{L}_i=\boldsymbol{r}_i\times m_i\boldsymbol{v}_i$ で与えられる。これをすべての質点について加え合わせた

$$\boldsymbol{L}=\sum_i(\boldsymbol{r}_i\times m_i\boldsymbol{v}_i) \tag{10.24}$$

を，点 O に関する**全角運動量**（total angular momentum）という。10.3 節で，全運動量の時間的な変化割合が内力に関係しないことをみた。全角運動量

の時間的な変化割合も内力に関係しない。ここでこれを導く。

式(10.1)の i 番目の式の両辺に，位置ベクトル $\boldsymbol{r}_i$ を，ベクトル積を作るように掛けると

$$\boldsymbol{r}_i\times m_i\frac{d^2\boldsymbol{r}_i}{dt^2}=\boldsymbol{r}_i\times\boldsymbol{F}_i+\boldsymbol{r}_i\times\sum_{k(k\neq i)}\boldsymbol{F}_{ik} \qquad (10.25)$$

を得る。これをすべての i について加え合わせると

$$\begin{aligned}\sum_i\left(\boldsymbol{r}_i\times m_i\frac{d^2\boldsymbol{r}_i}{dt^2}\right)=\sum_i(\boldsymbol{r}_i\times\boldsymbol{F}_i)&\\ &+\boldsymbol{r}_1\times\boldsymbol{F}_{12}+\boldsymbol{r}_1\times\boldsymbol{F}_{13}+\boldsymbol{r}_1\times\boldsymbol{F}_{14}+\cdots\\ +\boldsymbol{r}_2\times\boldsymbol{F}_{21}&\qquad\qquad+\boldsymbol{r}_2\times\boldsymbol{F}_{23}+\boldsymbol{r}_2\times\boldsymbol{F}_{24}+\cdots\\ +\boldsymbol{r}_3\times\boldsymbol{F}_{31}&+\boldsymbol{r}_3\times\boldsymbol{F}_{32}\qquad\qquad+\boldsymbol{r}_3\times\boldsymbol{F}_{34}+\cdots\\ +\boldsymbol{r}_4\times\boldsymbol{F}_{41}&+\boldsymbol{r}_4\times\boldsymbol{F}_{42}+\boldsymbol{r}_4\times\boldsymbol{F}_{43}\qquad\qquad+\cdots\end{aligned} \qquad (10.26)$$

となる。この式の右辺には，内力に関連する項 $\boldsymbol{r}_i\times\boldsymbol{F}_{ik}$，$\boldsymbol{r}_k\times\boldsymbol{F}_{ki}$ $(k\neq i)$ が対になって表れる。運動の第3法則によって $\boldsymbol{F}_{ki}=-\boldsymbol{F}_{ik}$ が成り立つので，この項の和は

$$\boldsymbol{r}_i\times\boldsymbol{F}_{ik}+\boldsymbol{r}_k\times\boldsymbol{F}_{ki}=(\boldsymbol{r}_k-\boldsymbol{r}_i)\times\boldsymbol{F}_{ki}\quad(k\neq i) \qquad (10.27)$$

となる。右辺の $\boldsymbol{r}_k-\boldsymbol{r}_i$ は質点 i から質点 k へ向かうベクトルであり，内力 $\boldsymbol{F}_{ki}$ は質点 k から質点 i に向かう。したがって $\boldsymbol{r}_k-\boldsymbol{r}_i$ と $\boldsymbol{F}_{ki}$ は平行で，式(10.27)の右辺のベクトル積は0となり

$$\boldsymbol{r}_i\times\boldsymbol{F}_{ki}+\boldsymbol{r}_k\times\boldsymbol{F}_{ik}=0\quad(k\neq i) \qquad (10.28)$$

を得る。これを用いると，式(10.26)の右辺の内力に関連する項はすべて消去され

$$\sum_i\left(\boldsymbol{r}_i\times m_i\frac{d^2\boldsymbol{r}_i}{dt^2}\right)=\sum_i(\boldsymbol{r}_i\times\boldsymbol{F}_i) \qquad (10.29)$$

が成り立つ。

8章の角運動量の式と同じように式(10.29)の左辺を書き直すと

$$\frac{d}{dt}\sum_i(\boldsymbol{r}_i\times m_i\boldsymbol{v}_i)=\sum_i(\boldsymbol{r}_i\times\boldsymbol{F}_i) \qquad (10.30)$$

を得る。この式の左辺の括弧の中は，点Oに関する全角運動量である。また右辺の

$$\boldsymbol{N}=\sum_i(\boldsymbol{r}_i\times\boldsymbol{F}_i) \tag{10.31}$$

は，全外力の点Oに関する合モーメントである。したがって式(10.30)は

$$\frac{d\boldsymbol{L}}{dt}=\boldsymbol{N} \tag{10.32}$$

と書くことができる。これを，点Oまわりの**全角運動量の式**（formula of total angular momentum）という。この式から

“質点系の全角運動量の時間的な変化割合は，内力に関係せず，全外力の合モーメントによって定められる”

ということができる。

【例題 10.6】 **図 10.7** のように，軽くて自由に回転する半径 a の滑車に，質量 m_1，m_2（ただし $m_1>m_2$）の質点1，2が伸びないひもによってかけられている。全角運動量の式を用いて，この質点の運動方程式を導け。

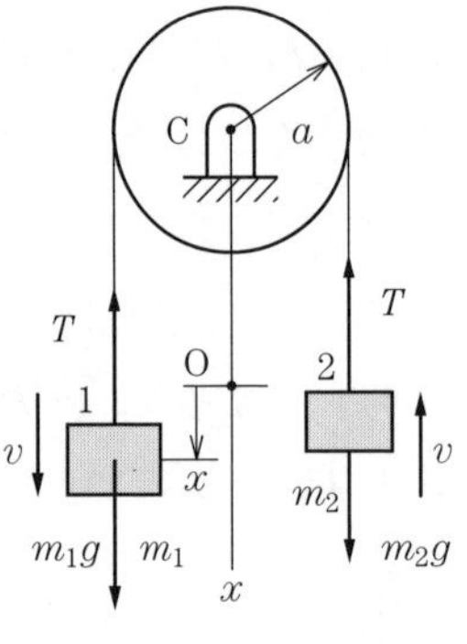

図 10.7　滑　　車

解答　質点1のはじめの高さを原点Oとして図10.7に示すように座標系O-xを定め，質点1の位置を座標 x で表す。質点2の位置は，x が求められればひもの長さを用いて容易に求められるので，ここでは未知数としない。二つの質点の速度は同じで，この速度 v は $v=dx/dt$ で与えられる。点Cまわりの全角運動量 L は

$$L=a\cdot m_1v+a\cdot m_2v=a(m_1+m_2)\frac{dx}{dt} \tag{1}$$

である。

外力として重力 m_1g，m_2g が働き，モーメントを生じる。滑車の軸受けが質点系に働く力はモーメントを生じない。糸を通して伝えられる内力 T は考えなくてよい。このようにして点Cのまわりの力の合モーメントは

$$N=a\cdot m_1g-a\cdot m_2g=a(m_1-m_2)g \tag{2}$$

となる。

全角運動量の式によって

$$\frac{d}{dt}\left\{a(m_1+m_2)\frac{dx}{dt}\right\}=a(m_1-m_2)g \tag{3}$$

が成り立つ。この式から，運動方程式は

$$\frac{d^2x}{dt^2}=\frac{m_1-m_2}{m_1+m_2}g \tag{4}$$

となる。位置 x に関する初期条件が与えられれば，この式から位置 x を定めることができる。

各質点に外力が作用しないとき，あるいは外力が作用しても合モーメントが 0 となるとき，式(10.32)から

$$\boldsymbol{L}=\sum_i(\boldsymbol{r}_i\times m_i\boldsymbol{v}_i)=\text{一定} \tag{10.33}$$

を得る。この式から

“質点系に働く全外力の合モーメントが 0 のとき，全角運動量は一定に保たれる”

ということができる。これを**全角運動量保存の法則**（law of conservation of angular momentum）という。

10.5.2　重心まわりの全角運動量の式

前項で空間に固定した点まわりの全角運動量の式を導いた。重心まわりの全角運動量についても，固定点まわりの全角運動量の式と類似の式が成り立ち，質点系や後に扱う剛体の運動を求めるのに用いられる。ここでこれを導く。

重心 G まわりの全角運動量 $\boldsymbol{L}_G$ の定義式は，点 O まわりの全角運動量の式の位置ベクトル $\boldsymbol{r}_i$ と速度 $\boldsymbol{v}_i=d\boldsymbol{r}_i/dt$ を，重心 G を始点にした位置ベクトル $\boldsymbol{r}_i'$ と速度 $\boldsymbol{v}_i'=d\boldsymbol{r}_i'/dt$ で置き換えたもので

$$\boldsymbol{L}_G=\sum_i\boldsymbol{r}_i'\times m_i\boldsymbol{v}_i' \tag{10.34}$$

となる。

全角運動量 $\boldsymbol{L}_G$ の式を導くため，まず，$\boldsymbol{r}_i$，$\boldsymbol{v}_i$ と $\boldsymbol{r}_i'$，$\boldsymbol{v}_i'$ の関係を確認する。点 O を始点とする重心 G の位置ベクトルを $\boldsymbol{r}_G$ とすると $\boldsymbol{r}_i=\boldsymbol{r}_G+\boldsymbol{r}_i'$ が成り立つ。またこれを微分し，重心 G の速度 $\boldsymbol{v}_G=d\boldsymbol{r}_G/dt$ を導入すると $\boldsymbol{v}_i=\boldsymbol{v}_G$

$+\boldsymbol{v}_i'$ が成り立つ。これらの関係を用いて式(10.32)の左辺と右辺を書き直す。

まず式(10.32)の左辺の全角運動量は

$$\boldsymbol{L}=\sum_i\{(\boldsymbol{r}_{\mathrm{G}}+\boldsymbol{r}_i')\times m_i(\boldsymbol{v}_{\mathrm{G}}+\boldsymbol{v}_i')\} \tag{10.35}$$

となる。これを展開し，全質量 $M=\sum_i m_i$ を用いると

$$\boldsymbol{L}=\boldsymbol{r}_{\mathrm{G}}\times M\boldsymbol{v}_{\mathrm{G}}+\boldsymbol{r}_{\mathrm{G}}\times(\sum_i m_i\boldsymbol{v}_i')+(\sum_i m_i\boldsymbol{r}_i')\times\boldsymbol{v}_{\mathrm{G}}+(\sum_i \boldsymbol{r}_i'\times m_i\boldsymbol{v}_i') \tag{10.36}$$

となる。位置ベクトル $\boldsymbol{r}_i'$ で表した重心 $\boldsymbol{r}_{\mathrm{G}}'=\sum_i m_i\boldsymbol{r}_i'/M$ は当然 $\boldsymbol{r}_{\mathrm{G}}'=0$ でなければならない。したがって $\sum_i m_i\boldsymbol{r}_i'=0$，$\sum_i m_i\boldsymbol{v}_i'=0$ が成り立つ。これを用いると，式(10.36)の全角運動量 $\boldsymbol{L}$ は

$$\boldsymbol{L}=\boldsymbol{r}_{\mathrm{G}}\times M\boldsymbol{v}_{\mathrm{G}}+\boldsymbol{L}_{\mathrm{G}} \tag{10.37}$$

となる。これを時間で微分し，式(10.6)を用いると

$$\frac{d\boldsymbol{L}}{dt}=\boldsymbol{r}_{\mathrm{G}}\times\sum_i\boldsymbol{F}_i+\frac{d\boldsymbol{L}_{\mathrm{G}}}{dt} \tag{10.38}$$

を得る。ここまでが左辺を書き直した結果である。

つぎに式(10.32)の右辺の合モーメントは

$$\boldsymbol{N}=\sum_i(\boldsymbol{r}_{\mathrm{G}}+\boldsymbol{r}_i')\times\boldsymbol{F}_i \tag{10.39}$$

となる。これを展開し，全外力の重心 G まわりの合モーメント

$$\boldsymbol{N}_{\mathrm{G}}=\sum_i(\boldsymbol{r}_i'\times\boldsymbol{F}_i) \tag{10.40}$$

を導入すると

$$\boldsymbol{N}=\boldsymbol{r}_{\mathrm{G}}\times\sum_i\boldsymbol{F}_i+\boldsymbol{N}_{\mathrm{G}} \tag{10.41}$$

となる。

式(10.32)の左辺と右辺に，上で導いた式(10.38)と式(10.41)を代入すると

$$\frac{d\boldsymbol{L}_{\mathrm{G}}}{dt}=\boldsymbol{N}_{\mathrm{G}} \tag{10.42}$$

を得る。これが重心 G まわりの全角運動量の式で，固定点 O まわりの全角運動量の時間変化の式と同じ形をしている。この式から

“重心まわりの全角運動量の時間的な変化割合は，内力に関係せず，重心まわりの全外力の合モーメントに等しい”

ということができる。

質点系に働く全外力の重心 G まわりの合モーメントが $\boldsymbol{N}_G$ が 0 のとき，式(10.42)から

$$\boldsymbol{L}_G=\sum_i \boldsymbol{r}_i'\times m_i\boldsymbol{v}_i'=一定 \tag{10.43}$$

を得る。この式から重心まわりの全角運動量が保存されることがわかる。

◇演　習　問　題◇

10.1　摩擦のない平面上で荷物を持って静止している人がいる。この人が動き出すにはどうしたらよいか。

10.2　面上に置くとスイッチが入って，一定の速度 u_0 で走り出す質量 m の玩具がある。この玩具を質量 M の板の上に置いた。板の速度 V を求めよ。ただし板は水平な床の上に置かれ，板と床の間は滑らかであるとする。

10.3　**図 10.8**(a)に示すように，軽い円板にそれぞれ質量 $m_1/4$，$m_2/4$ の質点を 4 個ずつ付加して作ったクラッチ 1，2 がある。(b)に示すように，角速度 ω で回転しているクラッチ 1 を，静止しているクラッチ 2 に押しつけて接合させるとき，接合後の角速度 ω' はいくらか。

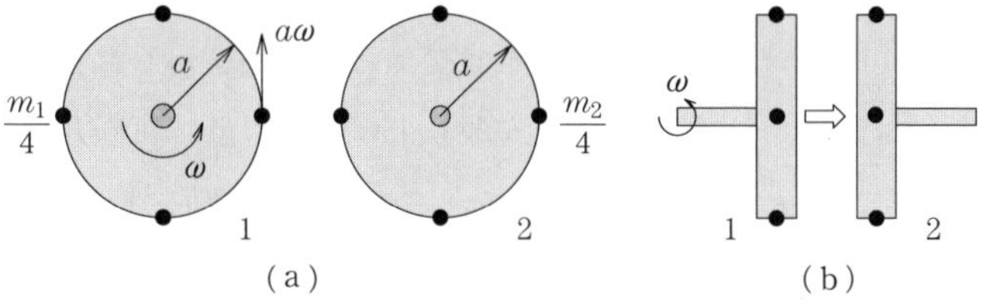

図 10.8　クラッチ

10.4*　質量 m_1，m_2 の二つの質点が，軽いばねでつながれ，滑らかな水平面上を直線に沿って運動している。二つの質点の重心 G の運動を求めよ。また個々の質点の運動を検討せよ。ばねの自然長を l とする。またばねはフックの法則に従うものとし，ばね定数を k とする。

11 慣性モーメント

慣性モーメントは，物体の特性値の一つで，回転運動の角速度の変化のしにくさを表す。次章で剛体の回転運動を扱う。その準備としてここで，慣性モーメントを考える。

11.1 慣性モーメント

11.1.1 質点の慣性モーメント

こまを回転させるとき，小さなこまは回しやすく止めやすいこと，逆に大きなこまは回しにくく止めにくいことを経験する。このように物体には，回転運動の角速度が変化しやすいものと変化しにくいものとがある。この特性を力学的にどのように表すことができるか。

この問題の検討のため，**図 11.1** に示すように，長さ r の軽い棒で支えられ，軸まわりに回転可能な質量 m の質点を取り上げる。質点に回転方向の力 $\boldsymbol{F}$ が働くものとして，この質点の運動を考える。

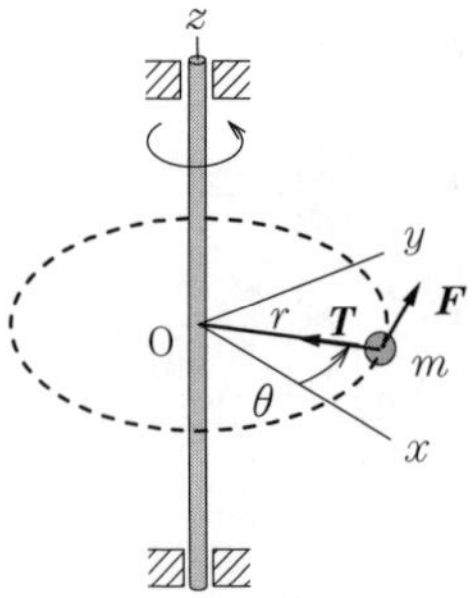

図 11.1 回転する質点

回転の軸を z 軸として，図 11.1 のように，直角座標系 O-xyz を定める。運動方程式を導くため，8 章で導いた角運動量の式

$$\frac{d\boldsymbol{L}}{dt}=\boldsymbol{N} \tag{11.1}$$

を用いる。ここで $\boldsymbol{L}$ と $\boldsymbol{N}$ は，点 O まわりの角運動量と外力のモーメントで

ある。ここで考えている回転運動は，z 軸に垂直な平面内の運動であるから，式(11.1)の z 軸方向の成分の式

$$\frac{d}{dt}\left(mx\cdot\frac{dy}{dt}-my\cdot\frac{dx}{dt}\right)=N \tag{11.2}$$

によって定められる。ここで $(x,\ y)$ は質点の位置を表す座標，N はモーメント $\boldsymbol{N}$ の z 軸方向の成分である。この問題では，棒を通して働く内力 $\boldsymbol{T}$ はモーメントを生じないので，N は距離 r と力の大きさ F を掛けた $N=rF$ で与えられる。

式(11.2)を回転運動と関連づけた形に書き直すため，x 軸を基準とする回転角 θ を導入する。これを用いると，質点の座標 x，y は

$$x=r\cos\theta,\quad y=r\sin\theta \tag{11.3}$$

となる。r が一定であることに注意してこの式を微分し，得られた式と上式を式(11.2)に代入すると

$$mr^2\frac{d^2\theta}{dt^2}=N \tag{11.4}$$

を得る。この式の角加速度 $d^2\theta/dt^2$ を α で表し，また量

$$I=mr^2 \tag{11.5}$$

を導入すると，式(11.4)は

$$I\alpha=N \tag{11.6}$$

と書くことができる。この式がこの場合の運動方程式である。モーメント N を与えれば，この式によって質点の回転運動を定めることができる。

上で導入した I の意味をみるため，質点が直線運動する場合の運動方程式

$$ma=F \tag{11.7}$$

と比較する。ここで m は質量，a は加速度，F は力である。

式(11.7)と式(11.6)を比較すると，**表 11.1** に示すように，力 F とモーメント N は運動の変化を引き起こす原因，加速度 a と角加速度 α はその結果という意味を持ち，それぞれ対応する。

表 11.1　直線運動と回転運動

直線運動	回転運動
m ←	→ I
a ←	→ α
F ←	→ N

したがって質量 m と量 I も対応する量と考えることができる。1章でみたように，m は速度の変化のしにくさを表す量である。同じように考えると，I は角速度の変化のしにくさを表す量である。これがこの節で最初に設定した問題の解である。この I のように，角速度の変化のしにくさを表す量を**慣性モーメント**（moment of inertia）という。SI単位において慣性モーメントの単位は，質量の単位〔kg〕，長さの単位〔m〕で定められる〔kg・m²〕である。

式(11.5)によると，慣性モーメント I は，質量 m と，回転の軸から質点までの距離 r によって定められる。日常経験するように，同じ質量でも，回転の軸までの距離が長ければその物体の角速度を変化させにくい。慣性モーメントの式はこれを反映している。慣性モーメントは，質点がどの軸まわりに回転するかを指定して定められる量である。どの軸まわりかを明示して慣性モーメントを表示したいとき，慣性モーメントの記号に軸を表す記号を添えて I_z などと書く。

【例題 11.1】 質量 3 kg の物体を長さ 0.5 m の軽い棒の先端に取り付けて，20 N・m のモーメントを加えて回転させたとする。静止状態から角速度 40 rad/s で回転させるまでにどれだけの時間がかかるか。棒の長さを 1 m にしたら時間はどうなるか。

解答 棒の長さが 0.5 m のとき，式(11.5)によって，慣性モーメント I は

$$I=3\times0.5^2\ \text{〔kg·m}^2\text{〕}$$

である。したがって式(11.6)によって，角加速度 α は

$$\alpha=\frac{20}{3\times0.5^2}\ \text{〔rad/s}^2\text{〕}$$

となる。静止状態から t 秒後の角速度 ω は，角加速度 α を用いて $\omega=\alpha t$ である。求める時間 t_1 は，$\alpha t=40$〔rad/s〕を満たす t として求められ

$$t_1=40\times\frac{3\times0.5^2}{20}=1.5\ \text{〔s〕}$$

となる。

棒の長さを 1 m にしたとき，上と同じようにして，求める時間 t_2 は

$$t_2=40\times\frac{3\times1^2}{20}=6\ \text{〔s〕}$$

となる。この例でも，棒が長いとき，同じ角速度にするまでに長い時間がかかるこ

とがわかる。

11.1.2 質点系と連続体の慣性モーメント

前項では一つの質点の慣性モーメントを考えた。ここでは質点系や連続体の慣性モーメントを定義する。次章で示すように，質点系や連続体の剛体を軸まわりに回転させるとき，その回転運動は，式(11.6)の I をここで定義する慣性モーメントで置き換えた式で支配される。

質点系の慣性モーメントは，個々の質点の慣性モーメントを加え合わせたものである。式で示すとつぎのようになる。**図 11.2** に示すように，回転の軸を z 軸とし，この軸まわりに，質点1，2，…からなる質点系があるとする。各質点 i の質量を m_i，軸からの距離を r_i とする。この質点系の z 軸まわりの慣性モーメント I は

$$I=\sum_i m_i r_i{}^2 \tag{11.8}$$

である。

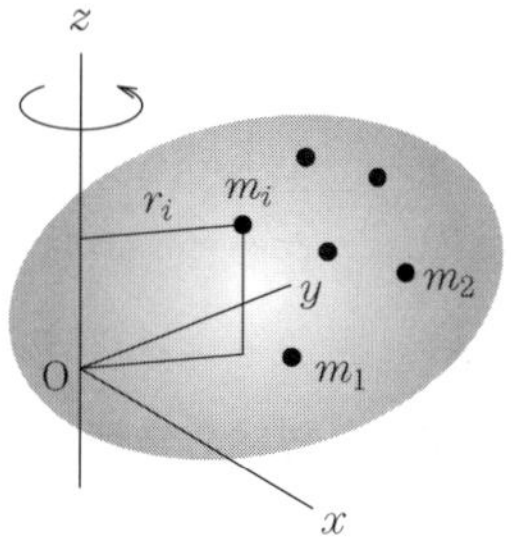

図 11.2 質点系の慣性モーメント

連続体の慣性モーメントは，連続体を微小要素に分け，それぞれを質点と考えて慣性モーメントを計算し，それを加え合わせた式において微小要素を限りなく小さくして得られる極限値である。式で示すとつぎのようになる。**図 11.3** に示すように，回転の軸を z 軸として，直角座標系 O-xyz を導入する。

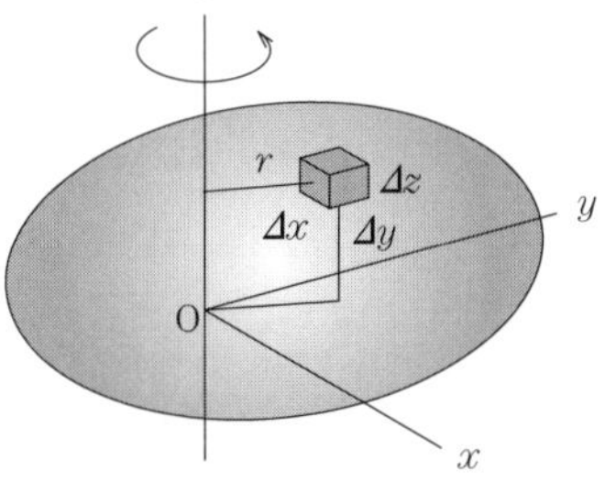

図 11.3 連続体の慣性モーメント

物体の各位置での密度を ρ とする。座標 $(x,\ y,\ z)$ の位置で，長さ Δx，Δy，Δz の直方体の微小要素を考えると，その質量は $\rho\Delta x\Delta y\Delta z$ である。軸から要素までの距離を r とすると，その要素の慣性モーメント ΔI は $\Delta I=\rho r^2\Delta x\Delta y\Delta z$ である。慣性モーメント I は，これを物体の全領域に

わたって加え合わせた式 $I=\sum \rho r^2 \varDelta x \varDelta y \varDelta z$ において，$\varDelta x$，$\varDelta y$，$\varDelta z \to 0$ として得られる極限値である。このようにして慣性モーメント I は

$$I=\iiint \rho r^2 dxdydz \tag{11.9}$$

となる。

11.2 慣性モーメントに関する定理

慣性モーメントについていくつかの定理が成り立つ。これらの定理は慣性モーメントを求めるときに利用される。以下にこれを示す。ここではこれらの定理が成り立つことを質点系について示すが，連続体についても同じように成り立つ。対象とする質点系は質点 1, 2, …からなり，質点 i の質量を m_i とする。

■ **平行軸の定理**　第1の定理は，任意の軸まわりの慣性モーメントと，その軸に平行で重心を通る軸まわりの慣性モーメントの間の関係を示すものである。

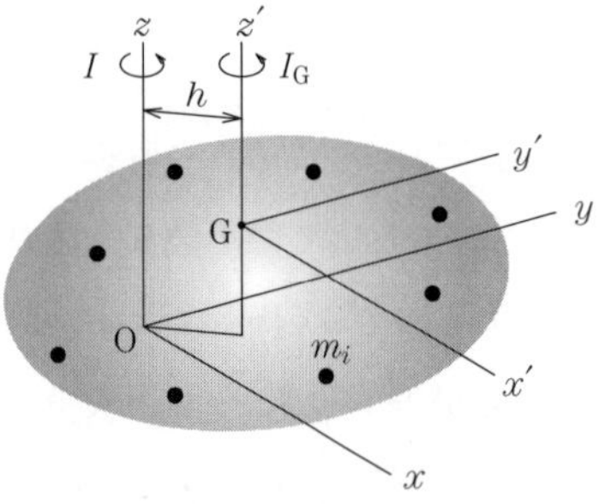

図 11.4　平行軸の定理

図 11.4 に示すように，対象とする質点系に対し，回転の軸を z 軸，これに平行で重心を通る軸を z' 軸とし，それぞれの軸まわりの慣性モーメントを I，I_G とする。慣性モーメント I，I_G の間の関係を求めることがこの項の課題である。

z 軸上の任意の点 O を原点として，直角座標系 O-xyz を定める。この座標系で質点 i の座標を $(x_i,\ y_i,\ z_i)$ とすると，軸から質点 i までの距離 r_i は $r_i{}^2=x_i{}^2+y_i{}^2$ で与えられる。したがって z 軸まわりの慣性モーメント I は，式(11.8)によって

$$I=\sum_i m_i(x_i{}^2+y_i{}^2) \tag{11.10}$$

である。

つぎに重心 $\mathrm{G}(x_\mathrm{G},\ y_\mathrm{G},\ z_\mathrm{G})$ を通って x'，y'，z' 軸が x，y，z 軸に平行になるよう直角座標系 $\mathrm{G}\text{-}x'y'z'$ を導入する。この座標系で質点 i の座標を $(x_i',\ y_i',\ z_i')$ とすると，z' 軸まわりの慣性モーメント I_G は，式(11.10)と同じようにして

$$I_\mathrm{G}=\sum_i m_i(x_i'^2+y_i'^2) \tag{11.11}$$

となる。

式(11.10)と式(11.11)で与えられる慣性モーメント I と I_G の関係を求めるため，つぎの点に注意する。まず座標 x_i，y_i，z_i と x_i'，y_i'，z_i' の間で

$$x_i=x_\mathrm{G}+x_i',\quad y_i=y_\mathrm{G}+y_i',\quad z_i=z_\mathrm{G}+z_i' \tag{11.12}$$

が成り立つ。また重心に原点をおいた座標 $(x_i',\ y_i',\ z_i')$ については，この座標を用いて重心を求めると，当然原点にならなければならないので

$$\sum_i m_i x_i'=0,\quad \sum_i m_i y_i'=0,\quad \sum_i m_i z_i'=0 \tag{11.13}$$

が成り立つ。

以上で慣性モーメント I，I_G の関係を求める準備ができた。式(11.12)を式(11.10)に代入すると

$$I=\sum_i m_i\{(x_\mathrm{G}+x_i')^2+(y_\mathrm{G}+y_i')^2\} \tag{11.14}$$

となる。これを展開し，全質量 $M=\sum_i m_i$ を用いると

$$I=\sum_i m_i(x_i'^2+y_i'^2)+M(x_\mathrm{G}^2+y_\mathrm{G}^2)+2x_\mathrm{G}\sum_i m_i x_i'+2y_\mathrm{G}\sum_i m_i y_i' \tag{11.15}$$

となる。式(11.11)に注意すると，この式の第1項は I_G を表す。また z，z' 軸の間の距離を h とすると，第2項の括弧の中は h^2 である。最後に式(11.13)に注意すると，式(11.15)の右辺の最後の2項は0である。このようにして

$$I=I_\mathrm{G}+Mh^2 \tag{11.16}$$

を得る。これが求める関係である。これを**平行軸の定理**（theorem of parallel axes）という。

■　**直交軸の定理**　　慣性モーメントに関する第2の定理を導く。これは薄い板状の物体の慣性モーメントについて成り立つ関係である。

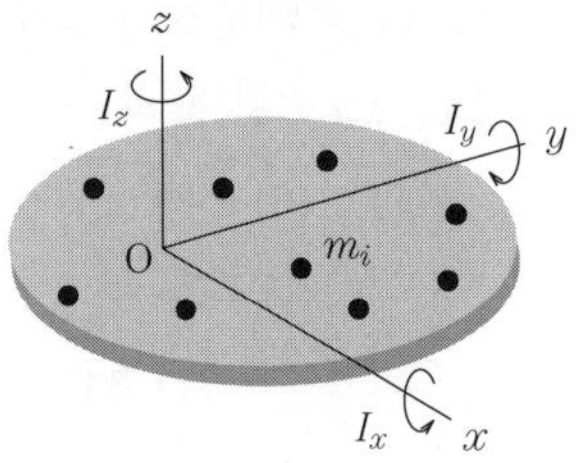

図 11.5　直交軸の定理

図 11.5 に示すように，薄い板状の領域内に質点が分布しているとする。原点 O と x，y 軸がこの領域の平面内にあるように直角座標系 O-xyz を定める。この質点系の場合，質点 i の座標 $(x_i,\ y_i,\ z_i)$ について $z_i=0$ と考えてよいので，式(11.8)によって，x，y，z 軸まわりの慣性モーメント I_x，I_y，I_z は

$$I_x=\sum_i m_i y_i^2,\quad I_y=\sum_i m_i x_i^2,\quad I_z=\sum_i m_i(x_i^2+y_i^2) \tag{11.17}$$

となる。この式から

$$I_z=I_x+I_y \tag{11.18}$$

が導かれる。これを**直交軸の定理**（theorem of perpendicular axes）という。

11.3　各種形状の物体の慣性モーメント

いくつかの基本的な形状の物体の慣性モーメントを求めておく。ここでは密度は一様とする。

■　棒の慣性モーメント　　**図 11.6** に示す，質量 M，長さ l の棒を考える。図に示すように直角座標系 O-xyz 軸を定める。ここでは z 軸まわりの慣性モーメント I_z を求めることにする。計算のため，棒の単位長さあたりの密度 $\rho=M/l$ を導入する。

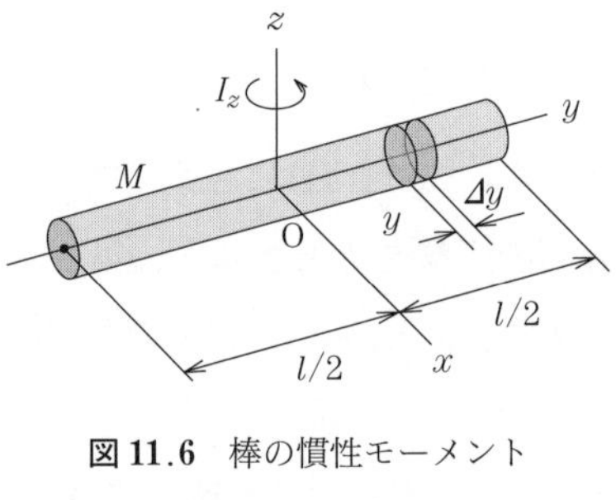

図 11.6　棒の慣性モーメント

座標 y の位置に，微小長さ Δy の要素を考える。この要素の質量 $\rho\Delta y$ を用いると，慣性モーメント ΔI_z は

$$\Delta I_z=\rho y^2\Delta y \tag{11.19}$$

となる。棒全体の慣性モーメント I_z は，ΔI_z を棒全体について加え合わせた式

$$I_z=\sum_i \rho y^2 \Delta y \tag{11.20}$$

において，$\Delta y \to 0$ とした極限値である。このようにして慣性モーメント I_z は

$$I_z=\int_{-l/2}^{l/2}\rho y^2 dy=\left[\rho\frac{y^3}{3}\right]_{-l/2}^{l/2}=\rho\frac{l^3}{12} \tag{11.21}$$

となる。この式に $\rho=M/l$ を代入すると，求める慣性モーメント I_z は

$$I_z=\frac{1}{12}Ml^2 \tag{11.22}$$

となる。

【例題 11.2】　図 11.6 に示す棒について，棒の一方の端を通って z 軸に平行な軸まわりの慣性モーメント I を求めよ。

解答　図 11.6 において，棒の左端が原点となるように座標軸を平行移動する。この軸に対して，座標 y の位置に微小な長さ Δy の要素を考えると，軸から要素までの距離は y であるから，この要素の慣性モーメント ΔI は

$$\Delta I=\rho y^2 \Delta y \tag{1}$$

である。慣性モーメント I は

$$I=\int_0^l \rho y^2\, dy=\frac{\rho l^3}{3} \tag{2}$$

となる。この式に $\rho=M/l$ を代入すると

$$I=\frac{1}{3}Ml^2 \tag{3}$$

となる。

問題の慣性モーメント I を平行軸の定理を用いて求めることもできる。図 11.6 の点 O は棒の重心であるから，式(11.16)に $I_G=(1/12)Ml^2$，$h=l/2$ を代入して

$$I=\frac{1}{12}Ml^2+M\left(\frac{l}{2}\right)^2=\frac{1}{3}Ml^2 \tag{4}$$

となる。上と同じ結果となっている。

■　長方形板の慣性モーメント　　**図 11.7** に示す，質量 M，辺の長さ a，b の長方形板を考える。図に示すように，板の中心を原点 O として，直角座標系 O-xyz 軸を定める。ここでは x，y，z 軸まわりの慣性モーメント I_x，I_y，I_z を求める。計算のため，単位面積あたりの密度 $\rho=M/ab$ を導入する。

はじめに x 軸まわりの慣性モーメント I_x を求める。図 11.7 に示すように，座標 x の位置に，y 軸に平行で微小な幅 Δx，長さ b の微小要素を考える。こ

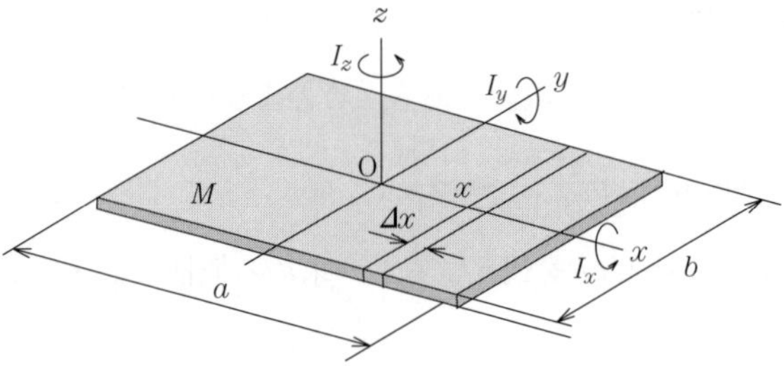

図 11.7　長方形板の慣性モーメント

の要素の質量は $\rho b\varDelta x$ であるから，式(11.22)によって，この要素の x 軸まわりの慣性モーメント $\varDelta I_x$ は

$$\varDelta I_x=\frac{1}{12}b^2\rho b\varDelta x \tag{11.23}$$

である。これを板全体について加え合わせ，$\varDelta x\to 0$ として

$$I_x=\frac{1}{12}\int_{-a/2}^{a/2}b^2\rho b\ dx=\frac{1}{12}\rho ab^3 \tag{11.24}$$

を得る。この式に $\rho=M/ab$ を代入すると，求める慣性モーメント I_x となる。y 軸まわりの慣性モーメント I_y も同様にして求められ，それらをまとめて示すと

$$I_x=\frac{1}{12}Mb^2,\quad I_y=\frac{1}{12}Ma^2 \tag{11.25}$$

となる。なおここでは，棒の慣性モーメントを利用して I_x，I_y を求めたが，直接定義に基づいて

$$\begin{aligned}I_x&=\int_{-b/2}^{b/2}\int_{-a/2}^{a/2}y^2\rho\ dxdy=\int_{-b/2}^{b/2}y^2\rho a\ dy=\frac{1}{12}\rho ab^3\\ I_y&=\int_{-b/2}^{b/2}\int_{-a/2}^{a/2}x^2\rho\ dxdy=\int_{-a/2}^{a/2}x^2\rho b\ dx=\frac{1}{12}\rho a^3 b\end{aligned} \tag{11.26}$$

によって求めることも可能である。

z 軸まわりの慣性モーメント I_z は，直交軸の定理により

$$I_z=M\frac{a^2+b^2}{12} \tag{11.27}$$

となる。

■　**直方体の慣性モーメント**　　図 11.8 に示す，質量 M，一辺の長さ a，b，c の直方体を考える。図に示すように，直方体の中心を原点 O とし，直角座標系 O-xyz 軸を定める。ここでは x，y，z 軸まわりの慣性モーメント I_x，I_y，I_z を求める。計算のため，密度 $\rho=M/abc$ を導入する。

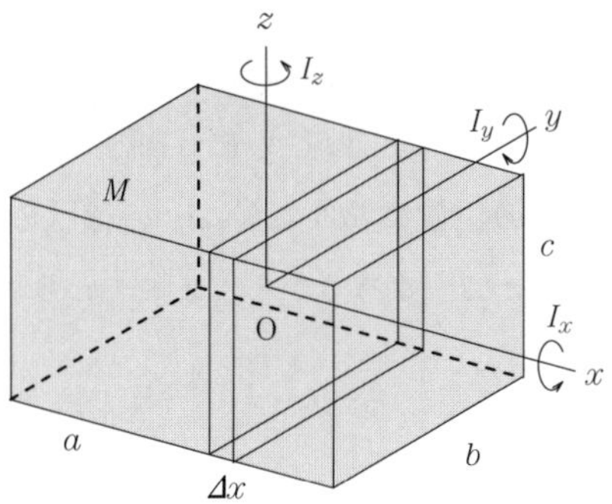

図 11.8　直方体の慣性モーメント

座標 x の位置で，直方体内に，x 軸に垂直で微小な幅 Δx の板を考える。この板の質量は $\rho bc\Delta x$ であるから，式(11.27)によって，この板の x 軸まわりの慣性モーメント ΔI_x は

$$\Delta I_x=\frac{b^2+c^2}{12}\rho bc\Delta x \tag{11.28}$$

である。これを直方体全体にわたって加え合わせ，$\Delta x\to 0$ として

$$I_x=\frac{b^2+c^2}{12}\rho abc \tag{11.29}$$

を得る。この式に $\rho=M/abc$ を代入すると，求める慣性モーメント I_x となる。y，z 軸まわりの慣性モーメント I_y，I_z も同様にして求められ，それらをまとめて示すと

$$I_x=M\frac{b^2+c^2}{12},\quad I_y=M\frac{c^2+a^2}{12},\quad I_z=M\frac{a^2+b^2}{12} \tag{11.30}$$

となる。

■ 円板の慣性モーメント

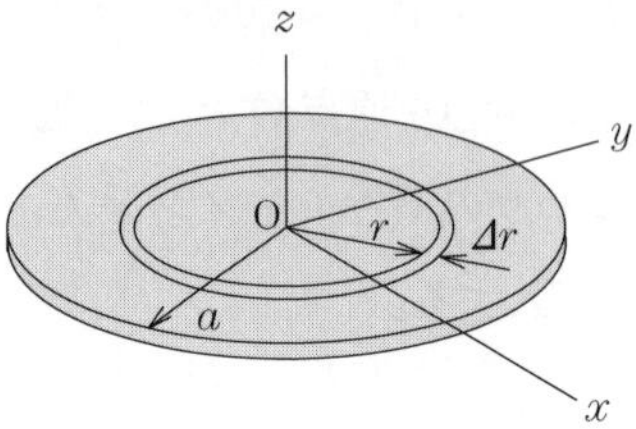

図 11.9 円板の慣性モーメント

図 11.9 に示す，質量 M，半径 a の円板の慣性モーメントを考える。図に示すように，円板の中心を原点 O として直角座標系 O-xyz 軸を定める。ここでは x，y，z 軸まわりの慣性モーメント I_x，I_y，I_z を考える。計算のため，単位面積あたりの密度 $\rho=M/\pi a^2$ を導入する。

はじめに z 軸まわりの慣性モーメントを考える。中心から半径 r の位置に微小な幅 Δr の輪状の微小要素を考える。この微小要素の質量は $\rho 2\pi r\Delta r$ であるから，z 軸まわりの慣性モーメント ΔI_z は

$$\Delta I_z = r^2 \cdot \rho 2\pi r \Delta r \tag{11.31}$$

である。これを板全体について加え合わせ，$\Delta r \to 0$ として

$$I_z = \int_0^a r^2 \rho 2\pi r \, dr = \frac{1}{2}\pi\rho a^4 \tag{11.32}$$

を得る。この式に $\rho=M/\pi a^2$ を代入すると

$$I_z = \frac{1}{2}Ma^2 \tag{11.33}$$

となる。

x，y 軸まわりの慣性モーメントは，直交軸の定理によって

$$I_x = I_y = \frac{1}{4}Ma^2 \tag{11.34}$$

となる。

【例題 11.3】 **図 11.10** に示すように，半径 a の円板に半径 b の穴が設けられている。この円板の質量を M として，z 軸まわりの慣性モーメント I_z を求めよ。

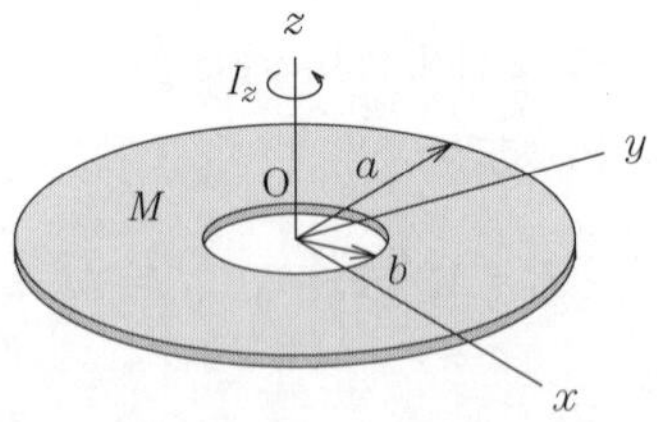

図 11.10 穴のある円板の慣性モーメント

解答　単位面積当りの密度 ρ は $\rho=M/\pi(a^2-b^2)$ である。求める慣性モーメント I_z は，式(11.32)の積分の範囲を $r=b$ から $r=a$ とした

$$I_z=\int_b^a r^2\rho 2\pi r\,dr=\frac{1}{2}\pi\rho(a^4-b^4) \tag{1}$$

となる。この式に ρ の式を代入すると

$$I_z=\frac{1}{2}M(a^2+b^2) \tag{2}$$

となる。

◇演　習　問　題◇

11.1　図11.9の円板の x 軸まわりの慣性モーメント I_x を，棒の慣性モーメントの式を利用して求めよ。

11.2　図11.11 に示す半径 a，質量 M の半円形の板の慣性モーメント I_z を求めよ。

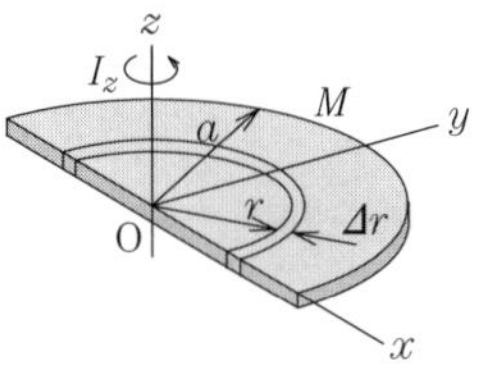

図11.11　半円板の慣性モーメント

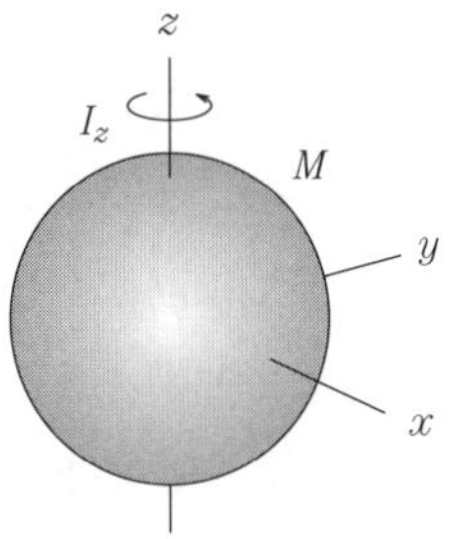

図11.12　球の慣性モーメント

11.3　図11.12 に示す半径 a，質量 M の球の中心を通る軸に関する慣性モーメントを求めよ。

11.4*　図3.14に示す棒の点O，中点，右端を通って x 軸に垂直に y，y'，y'' 軸を定める。これらの軸に関するこの棒の慣性モーメント I_y，$I_{y'}$，$I_{y''}$ を求めよ。

11.5*　図11.7に示す長方形板の x，y 軸に平行で辺に沿って x'，y' 軸を定める。この軸に関する慣性モーメント $I_{x'}$，$I_{y'}$ を求めよ。

12 剛 体 の 運 動

この章では剛体の運動を考える。まず剛体の運動を支配する方程式を導き，つぎにこれに基づいて，剛体の運動の基本的な問題を扱う。

12.1 剛体の運動方程式

これまでの各章で，質点と質点系の運動を扱ってきた。この章で剛体の運動を考える。ここで**剛体**（rigid body）とは，2 章で述べたように，力が作用しても変形しないと考えることができる物体をいう。質点系でいえば質点間の距離が変化しないもの，連続体でいえば任意の 2 点間の距離が変化しないものが剛体である。質点では回転を考えないで運動を扱うことができたのに対し，剛体では回転を考えて運動を扱う必要がある。機械の問題では，機械を構成する各部分が剛体であるとして運動を扱うことが多い。

上では質点系と連続体の剛体を区別した。前者は有限の数の質点の集まり，後者は質点の数が多く質量が分布していると考えるのが適当なものという構造的な違いはあるが，力学的には，両者に大きな違いはない。以下この章では，運動の検討のための式展開はおもに質点系の剛体について行い，必要に応じて連続体の剛体について言及することにする。

12.1.1 剛体の自由度

剛体の運動を定めるのに必要な方程式の数を確認しよう。このため剛体の自由度を求める。ここで**自由度**（degree of freedom）とは，一般に物体の位置を表すのに必要な変数の数をいう。

図 12.1 に示すように，3 次元空間内を自由に運動できる剛体があるとする。空間内に直角座標系 O-xyz を定める。剛体の自由度を求めるため，剛体内に直線 PQ を固定し，剛体の位置をこの直線で表す。まず直線上の点 P の位置を表すのに，座標 $(x_p,\ y_p,\ z_p)$ のような 3 個の変数が必要である。つぎに直線の方向を表すのに，図の θ，ψ のような 2 個の変数が必要である。最後に直線 PQ まわりの剛体の回転を表すのに，図の ϕ のような 1 個の変数が必要である。このようにして，剛体の自由度は 6 であることがわかる。位置を表す変数としてこれ以外のものを用いることもできるが，変数の数が 6 であることに変わりはなく，剛体の自由度は一般に 6 である。

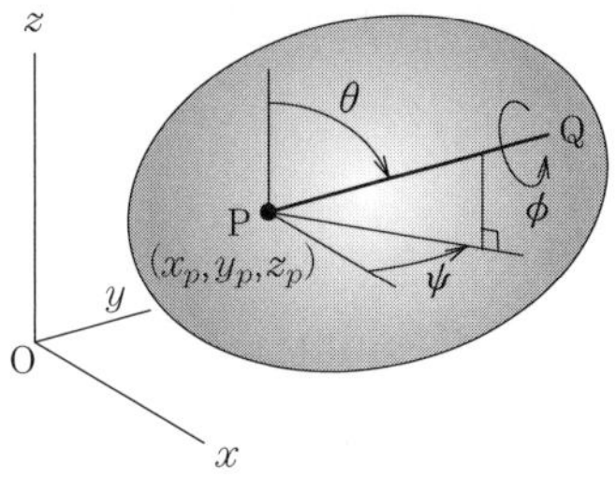

図 12.1 剛体の自由度

12.1.2 運 動 方 程 式

剛体の自由度は一般に 6 であるから，剛体の運動を定めるために必要な方程式の数も一般に 6 である。この方程式をどのように求めるか。じつは，基礎となる方程式はすでに用意されている。10 章で質点系の運動を定める方程式を導いた。質点系の剛体は質点系の特別なものであるから，10 章の各方程式が利用できるのである。この方程式を復習しながら，必要な数の方程式が用意されていることを確認しよう。

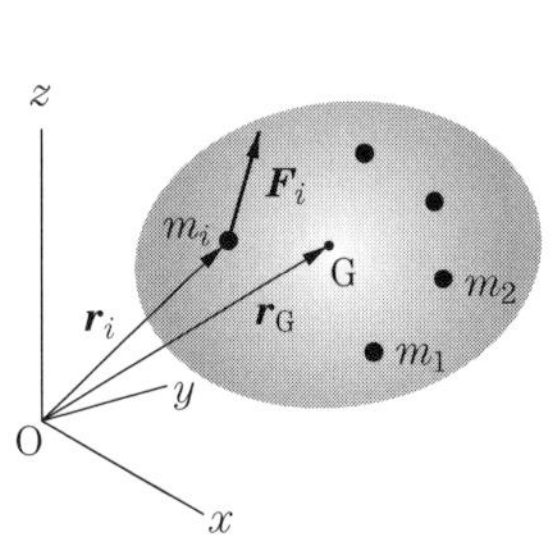

図 12.2 質点系の剛体

図 12.2 に示すように，質量 m_1，m_2，…の質点 1，2，…からなる質点系の剛体があるとする。質点 i に働く外力を $\boldsymbol{F}_i$ とする。空間内の適当な点 O を原点として直角座標系 O-xyz を定める。質点 i の位置を，点 O を始点とする位置ベクトル $\boldsymbol{r}_i$ で表す。

重心 $\boldsymbol{r}_G$ は 3 章のようにして求めることができ，

剛体上の決まった点となる。この重心 $\boldsymbol{r}_G$ の運動に関して

$$M\frac{d^2\boldsymbol{r}_G}{dt^2}=\boldsymbol{F} \tag{12.1}$$

が成り立つ。ここで M は全質量

$$M=\sum_i m_i \tag{12.2}$$

を表し，$\boldsymbol{F}$ は外力の合力

$$\boldsymbol{F}=\sum_i \boldsymbol{F}_i \tag{12.3}$$

を表す。一般の 3 次元空間の運動の場合に，式(12.1)を成分で表すと 3 個の方程式になる。これによって，剛体の運動を定める 3 個の方程式を得る。

つぎに剛体の点 O まわりの角運動量に関して

$$\frac{d\boldsymbol{L}}{dt}=\boldsymbol{N} \tag{12.4}$$

が成り立つ。この式の左辺の $\boldsymbol{L}$ は，点 O まわりの全角運動量を表し

$$\boldsymbol{L}=\sum_i\left(\boldsymbol{r}_i\times m_i\frac{d\boldsymbol{r}_i}{dt}\right) \tag{12.5}$$

である。右辺の $\boldsymbol{N}$ は，点 O のまわりの外力の合モーメントを表し

$$\boldsymbol{N}=\sum_i(\boldsymbol{r}_i\times\boldsymbol{F}_i) \tag{12.6}$$

である。一般の 3 次元空間の運動の場合，式(12.4)を成分で表すと 3 個の方程式となる。これによって，剛体の運動を定めるための，前述の式とは別の 3 個の方程式を得る。

問題によっては，点 O まわりの角運動量の式の代わりに，重心 G まわりの角運動量の式が用いられる。この式は

$$\frac{d\boldsymbol{L}_G}{dt}=\boldsymbol{N}_G \tag{12.7}$$

である。ここで左辺の $\boldsymbol{L}_G$ は重心 G まわりの全角運動量を表し，重心を始点とする質点 i の位置ベクトル $\boldsymbol{r}_i'$ を用いて

$$\boldsymbol{L}_G=\sum_i\left(\boldsymbol{r}_i'\times m_i\frac{d\boldsymbol{r}_i'}{dt}\right) \tag{12.8}$$

である。また右辺の $\boldsymbol{N}_G$ は，重心 G まわりの外力の合モーメントを表し

$$\boldsymbol{N}_G = \sum_i (\boldsymbol{r}_i' \times \boldsymbol{F}_i) \tag{12.9}$$

である。式(12.7)を成分で表せば，これも3個の方程式である。

以上のようにして，剛体の運動を定める方程式として，式(12.1)と式(12.4)，あるいは式(12.1)と式(12.7)を合わせた6個の方程式が得られたことになる。3次元空間内を自由に運動する剛体の運動の問題では，これらの方程式をすべて用いる。

実際の剛体の問題では，例えば固定された軸まわりに回転運動するというように，運動に制限がある場合が多い。この場合，剛体の自由度は減少し，6個の方程式のうちで意味のある方程式の数もそれに応じて減少する。本書では，固定軸まわりに回転運動する剛体と，平面運動する剛体の問題を扱う。もっと一般的な運動をする剛体については，巻末の参考文献を参照いただきたい。

12.2　固定軸を持つ剛体

まずこの節では，固定された軸まわりに回転運動する剛体を考える。固定軸まわりに回転する剛体の運動の場合，剛体の位置は，軸まわりの回転角という1個の変数で定められる。したがって運動を定める方程式も1個となる。この目的に適合する式は，式(12.4)の軸方向の成分の式である。応用に際しては，この式を書き直して用いる。以下にこれを示す。

対象とする剛体は，質量 m_1，m_2，…の質点1，2，…からなり，これに外力 $\boldsymbol{F}_i$ が作用しているものとする。この剛体に対して，**図12.3**に示すように，固定軸上の1点を原点Oとし，z 軸が固定軸に一致するように直角座標系O-xyz を定める。剛体を構成する質点 i の座標を $(x_i,\ y_i,\ z_i)$ とする。この剛体の運動を定める方程式は，式(12.4)の z 軸方向の成分の式

$$\frac{dL}{dt} = N \tag{12.10}$$

である。ここで L は

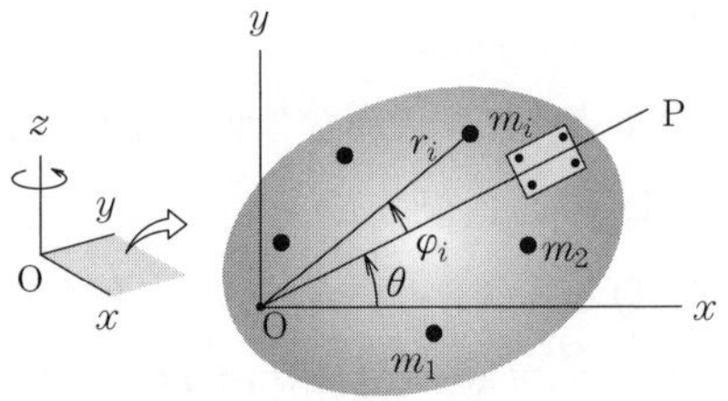

図 12.3　固定軸を持つ剛体

$$L=\sum_i\left(x_i\cdot m_i\frac{dy_i}{dt}-y_i\cdot m_i\frac{dx_i}{dt}\right) \tag{12.11}$$

で与えられる。また N は，$\boldsymbol{F}_i$ の x，y 軸方向の成分 F_{ix}，F_{iy} を用いて

$$N=\sum_i(x_iF_{iy}-y_iF_{ix}) \tag{12.12}$$

で与えられる。

式(12.10)を書き直すため，図 12.3 に示すように，直線 OP を剛体上に固定し，運動を表す変数として，この直線の x 軸からの回転角 θ を用いる。

式(12.10)の左辺の角運動量 L を書き直す。このため質点 i の z 軸からの距離を r_i，直線 OP からの角位置を φ_i とすると，質点 i の座標 $(x_i,\ y_i)$ は

$$x_i=r_i\cos(\theta+\varphi_i),\quad y_i=r_i\sin(\theta+\varphi_i) \tag{12.13}$$

である。φ_i は定数であることに注意して式(12.13)を微分すると

$$\frac{dx_i}{dt}=-r_i\sin(\theta+\varphi_i)\frac{d\theta}{dt},\quad \frac{dy_i}{dt}=r_i\cos(\theta+\varphi_i)\frac{d\theta}{dt} \tag{12.14}$$

を得る。この式と式(12.13)を式(12.11)に代入すると，L は

$$L=\left(\sum_i m_ir_i^2\right)\frac{d\theta}{dt} \tag{12.15}$$

となる。この式に表れる

$$I=\sum_i m_ir_i^2 \tag{12.16}$$

は，前章で定義した，固定軸まわりの慣性モーメントである。これを用いると角運動量 L は

$$L=I\frac{d\theta}{dt} \tag{12.17}$$

となる。この式を式(12.10)に代入すると

$$I\frac{d^2\theta}{dt^2}=N \tag{12.18}$$

を得る。これが求める運動方程式である。

連続体の剛体の運動は，慣性モーメント I を，11 章で導いた連続体の場合の慣性モーメントに置き換えて，式(12.18)を用いて定められる。

【例題 12.1】 **図 12.4** に示すように，半径 a，慣性モーメント I の滑車に軽いひもを巻きつけ，一方の端に質量 m の質点をつり下げる。点 O の高さで質点を支え，初速度を与えないで自由にしたとき，質点の運動はどのようになるか。

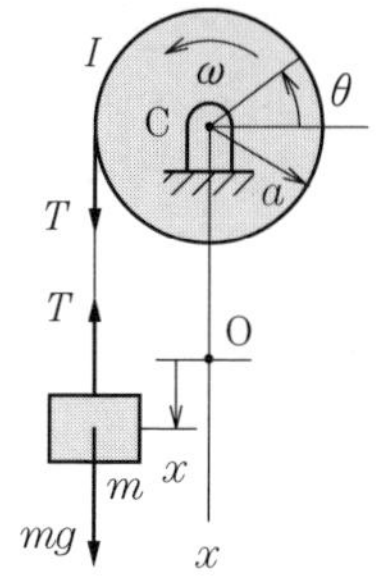

図 12.4　固定軸を持つ剛体

解答　図 12.4 に示すように，鉛直下方を x 軸の正方向とする座標系 O-x を定め，質点の位置を x，滑車の回転角を θ とする。質点と滑車の間の未知の張力を T とする。

質点と滑車のそれぞれの運動方程式を考える。質点に働く力は重力 mg と張力 T であるから，質点の運動方程式は

$$m\frac{d^2x}{dt^2}=mg-T \tag{1}$$

である。滑車は軸 C まわりに回転し，滑車に働く力のモーメントは Ta である。したがって滑車の運動方程式は，式(12.18)によって

$$I\frac{d^2\theta}{dt^2}=Ta \tag{2}$$

となる。質点の移動量と繰り出されるひもの長さは等しいので，変数 x，θ の間で

$$x=a\theta \tag{3}$$

の関係が成り立つ。初期条件は，変数 x で表せば

$$t=0 \text{ において } x=0,\quad \frac{dx}{dt}=0 \tag{4}$$

である。式(3)を用いれば，この条件を変数 θ で表すこともできる。以上の各式で運動が定められる。

式(3)を式(2)に代入すると

$$I\frac{d^2x}{dt^2}=Ta^2 \tag{5}$$

を得る。この式と式(1)を連立させると，d^2x/dt^2 と T を求めることができる。まず張力 T を消去すると

$$(I+ma^2)\frac{d^2x}{dt^2}=mga^2 \tag{6}$$

を得る。この式の解 x を，式(4)の初期条件を用いて求めると

$$x=\frac{1}{2}\frac{mga^2}{I+ma^2}t^2 \tag{7}$$

となる。この結果を式(3)に代入すると θ が求められる。また式(1)から張力 T は

$$T=\frac{mga^2}{I+ma^2} \tag{8}$$

となる。

得られた式について検討を加える。滑車が軽くて $I=0$ のとき，式(6)は $d^2x/dt^2=g$ となり，質点を落下させたときの運動方程式と一致している。$I\neq 0$ のとき，滑車を回転させるために力が必要で，式(6)はその分だけ質点が加速されにくくなっていることを示している。

【例題 12.2】 **図 12.5** に示すように，大きさのある物体を軸まわりに回転できるようにして作った振り子を**実体振り子**(physical pendulum）という。実体振り子は，鉛直下方を平衡位置として自由振動する。質量 M，回転軸の中心 O まわりの慣性モーメント I，中心 O から重心 G までの長さ h の実体振り子を，平衡位置から角 θ_0 だけ傾けて静かに自由にしたときの自由振動を求めよ。

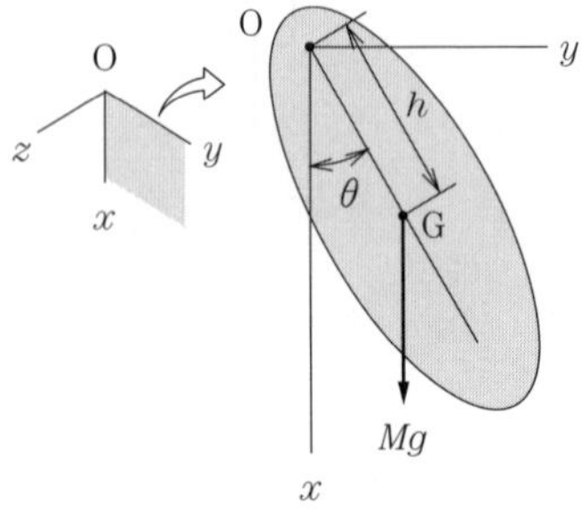

図 12.5　実体振り子

解答　図 12.5 に示すように，鉛直下方を x 軸の正方向とする直角座標系 O-xy を定める。振り子の位置を x 軸からの傾き角 θ を用いて表す。

重心 G に重力 Mg が働く。この力による中心 O まわりのモーメント N は

$$N=-Mgh\sin\theta \tag{1}$$

である。したがって式(12.18)によって，運動方程式は

$$I\frac{d^2\theta}{dt^2}=-Mgh\sin\theta \tag{2}$$

となる。初期条件は

$$t=0 \text{ において } \theta=\theta_0,\quad \frac{d\theta}{dt}=0 \tag{3}$$

である。

式(2)はこのままでは解くのが難しい。そこで角 θ が小さいときの振動を求めることにし，角 θ が小さいときに成り立つ近似 $\sin\theta \fallingdotseq \theta$ を用いる（⇒ 数学入門 A2）。この結果，式(2)は

$$I\frac{d^2\theta}{dt^2}+Mgh\theta=0 \tag{4}$$

となる。この式は，7 章で扱った質点の自由振動の式と同じであり，一般解は

$$\theta=a\cos\omega_n t+b\sin\omega_n t \tag{5}$$

である。ここで ω_n は固有角振動数を表し

$$\omega_n=\sqrt{\frac{Mgh}{I}} \tag{6}$$

である。また a，b は任意定数である。式(3)の初期条件を用いてこれを定めると，自由振動の解として

$$\theta=\theta_0\cos\omega_n t \tag{7}$$

を得る。

12.3　平面運動する剛体

一つの平面に平行な運動を**平面運動**（plane motion）という。この節では，平面運動する剛体の運動を考える。この場合の剛体の位置を表すのに便利な変数は，重心の位置と重心まわりの回転角である。ここでこの変数を用いて剛体の運動を考える。

対象とする剛体は，質量 m_1，m_2，…の質点 1，2，…からなり，質点 i に外力 $\boldsymbol{F}_i$ が作用しているものとする。この剛体に対して，**図 12.6** に示すように，

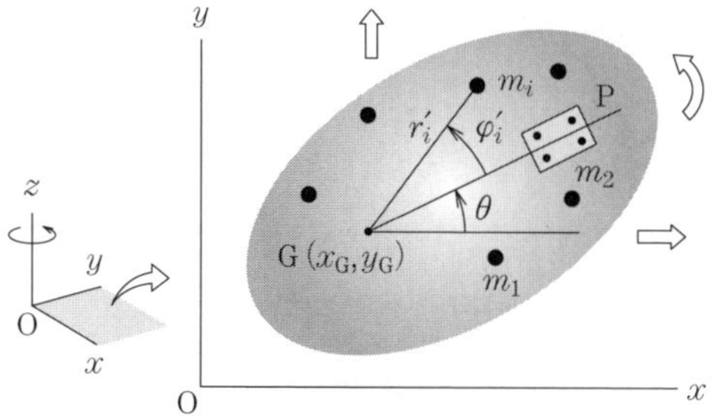

図 12.6　平面運動する剛体

運動の平面内に直角座標系 O-xy を定める。この平面内で，重心 G の座標を (x_G, y_G)，重心を通って剛体上に固定した直線 GP の傾き角を θ とする。自由度は 3 であるので，3 個の方程式が必要になる。

まず 2 個の方程式として，重心に関する式(12.1)の x，y 軸方向の成分の式

$$M\frac{d^2x_G}{dt^2}=\sum_i F_{ix},\quad M\frac{d^2y_G}{dt^2}=\sum_i F_{iy} \tag{12.19}$$

を用いる。ここで M は全質量，F_{ix}，F_{iy} は外力 $\boldsymbol{F}_i$ の x，y 軸方向の成分である。上式は，このまま運動を定める式として用いる。

つぎに残りの 1 個の方程式として，重心まわりの全角運動量の式(12.7)の z 軸方向の成分の式

$$\frac{dL_G}{dt}=\sum_i N_G \tag{12.20}$$

を用いる。ここで L_G は，重心を原点とする質点 i の座標 (x_i', y_i') を用いて

$$L_G=\sum_i\left(x_i'\cdot m_i\frac{dy_i'}{dt}-y_i'\cdot m_i\frac{dx_i'}{dt}\right) \tag{12.21}$$

で与えられる。また N_G は

$$N_G=\sum_i(x_i'F_{iy}-y_i'F_{ix}) \tag{12.22}$$

で与えられる。式(12.20)は，前節と同じようにして，角 θ を用いて

$$I_G\frac{d^2\theta}{dt^2}=N_G \tag{12.23}$$

と書き直すことができる。ここで I_G は，重心 G まわりの慣性モーメントである。

連続体の剛体の運動は，M を剛体の質量とした式(12.19)と，I_G を剛体の重心 G まわりの慣性モーメントとした式(12.23)によって定められる。

【例題 12.3】　**図 12.7** に示すように，質量 M，半径 a の円板が，水平面と角 α をなす斜面上を滑らずに転がっている。円板は一様で，したがって重心 G は円板の中心にある。この円板の運動を調べよ。

解答　図 12.7 に示すように，斜面が x 軸となるよう座標系 O-xy を定める。円板に作用する力は，重心 G に働く重力 Mg と，接触点における未知の反力 R_x，R_y で

ある。重心の位置を(x_G, y_G)とし，円板の回転角を，図に示す時計方向を正としてθとする。重心に関する運動方程式は

$$M\frac{d^2x_G}{dt^2}=Mg\sin\alpha-R_x$$
$$M\frac{d^2y_G}{dt^2}=-Mg\cos\alpha+R_y \tag{1}$$

となる。また重心まわりの回転に関する運動方程式は

$$I_G\frac{d^2\theta}{dt^2}=aR_x \tag{2}$$

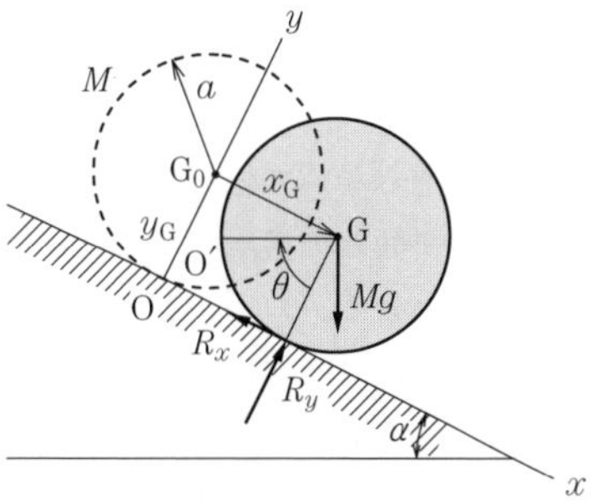

図 12.7 転がり運動する円板

となる。ここでI_Gは，重心Gまわりの円板の慣性モーメントで，$I_G=(1/2)Ma^2$である。円板は滑らずに転がるので

$$x_G=a\theta \tag{3}$$

が成り立つ。以上の各式で運動が定められる。

円板はy軸方向に移動しないので，$y_G=$ 一定を式(1)の第2式に代入すると

$$R_y=Mg\cos\alpha \tag{4}$$

を得る。これで未知の力R_yが求められた。

式(3)を式(2)に代入すると

$$I_G\frac{d^2x_G}{dt^2}=a^2R_x \tag{5}$$

を得る。この式と式(1)の第1式を連立させると，d^2x_G/dt^2とR_xを定めることができる。

まずR_xを消去すると，重心Gの運動方程式

$$\frac{d^2x_G}{dt^2}=\frac{2}{3}g\sin\alpha \tag{6}$$

を得る。この式は，重心Gがx軸方向に一定の加速度で運動することを示しており，初期条件が与えられれば，この式からx_Gを一意に定めることができる。

式(6)の意味をもう少し検討する。もし摩擦力がなく，したがって円板が回転しないで滑り落ちるとすれば，問題の円板は斜面を滑り降りる質点となり，重心の運動方程式は

$$\frac{d^2x_G}{dt^2}=g\sin\alpha \tag{7}$$

である。この式を式(6)と比べると，この問題では，円板が転がることによって，加速度が2/3倍になっていることがわかる。

もとの問題に戻って，式(6)を式(1)の第1式に代入すると，力R_xが

$$R_x = \frac{1}{3} Mg \sin\alpha \tag{8}$$

と求められる。

円板が滑らないで転がるための条件を検討しておく。この問題では，円板は運動とともに斜面との接触点を次々に変えていくが，円板と斜面の接触点どうしの間で滑りはないので，力 R_x は静止摩擦力である。円板と斜面の間の静止摩擦係数を μ_s とすると，式(4)の力 R_y を用いて，斜面の最大の摩擦力 f_s は

$$f_s = \mu_s Mg \cos\alpha \tag{9}$$

である。したがって接触点で滑らないで転がるために，式(8)の R_x は

$$\frac{1}{3} Mg \sin\alpha \leqq \mu_s Mg \cos\alpha \tag{10}$$

を満たさなければならない。この式を満たすため，静止摩擦係数 μ_s は

$$\mu_s \geqq \frac{1}{3} \tan\alpha \tag{11}$$

でなければならない。この式から，円板が滑らないためには，静止摩擦係数が適度に大きいか，斜面の傾きが適度に小さくなければならないことがわかる。

【例題 12.4】　図 12.8 に示すように，半径 a，質量 M の半円板の剛体が水平面上に置かれ，この上を滑らず転がって運動する。図の破線に示すように，重心 G_0，中心 C_0 が接触点 O の鉛直上方になる位置が剛体の平衡位置である。この剛体を平衡位置からずらして自由にしたときの自由振動を調べよ。

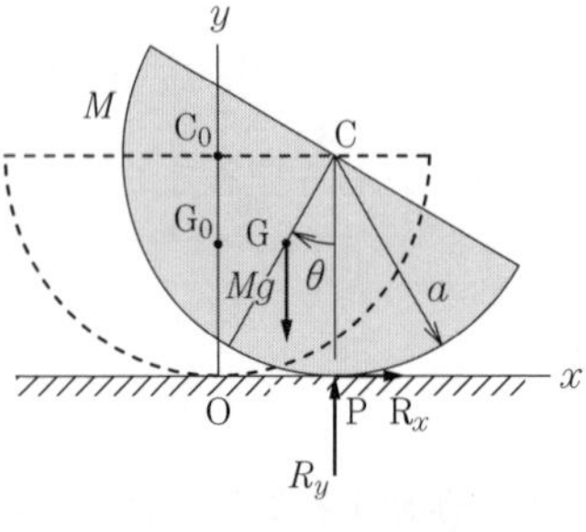

図 12.8　振動する半円板

解答　重心 G の位置を，3 章で示したようにして求めると，半円の中心 C から $\overline{C_0G_0} = \overline{CG} = (4/3\pi)a$ となる。以下 $e = 4/3\pi$ とおく。また重心 G まわりの慣性モーメント I_G を求めると，中心 C まわりの慣性モーメント $I_C = (1/2)Ma^2$ と平行軸の定理を用いて $I_G = (1/2 - e^2)Ma^2$ となる。

以上の準備をして，運動の検討に移る。図 12.8 に示すように，鉛直上方が y 軸となるよう直角座標系 O-xy を定める。円板の重心の位置を $(x_G,\ y_G)$ とし，平衡位置からの円板の傾き角を，図に示す時計方向を正として θ とする。接触点 P において水平面から受ける未知の反力を R_x，R_y とする。

重心 G に関する運動方程式は

$$M\frac{d^2x_G}{dt^2}=R_x,\quad M\frac{d^2y_G}{dt^2}=R_y-Mg \tag{1}$$

である。また重心Gまわりの回転運動に関する運動方程式は

$$I_G\frac{d^2\theta}{dt^2}=-R_xy_G-R_y(a\theta-x_G) \tag{2}$$

である。滑らずに転がるので

$$\overline{\mathrm{OP}}=\overline{\mathrm{C_0C}}=a\theta \tag{3}$$

が成り立つ。以上の各式で運動が定められる。

以下傾き角 θ は小さいとする。このとき式(3)と $\overline{\mathrm{CG}}=ea$ を用いると，重心の座標は

$$\begin{aligned} x_G&=a\theta-ea\sin\theta\fallingdotseq a(1-e)\theta \\ y_G&=a-ea\cos\theta\fallingdotseq a(1-e) \end{aligned} \tag{4}$$

となる。これを式(1)に代入すると

$$R_x=Ma(1-e)\frac{d^2\theta}{dt^2},\quad R_y=Mg \tag{5}$$

となり，反力 R_x，R_y が θ で与えられた。これを式(2)に代入すると

$$I_G\frac{d^2\theta}{dt^2}=-Ma^2(1-e)^2\frac{d^2\theta}{dt^2}-Mgea\theta \tag{6}$$

を得る。慣性モーメント I_G の式を用いると，この式から

$$\left(\frac{3}{2}-2e\right)a\frac{d^2\theta}{dt^2}+ge\theta=0 \tag{7}$$

を得る。

式(7)は7章の質点の自由振動の式と同じであるので，その結果を利用すると，自由振動を表す一般解は

$$\theta=a\cos\omega_nt+b\sin\omega_nt \tag{8}$$

となる。ここで ω_n は固有角振動数を表し

$$\omega_n=\sqrt{\frac{ge}{(3/2-2e)a}}=\sqrt{\frac{8g}{(9\pi-16)a}} \tag{9}$$

である。また a，b は任意定数で，初期条件によって定められる。

◇演　習　問　題◇

12.1　**図12.9**に示すように，半径 a，慣性モーメント I の円板が，はじめ角速度 ω_0 で回転していた。この円板を摩擦を使用して減速するため，周上で中心Oの方向に大きさ F の力で物体を押しつけた。円板と物体の間の動摩擦係数を μ_k として，t

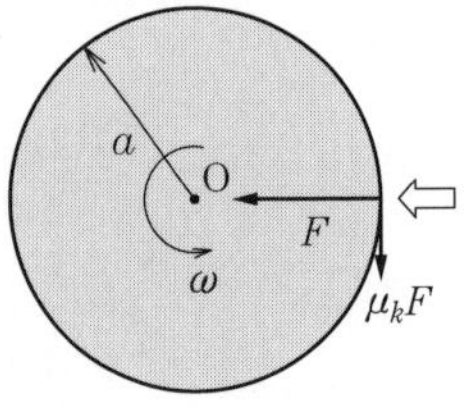

図 12.9　固定軸を持つ剛体

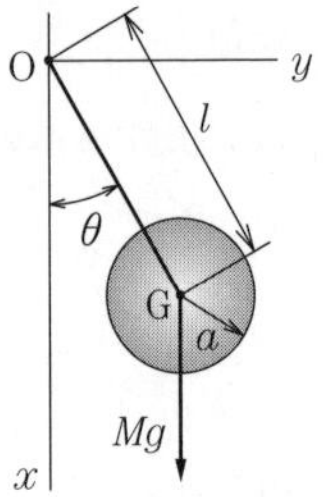

図 12.10　実体振り子

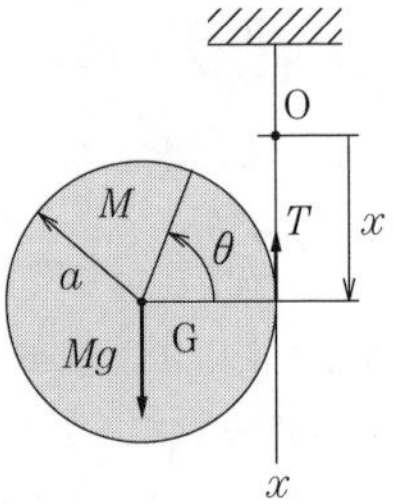

図 12.11　ひもで支えた円板

秒後の角速度 ω を求めよ。

12.2　**図 12.10** に示すように，半径 a，質量 M の球を，長さ l の軽い棒でつないでできた実体振り子の運動方程式を導き，単振り子の運動方程式と比較せよ。

12.3　**図 12.11** に示すように，質量 M，半径 a の一様な円板にひもを巻きつけ，ひもの先端を支えて静かに落下させた。円板の運動を求めよ。

12.4*　質量 M，長さ l の一様な棒からなる，**図 12.12** のような振り子がある。ここで O は棒の端の点，G は棒の重心である。この振り子を角 θ_0 だけ傾けて静かに自由にしたときの自由振動を求めよ。

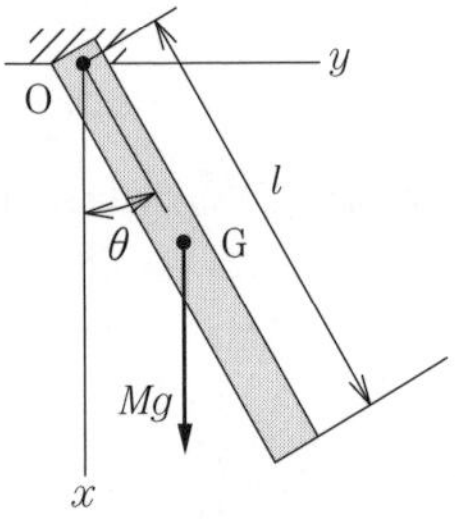

図 12.12　棒からなる振り子

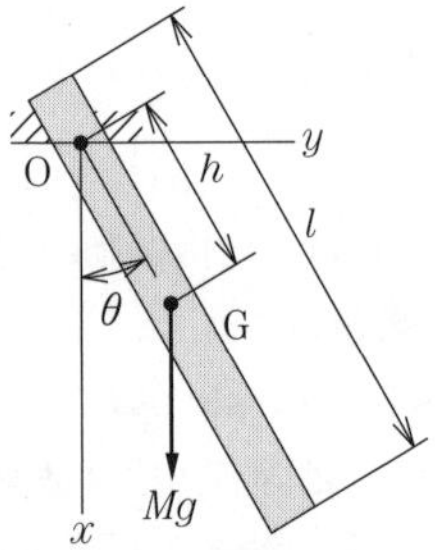

図 12.13　棒からなる振り子

12.5*　**図 12.13** のような質量 M，長さ l の一様な棒がある。この棒を，重心 G から距離 h だけ離れた点 O で自由に回転できるように支えて振り子とする。振り子の回転角は小さいとして，この振り子の固有角振動数 ω_n を求めよ。またこの場合に，固有角振動数 ω_n が最大となる距離 h を求めよ。

補章　数学入門

A1　ベクトル入門

力学の問題を扱うとき，ベクトルは強力な道具となる。ここでベクトルについて基本事項をまとめておく。

A1.1　ベ　ク　ト　ル

質量，温度，エネルギーのように，大きさのみで定められる量を**スカラー** (scalar) という。これに対して，力や速度のように，大きさと方向で定められる量を**ベクトル** (vector) という。

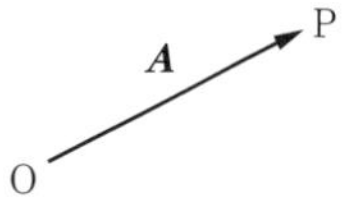

図 A1.1　ベクトル

ベクトルを図示するのに矢印を用いることができる。矢印の大きさと方向によって，ベクトルの大きさと方向をそれぞれ表すことができるからである。**図 A1.1** の矢印は，始点 O から終点 P に向かうベクトルを示し，これを太字で $\boldsymbol{A}$ のように，あるいは始点と終点を用いて $\overrightarrow{\mathrm{OP}}$ のように表す。ベクトルの大きさは，例えばベクトル $\boldsymbol{A}$ に対して，細字の A あるいは絶対値の記号を用いて $|\boldsymbol{A}|$ のように表すのが慣例である。本書でもベクトルの大きさをこの慣例に従って表している。

ベクトルでは，ふつう始点は意味を持たない。例えば速度を表すベクトルの始点が意味を持たないのは明らかである。このため，大きさと方向が等しいベクトルを等しいと考える。しかし表す量によっては，ベクトルの始点が意味を持つことがある。例えば位置を表すベクトルは，始点から見た距離と方向を表すので，始点が意味を持つ。ベクトルを扱うとき，この点に注意しよう。

ベクトルのスカラー倍を定義する。$\boldsymbol{A}$ をベクトル，k をスカラーとする。$k \neq 0$ としてベクトル $\boldsymbol{A}$ を k 倍した $k\boldsymbol{A}$ とは，**図 A1.2** に示すように，大きさが $|k|\,|\boldsymbol{A}|$ で，

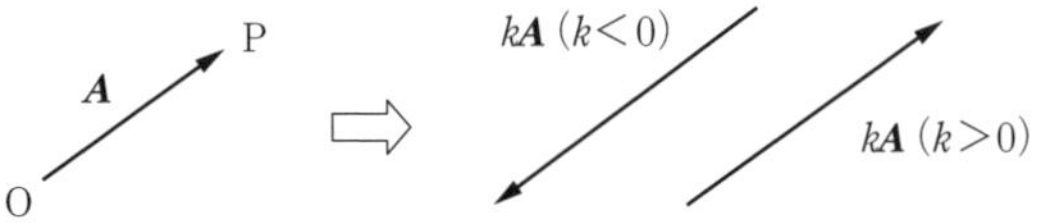

図 A1.2　ベクトルのスカラー倍

方向が $k>0$ のとき $\boldsymbol{A}$ と同じ，$k<0$ のとき $\boldsymbol{A}$ と逆のベクトルを意味する。特に $k=0$ のとき，$k\boldsymbol{A}$ はゼロベクトル $\boldsymbol{0}$ となり，方向は意味を持たない。

A1.2　ベクトルの合成と分解

ベクトルの最も基本的な演算として合成と分解がある。ここで合成と分解の演算を考えよう。

A1.2.1　ベクトルの合成

二つのベクトルが与えられたとき，それを2辺とする平行四辺形の対角線で表される新しいベクトルを作ることを**合成**（combining）するといい，得られたベクトルを**ベクトルの和**（sum）あるいは**合成ベクトル**（resultant vector）という。**図 A1.3** は，二つのベクトル $\boldsymbol{A}$，$\boldsymbol{B}$ を合成して得た和 $\boldsymbol{C}$ を示している。これを記号で

$$\boldsymbol{C}=\boldsymbol{A}+\boldsymbol{B} \tag{A1.1}$$

と書く。ベクトル $\boldsymbol{A}$，$\boldsymbol{B}$ の和は，この図の(a)のように，定義のとおりに平行四辺形の対角線として求めてもいいし，(b)のように，まずベクトル $\boldsymbol{A}$ を描き，その終点を始点としてベクトル $\boldsymbol{B}$ を描いて求めてもよい。$\boldsymbol{A}$ と $\boldsymbol{B}$ の**ベクトルの差**（subtraction）は，ベクトル $\boldsymbol{A}$ と，ベクトル $\boldsymbol{B}$ を逆方向にしたものとの和を意味する。

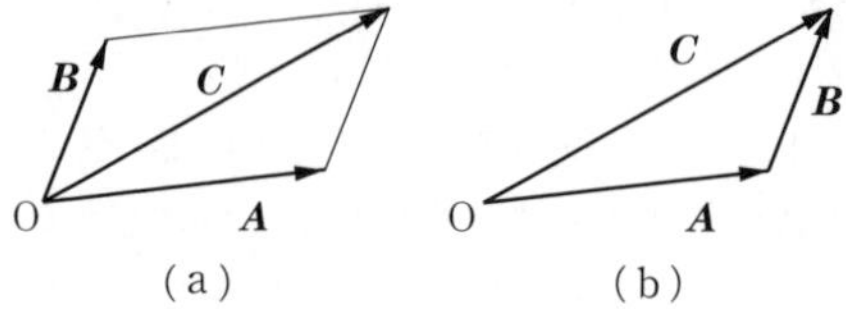

図 A1.3　ベクトルの合成

【例題 A1.1】　**図 A1.4**(a)，(b)に与えられるベクトル $\boldsymbol{A}$，$\boldsymbol{B}$ を合成して和 $\boldsymbol{C}$ を求めよ。

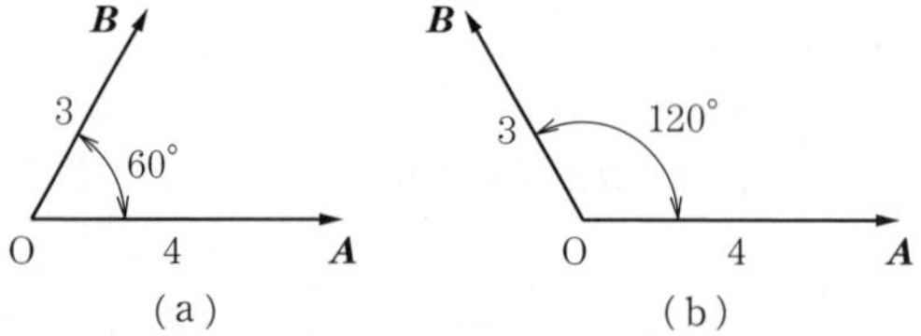

図 A1.4　ベクトルの合成

解答　与えられたベクトル $\boldsymbol{A}$，$\boldsymbol{B}$ を2辺とする平行四辺形を作ると，**図 A1.5**(a)，(b)のようになる。その対角線が和 $\boldsymbol{C}$ である。対角線の長さと角度を図から読みとると，ベクトル $\boldsymbol{C}$ の大きさ C と，ベクトル $\boldsymbol{A}$ からの角度 θ は

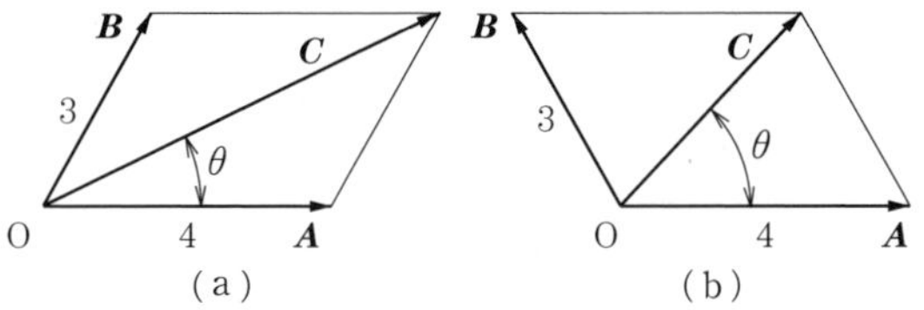

図 A1.5　ベクトルの合成

（a）　$C=6.08$,　$\theta=25.3°$

（b）　$C=3.61$,　$\theta=46.1°$

となる。

A1.2.2　ベクトルの分解

合成とは逆に，与えられたベクトルを，いくつかのベクトルの和で表すことを**分解**（resolution）するといい，得られたベクトルを**成分ベクトル**（component vector）という。ベクトルを分解するには，まず分解したい方向を指定し，その方向を2辺とする平行四辺形を作る。**図 A1.6** に，ベクトル $\boldsymbol{C}$ をベクトル $\boldsymbol{A}$, $\boldsymbol{B}$ に分解した例を示す。図の(a)，(b)は，分解の方向 p, q を変えた場合の結果である。図からわかるように，(a)，(b)で分解の結果は異なっている。一般にベクトルの合成の結果は一意的であるが，分解の結果は，分解の方向に依存するため一意的でない。

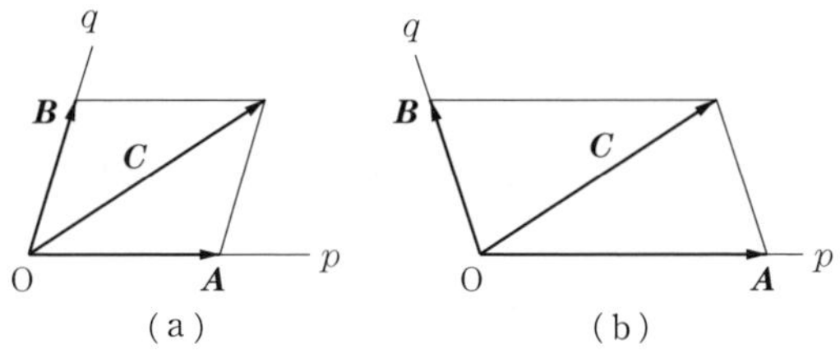

図 A1.6　ベクトルの分解

【例題 A1.2】　**図 A1.7** に与えられたベクトル $\boldsymbol{C}$ を，直角をなす2方向 p, q および120°をなす2方向 p', q' に分解せよ。

解答　与えられたベクトル $\boldsymbol{C}$ を対角線とし，2方向 p, q および p', q' に2辺を持つ平行四辺形を作成すると，成分ベクトル $\boldsymbol{A}$, $\boldsymbol{B}$ は**図 A1.8** に示すようになる。この図を用いて長さを読みとると，$\boldsymbol{A}$, $\boldsymbol{B}$ の大きさとして図に示す結果を得る。

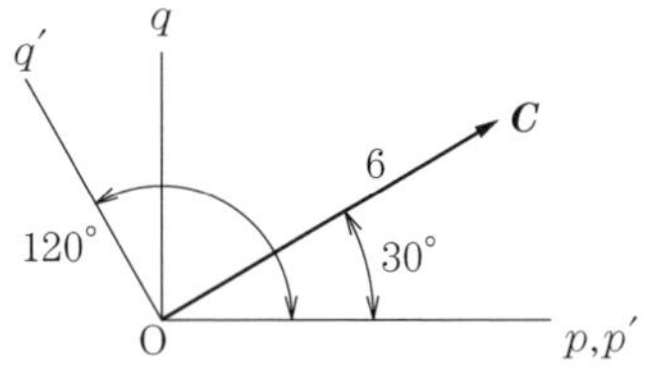

図 A1.7　ベクトルの分解

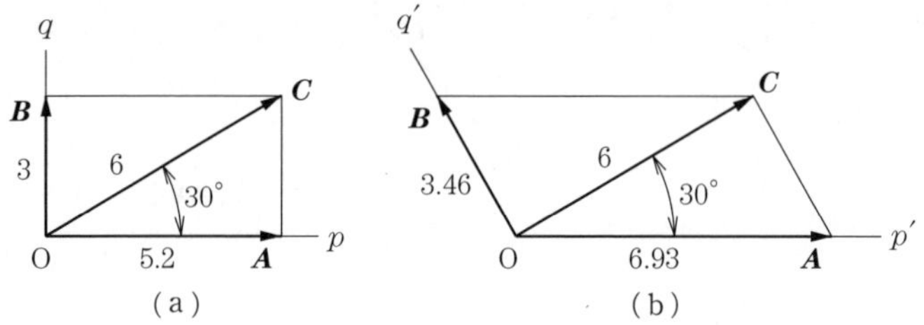

図 A1.8　ベクトルの分解

A1.3　ベクトルの成分表示

ベクトルに対する合成や分解あるいはのちに述べる演算を，図を用いて行うのはわかりやすいが，実際の問題解決に際しては不便なことが多い。このため実際の問題では，ベクトルを数量的に表し，演算を数量的に行う。ここでベクトルを数量的に表す方法を考えよう。

A1.3.1　ベクトルの成分表示

ベクトル $\boldsymbol{A}$ が与えられたとする。ベクトルを測る基準として座標系を導入する。座標系は，場合に応じて都合のいいものを用いることができる。ここでは，**図 A1.9** に示す，点Oを原点とする直角座標系 O-xyz を導入することにする。ベクトル $\boldsymbol{A}$ の始点を適当に定める。ここでは原点Oを始点とする。図に示すように，ベクトル $\boldsymbol{A}$ を x，y，z 軸方向の成分ベクトルに分解して

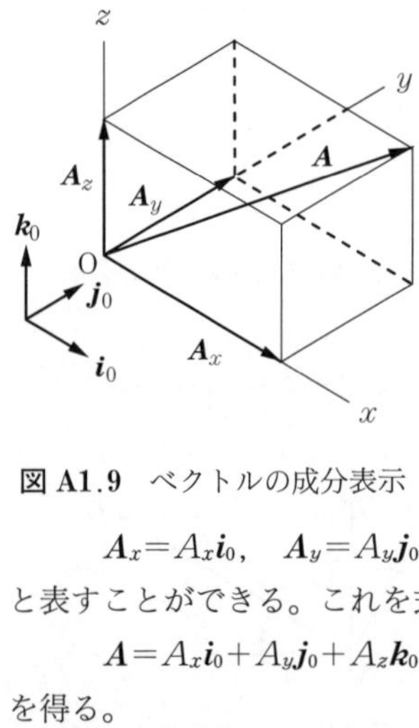

図 A1.9　ベクトルの成分表示

$$\boldsymbol{A}=\boldsymbol{A}_x+\boldsymbol{A}_y+\boldsymbol{A}_z \qquad \text{(A1.2)}$$

とする。つぎに x，y，z 軸の正方向を向いた単位ベクトル $\boldsymbol{i}_0$，$\boldsymbol{j}_0$，$\boldsymbol{k}_0$ を導入する。成分ベクトル $\boldsymbol{A}_x$，$\boldsymbol{A}_y$，$\boldsymbol{A}_z$ の大きさを A_x，A_y，A_z とすると，$\boldsymbol{A}_x$，$\boldsymbol{A}_y$，$\boldsymbol{A}_z$ は単位ベクトル $\boldsymbol{i}_0$，$\boldsymbol{j}_0$，$\boldsymbol{k}_0$ を用いて

$$\boldsymbol{A}_x=A_x\boldsymbol{i}_0, \quad \boldsymbol{A}_y=A_y\boldsymbol{j}_0, \quad \boldsymbol{A}_z=A_z\boldsymbol{k}_0 \qquad \text{(A1.3)}$$

と表すことができる。これを式(A1.2)に代入すると

$$\boldsymbol{A}=A_x\boldsymbol{i}_0+A_y\boldsymbol{j}_0+A_z\boldsymbol{k}_0 \qquad \text{(A1.4)}$$

を得る。

一般に式(A1.4)のように，座標系の軸方向の大きさを用いてベクトルを表す方法

をベクトルの**成分表示**（component representation）といい，成分ベクトルの大きさを**成分**（component）という。上のベクトル $\boldsymbol{A}$ の場合，式(A1.4)が成分表示で，A_x，A_y，A_z が x，y，z 軸方向の成分である。

【例題 A1.3】 図 A1.10 のベクトル $\boldsymbol{A}$ を，数値を読みとって成分表示せよ。

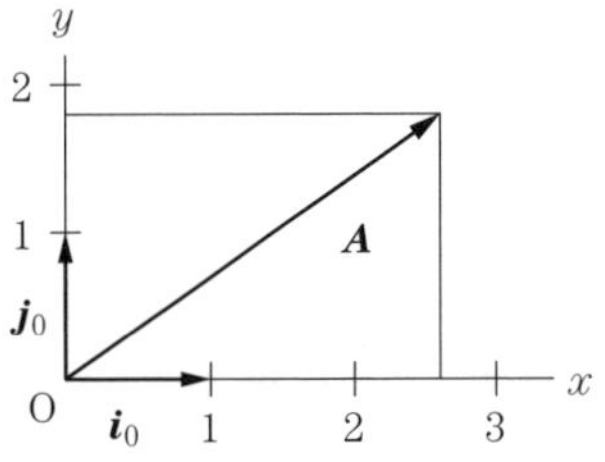

図 A1.10 ベクトルの成分表示

解答 x，y 軸方向の成分 A_x，A_y を図から読みとると

$$A_x=2.6,\quad A_y=1.8$$

となる。z 軸の成分は 0 である。したがってベクトル $\boldsymbol{A}$ の成分表示は

$$\boldsymbol{A}=2.6\boldsymbol{i}_0+1.8\boldsymbol{j}_0$$

となる。

上とは逆に，成分表示のベクトルから，その大きさや方向を定めることを考える。式(A1.4)のベクトル $\boldsymbol{A}$ が与えられたとする。図 A1.9 に示されるように，ベクトル $\boldsymbol{A}$ の大きさ A は，A_x，A_y，A_z で定められる直方体の対角線で与えられる。したがってピタゴラスの定理によって，大きさ A は

$$A=\sqrt{A_x{}^2+A_y{}^2+A_z{}^2} \qquad \text{(A1.5)}$$

である。またベクトル $\boldsymbol{A}$ の方向を，ベクトルが x，y，z 軸となす角 θ_x，θ_y，θ_z で表すことにすると，これらは

$$\cos\theta_x=\frac{A_x}{A},\quad \cos\theta_y=\frac{A_y}{A},\quad \cos\theta_z=\frac{A_z}{A} \qquad \text{(A1.6)}$$

を満たす値として求められる。

A1.3.2 成分表示によるベクトルの和

ベクトルの和を，ベクトルの成分表示を用いて求める。ベクトル $\boldsymbol{A}$，$\boldsymbol{B}$ の和 $\boldsymbol{C}=\boldsymbol{A}+\boldsymbol{B}$ を求めたいとする。まずベクトル $\boldsymbol{A}$，$\boldsymbol{B}$ を成分表示し，それが

$$\begin{aligned}\boldsymbol{A}&=A_x\boldsymbol{i}_0+A_y\boldsymbol{j}_0+A_z\boldsymbol{k}_0\\ \boldsymbol{B}&=B_x\boldsymbol{i}_0+B_y\boldsymbol{j}_0+B_z\boldsymbol{k}_0\end{aligned} \qquad \text{(A1.7)}$$

であったとする。このとき和 $\boldsymbol{C}$ は

$$\boldsymbol{C}=\boldsymbol{A}+\boldsymbol{B}=(A_x\boldsymbol{i}_0+A_y\boldsymbol{j}_0+A_z\boldsymbol{k}_0)+(B_x\boldsymbol{i}_0+B_y\boldsymbol{j}_0+B_z\boldsymbol{k}_0) \qquad \text{(A1.8)}$$

である。この式の項を並べ替え，整理すると

$$\boldsymbol{C}=(A_x+B_x)\boldsymbol{i}_0+(A_y+B_y)\boldsymbol{j}_0+(A_z+B_z)\boldsymbol{k}_0 \qquad \text{(A1.9)}$$

を得る。この式によれば，ベクトル $\boldsymbol{C}$ の x，y，z 軸方向の成分は，ベクトル $\boldsymbol{A}$，$\boldsymbol{B}$ の x，y，z 軸方向の成分をそれぞれ加え合わせたものとなっている。一般にベクトルの和の成分は，対応する成分どうしの和として求められる。

A1.4 ベクトルの積

ベクトルの積を定義する。ベクトルの積には，ベクトルからスカラーを作り出すスカラー積と，ベクトルから別のベクトルを作り出すベクトル積の 2 種類がある。両方の積とも，力学のいろいろな問題で用いられる。

A1.4.1 スカラー積

まず**スカラー積**（scalar product）を定義する。ベクトル $\boldsymbol{A}$，$\boldsymbol{B}$ の間の角を θ とするとき，二つのベクトル $\boldsymbol{A}$，$\boldsymbol{B}$ のスカラー積とは，スカラー $AB\cos\theta$ を意味する。このスカラー積を $\boldsymbol{A}\cdot\boldsymbol{B}$ と表す。この記号を用いると

$$\boldsymbol{A}\cdot\boldsymbol{B}=AB\cos\theta \tag{A1.10}$$

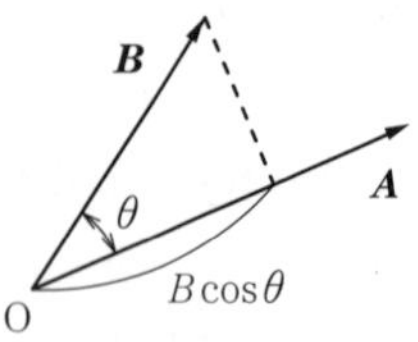

図 A1.11 スカラー積

となる。これは，**図 A1.11** に示すように，ベクトル $\boldsymbol{B}$ をベクトル $\boldsymbol{A}$ へ投影して得られる成分 $B\cos\theta$ と，ベクトル $\boldsymbol{A}$ の大きさ A を掛けたもの（あるいは $\boldsymbol{B}$ と $\boldsymbol{A}$ の役割を入れ替えたもの）と定義することもできる。いろいろな場合にスカラー積を利用できる。例えば本書で扱う仕事は，力のベクトルと移動のベクトルのスカラー積で与えられる。

ベクトル $\boldsymbol{A}$，$\boldsymbol{B}$ のスカラー積について交換法則

$$\boldsymbol{A}\cdot\boldsymbol{B}=\boldsymbol{B}\cdot\boldsymbol{A} \tag{A1.11}$$

が成り立つ。これが成り立つことは式(A1.10)の定義から明らかである。またベクトル $\boldsymbol{A}$，$\boldsymbol{B}$，$\boldsymbol{C}$ に対して，分配法則

$$\boldsymbol{A}\cdot(\boldsymbol{B}+\boldsymbol{C})=\boldsymbol{A}\cdot\boldsymbol{B}+\boldsymbol{A}\cdot\boldsymbol{C} \tag{A1.12}$$

が成り立つ。これが成り立つことを**図 A1.12** によって確かめよう。この図で，上式の左辺と右辺はそれぞれ

$$\boldsymbol{A}\cdot(\boldsymbol{B}+\boldsymbol{C})=A\cdot\overline{\mathrm{OQ}}$$
$$\boldsymbol{A}\cdot\boldsymbol{B}+\boldsymbol{A}\cdot\boldsymbol{C}=A\cdot\overline{\mathrm{OP}}+A\cdot\overline{\mathrm{PQ}}=A\cdot(\overline{\mathrm{OP}}+\overline{\mathrm{PQ}}) \tag{A1.13}$$

となる。$\overline{\mathrm{OQ}}=\overline{\mathrm{OP}}+\overline{\mathrm{PQ}}$ を用いれば，上式の各式の右辺は等しく，したがって式(A1.12)が得られる。

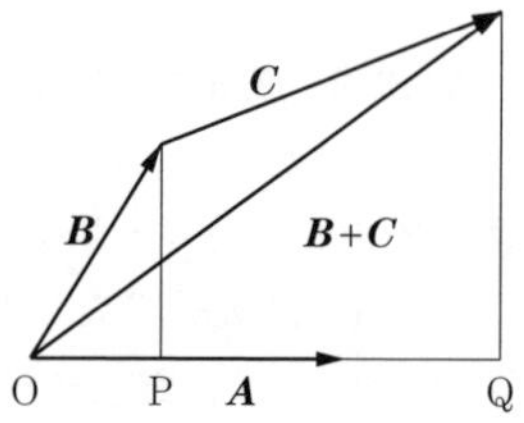

図 A1.12 分配法則

【例題 A1.4】 **図 A1.13** に示すように，大きさが 4，3，方向が x 軸と 30°，60°をなすベクトル $\boldsymbol{A}$，$\boldsymbol{B}$ がある。このベクトルのスカラー積 $\boldsymbol{A}\cdot\boldsymbol{B}$ を求めよ。

解答 ベクトル $\boldsymbol{A}$，$\boldsymbol{B}$ の大きさは 4，3 で，その間の角は 30°であるから，定義によって

$$\boldsymbol{A}\cdot\boldsymbol{B}=4\cdot3\cdot\cos30^\circ=10.39$$

となる。

ベクトル $\boldsymbol{A}$ とそれ自身のスカラー積は，式(A1.10)において $A=B$，$\theta=0$ とおいて得られ

$$\boldsymbol{A}\cdot\boldsymbol{A}=A^2 \tag{A1.14}$$

となる。この式から

$$A=\sqrt{\boldsymbol{A}\cdot\boldsymbol{A}} \tag{A1.15}$$

を得る。これはベクトル $\boldsymbol{A}$ の大きさ A を求めるときに利用される。

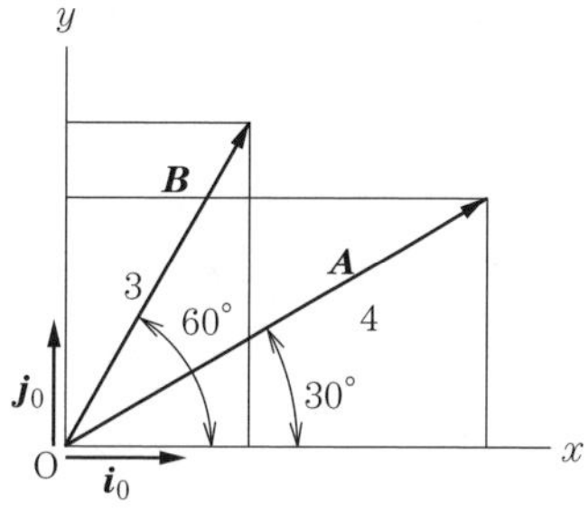

図 A1.13 スカラー積

単位ベクトル $\boldsymbol{i}_0$，$\boldsymbol{j}_0$，$\boldsymbol{k}_0$ の間のスカラー積がしばしば必要になる。これらは式(A1.10)の定義から容易に求められる。結果を示すと，同じベクトルの間のスカラー積については

$$\boldsymbol{i}_0\cdot\boldsymbol{i}_0=\boldsymbol{j}_0\cdot\boldsymbol{j}_0=\boldsymbol{k}_0\cdot\boldsymbol{k}_0=1 \tag{A1.16}$$

であり，異なるベクトルの間のスカラー積については

$$\boldsymbol{i}_0\cdot\boldsymbol{j}_0=\boldsymbol{j}_0\cdot\boldsymbol{k}_0=\boldsymbol{k}_0\cdot\boldsymbol{i}_0=0 \tag{A1.17}$$

である。

ベクトルのスカラー積を，ベクトルの成分表示を用いて求める公式を導く。ベクトル $\boldsymbol{A}$，$\boldsymbol{B}$ が式(A1.7)で与えられたとする。このときスカラー積 $\boldsymbol{A}\cdot\boldsymbol{B}$ は

$$\boldsymbol{A}\cdot\boldsymbol{B}=(A_x\boldsymbol{i}_0+A_y\boldsymbol{j}_0+A_z\boldsymbol{k}_0)\cdot(B_x\boldsymbol{i}_0+B_y\boldsymbol{j}_0+B_z\boldsymbol{k}_0) \tag{A1.18}$$

である。これを展開し，式(A1.16)，(A1.17)を用いると

$$\boldsymbol{A}\cdot\boldsymbol{B}=A_xB_x+A_yB_y+A_zB_z \tag{A1.19}$$

となる。これが求める公式である。

式(A1.15)に式(A1.19)を用いると，$\boldsymbol{A}$ の大きさを求める式

$$A=\sqrt{A_x{}^2+A_y{}^2+A_z{}^2} \tag{A1.20}$$

を得る。これは式(A1.5)と一致する。また式(A1.10)に式(A1.19)，(A1.20)を代入すると，二つのベクトル $\boldsymbol{A}$，$\boldsymbol{B}$ の間の角 θ を求める式

$$\cos\theta=\frac{\boldsymbol{A}\cdot\boldsymbol{B}}{AB}=\frac{A_xB_x+A_yB_y+A_zB_z}{\sqrt{A_x{}^2+A_y{}^2+A_z{}^2}\sqrt{B_x{}^2+B_y{}^2+B_z{}^2}} \tag{A1.21}$$

を得る。特にこの式において，$\boldsymbol{B}$ を $\boldsymbol{i}_0$，$\boldsymbol{j}_0$，$\boldsymbol{k}_0$ とすると式(A1.6)が得られる。

【例題 A1.5】 例題 A1.4 に示すベクトル $\boldsymbol{A}$，$\boldsymbol{B}$ のスカラー積を，成分表示を用いて求めよ。

解答 x，y 軸の正方向に単位ベクトル $\boldsymbol{i}_0$，$\boldsymbol{j}_0$ を導入して，ベクトル $\boldsymbol{A}$，$\boldsymbol{B}$ の成分表示を求めると

$$\boldsymbol{A}=4\cos 30°\,\boldsymbol{i}_0+4\sin 30°\,\boldsymbol{j}_0=3.46\,\boldsymbol{i}_0+2\boldsymbol{j}_0$$

$$\boldsymbol{B}=3\cos 60°\,\boldsymbol{i}_0+3\sin 60°\,\boldsymbol{j}_0=1.5\,\boldsymbol{i}_0+2.60\boldsymbol{j}_0$$

となる。式(A1.19)を用いると，$\boldsymbol{A}$，$\boldsymbol{B}$ のスカラー積は

$$\boldsymbol{A}\cdot\boldsymbol{B}=3.46\times1.5+2.0\times2.60=10.39$$

となる。これは例題 A1.4 の結果と一致する。

【例題 A1.6】 例題 A1.5 の成分表示で与えられるベクトル $\boldsymbol{A}$，$\boldsymbol{B}$ がある。これらのベクトルの間の角 θ が 30° になることを確かめよ。

解答 式(A1.21)を用いると

$$\cos\theta=\frac{\boldsymbol{A}\cdot\boldsymbol{B}}{AB}=\frac{10.39}{\sqrt{3.46^2+2^2}\sqrt{1.5^2+2.60^2}}=0.866\,1$$

を得る。この式から $\theta=\cos^{-1}(0.866\,1)=30°$ を得る。

A1.4.2 ベクトル積

ベクトルの積の第2のものとして**ベクトル積**（vector product）を定義する。二つのベクトル $\boldsymbol{A}$，$\boldsymbol{B}$ のベクトル積とは，大きさと方向が**図 A1.14** に示すように定められるベクトルをいう。まず大きさは，ベクトル $\boldsymbol{A}$，$\boldsymbol{B}$ によって作られる平行四辺形の面積 $AB\sin\theta$ とする。また方向は，回転角が π 以内となるように $\boldsymbol{A}$ から $\boldsymbol{B}$ の方向に右ねじを回転させたとき，その右ねじが進む方向とする。ベクトル $\boldsymbol{A}$，$\boldsymbol{B}$ のベクトル積を $\boldsymbol{A}\times\boldsymbol{B}$ と書く。ベクトル積では，方向を定めるときに前のベクトルから後のベクトルの方向へ右ねじを回転させて方向を定めているので，$\boldsymbol{A}\times\boldsymbol{B}$ と $\boldsymbol{B}\times\boldsymbol{A}$ は逆方向のベクトルとなる。ベクトル積は，例えば本書で扱う力のモーメントや角運動量などを求めるときに用いられる。

ベクトル積に関する交換法則は，上述のように

$$\boldsymbol{A}\times\boldsymbol{B}=-\boldsymbol{B}\times\boldsymbol{A} \tag{A1.22}$$

となる。ベクトル積について，分配法則

$$\boldsymbol{A}\times(\boldsymbol{B}+\boldsymbol{C})=\boldsymbol{A}\times\boldsymbol{B}+\boldsymbol{A}\times\boldsymbol{C} \tag{A1.23}$$

が成り立つ。

単位ベクトル $\boldsymbol{i}_0$，$\boldsymbol{j}_0$，$\boldsymbol{k}_0$ の間のベクトル積がしばしば必要になる。これらは定義

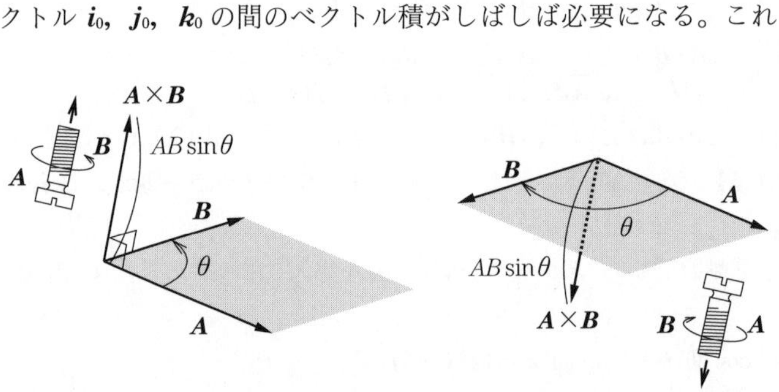

図 A1.14 ベクトル積

に基づいて容易に定めることができる。結果を示せば，同じベクトルについては

$$\boldsymbol{i}_0\times\boldsymbol{i}_0=\boldsymbol{j}_0\times\boldsymbol{j}_0=\boldsymbol{k}_0\times\boldsymbol{k}_0=\boldsymbol{0} \tag{A1.24}$$

であり，異なるベクトルについては

$$\boldsymbol{i}_0\times\boldsymbol{j}_0=\boldsymbol{k}_0,\quad \boldsymbol{j}_0\times\boldsymbol{k}_0=\boldsymbol{i}_0,\quad \boldsymbol{k}_0\times\boldsymbol{i}_0=\boldsymbol{j}_0 \tag{A1.25}$$

である。積の順序を変えた場合は符号が異なり

$$\boldsymbol{j}_0\times\boldsymbol{i}_0=-\boldsymbol{k}_0,\quad \boldsymbol{k}_0\times\boldsymbol{j}_0=-\boldsymbol{i}_0,\quad \boldsymbol{i}_0\times\boldsymbol{k}_0=-\boldsymbol{j}_0 \tag{A1.26}$$

となる。

ベクトル積を，ベクトルの成分表示を用いて求める公式を導く。ベクトル $\boldsymbol{A}$，$\boldsymbol{B}$ が式(A1.7)で与えられたとする。このときベクトル積 $\boldsymbol{A}\times\boldsymbol{B}$ は

$$\boldsymbol{A}\times\boldsymbol{B}=(A_x\boldsymbol{i}_0+A_y\boldsymbol{j}_0+A_z\boldsymbol{k}_0)\times(B_x\boldsymbol{i}_0+B_y\boldsymbol{j}_0+B_z\boldsymbol{k}_0) \tag{A1.27}$$

である。これを展開し，式(A1.24)，(A1.25)を用いると

$$\boldsymbol{A}\times\boldsymbol{B}=(A_yB_z-A_zB_y)\boldsymbol{i}_0+(A_zB_x-A_xB_z)\boldsymbol{j}_0+(A_xB_y-A_yB_x)\boldsymbol{k}_0 \tag{A1.28}$$

となる。これが求める公式である。

【例題 A1.7】 直角座標系 O-xyz で定められる空間内の x-y 平面上に，**図 A1.15** に示すように，大きさが 4，3 で，方向が x 軸と 30°，60° をなすベクトル $\boldsymbol{A}$，$\boldsymbol{B}$ がある。このベクトルのベクトル積 $\boldsymbol{A}\times\boldsymbol{B}$ を，はじめ定義によって，つぎに成分表示を用いたベクトルの演算によって求めよ。

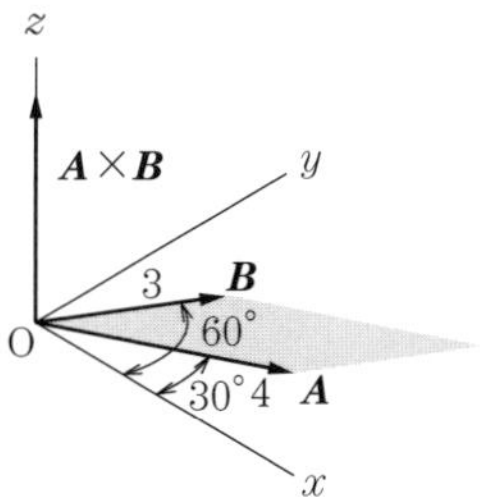

図 A1.15　ベクトル積

解答　定義によれば，ベクトル積 $\boldsymbol{C}=\boldsymbol{A}\times\boldsymbol{B}$ の大きさ C は

$$C=4\times3\times\sin 30°=6$$

であり，方向は z 軸の正方向である。

つぎに成分表示を用いると，ベクトル積 $\boldsymbol{C}=\boldsymbol{A}\times\boldsymbol{B}$ は

$$\boldsymbol{C}=(4\cos 30°\,\boldsymbol{i}_0+4\sin 30°\,\boldsymbol{j}_0)\times(3\cos 60°\,\boldsymbol{i}_0+3\sin 60°\,\boldsymbol{j}_0)$$
$$=(3.46\times2.60-2\times1.5)\boldsymbol{k}_0=6\boldsymbol{k}_0$$

となる。これは，大きさが 6 で z 軸正方向のベクトルを表しており，定義による結果と一致する。

◇演　習　問　題◇

A1.1　**図 A1.16** に示すベクトル $\boldsymbol{A}$，$\boldsymbol{B}$ を成分表示せよ。つぎにこの二つのベクトルのなす角 θ を求めよ。

A1.2　図 A1.16 のベクトル $\boldsymbol{A}$，$\boldsymbol{B}$ のベクトル積 $\boldsymbol{A}\times\boldsymbol{B}$ と $\boldsymbol{B}\times\boldsymbol{A}$ を成分表示を利用して

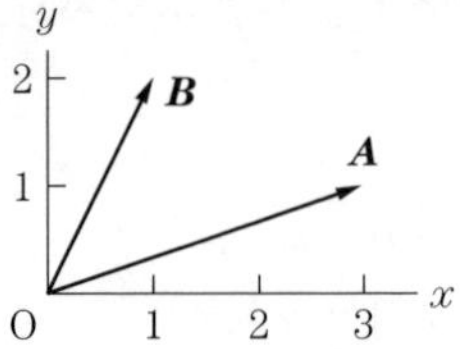

図 A1.16 ベクトルの成分表示

求めよ。

A1.3* ベクトル $\boldsymbol{A}=\boldsymbol{i}_0+2\boldsymbol{j}_0+\boldsymbol{k}_0$, $\boldsymbol{B}=-\boldsymbol{i}_0+3\boldsymbol{j}_0+2\boldsymbol{k}_0$ のベクトル積 $\boldsymbol{A}\times\boldsymbol{B}$ と $\boldsymbol{B}\times\boldsymbol{A}$ を求め，これらが式(A1.22)の交換法則を満たすことを確かめよ。

A1.4* ベクトル $\boldsymbol{A}=2\boldsymbol{i}_0+\boldsymbol{j}_0+\boldsymbol{k}_0$, $\boldsymbol{B}=\boldsymbol{i}_0+\boldsymbol{k}_0$ の間の角度 θ を求めよ。

A1.5* 前問のベクトル $\boldsymbol{A}=2\boldsymbol{i}_0+\boldsymbol{j}_0+\boldsymbol{k}_0$, $\boldsymbol{B}=\boldsymbol{i}_0+\boldsymbol{k}_0$ に直交する単位ベクトル $\boldsymbol{C}$ を，スカラー積を利用する方法と，ベクトル積を利用する方法の二通りの方法で求めよ。

A2 関　数　入　門

力学の問題への応用を考えて，指数関数と対数関数，三角関数の基礎を確認しておく。

A2.1 関　　　数

A2.1.1 指数関数と対数関数

■ 指　　数　a を正の数，x を任意の実数として，a^x の形の数を考える。この形の数の a を底，x を指数という。

まず指数 x が，自然数

$$x=1,\ 2,\ 3,\ \cdots \tag{A2.1}$$

である場合を考える。x が自然数の一つ n のときの数 a^n は，a を n 回掛けた

$$a^n=\underbrace{a\times a\times\cdots\times a}_{n} \tag{A2.2}$$

と定義される。例として $a=2$ の場合の数 a^n を考えると，$n=1,2,3,\cdots$ に対して，$2^1=2$，$2^2=4, 2^3=8, \cdots$ となる。のちのため，この値をグラフで示すと，**図 A2.1** の • のようになる。

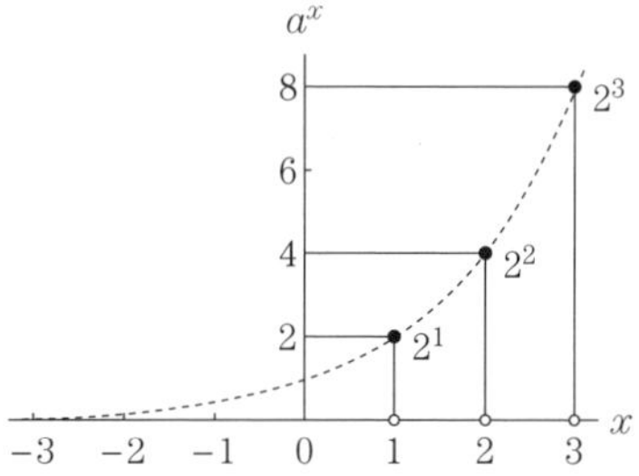

図 A2.1　自然数 x に対する a^x の値（$a=2$ の場合）

上で定義した数について指数法則が成り立つ。ここで**指数法則**（exponential law）とは，a, b を正の数，m, n を自然数とするとき

$$a^m\times a^n=a^{m+n},\quad (a\times b)^n=a^n\times b^n,$$
$$(a^m)^n=a^{mn} \tag{A2.3}$$

で表される関係をいう。これが成り立つことは，上の各式の左辺と右辺について，a，b を何回掛けたものであるかを調べて確かめられる。

式(A2.2)の定義では指数 x は自然数に限られた。指数 x を自然数と限定しない任意の数に拡張することを考える。拡張するにあたって，指数法則が成り立つことを条件とする。

はじめに指数 x を，整数

$$x=0,\ \pm1,\ \pm2,\ \cdots \tag{A2.4}$$

に拡張する。まず a^0 を定義する。このため式(A2.3)の m, n の代わりに $0, n$ として指数法則が成り立つものとすると $a^0\times a^n=a^n$ が得られる。これが成り立つために

$$a^0=1 \tag{A2.5}$$

でなければならない。そこでこれを a^0 の定義式とする。つぎに a^{-n} を定義する。このため式(A2.3)の m，n の代わりに n，$-n$ として指数法則が成り立つものとすると $a^n \times a^{-n}=a^0=1$ が得られる。これが成り立つために

$$a^{-n}=\frac{1}{a^n} \tag{A2.6}$$

でなければならない。そこでこれを a^{-n} の定義式とする。これで整数 x に対して a^x が定義された。$a=2$ の場合の $x=0$，±1，±2，±3，… に対する a^x の値をグラフで示すと，**図 A2.2** の • のようになる。

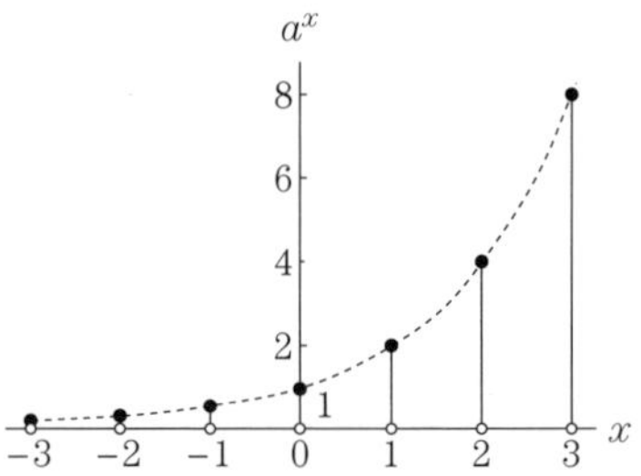

図 A2.2　整数 x に対する a^x の値（$a=2$ の場合）

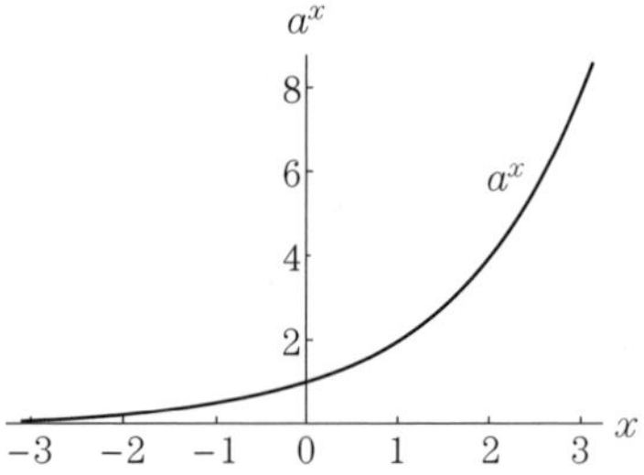

図 A2.3　実数 x に対する a^x の値（$a=2$ の場合）

つぎに指数 x を任意の実数にまで拡張する。指数 x が，n を整数として分数 $1/n$ であるとする。数 $a^{1/n}$ が指数法則を満たすために $(a^{1/n})^n=a$ でなければならない。この式は $a^{1/n}$ を n 乗すると a になることを意味する。このことから $a^{1/n}=\sqrt[n]{a}$ と定義することができる。以下同じようにして，指数 x を任意の実数にまで拡張することができる。例として $a=2$ の場合について，a^x を x の任意の値に対してグラフで示すと，**図 A2.3** の曲線のようになる。このグラフの値を図 A2.1，図 A2.2 のグラフと比較すると，このグラフの値は，自然数，整数のときの値を含んだものとなっていることがわかる。

【例題 A2.1】　つぎの指数の値を求めよ。ただし $e=2.718\,28\cdots$ である。

（1）　$2^{1.41}$，$2^{\sqrt{2}}$，$2^{1.42}$　　（2）　$e^{1.5}$，e^2

解答　電卓の指数計算の機能を用いて

（1）　$2^{1.41}=2.657\,4$，$2^{\sqrt{2}}=2.665\,1$，$2^{1.42}=2.675\,9$

（2）　$2.718\,28^{1.5}=4.481\,7$，$2.718\,28^2=7.389\,1$

を得る。数 e^x を計算する機能を持つ電卓では，それを用いるのがよい。

■ **指数関数**　a を $a \neq 1$ である正の定数とする。上述のように任意の実数 x に対して数 a^x が定義されたので，$y=a^x$ は x の関数であるということができる。関数 $y=a^x$ を a を底とする**指数関数**（exponential function）という。指数関数の変化の様子を**図 A2.4** に示す。図から，$a>1$ のときは x の増加とともに，また $0<a<1$ のときは x の減少とともに，関数 y は急激に増加することがわかる。

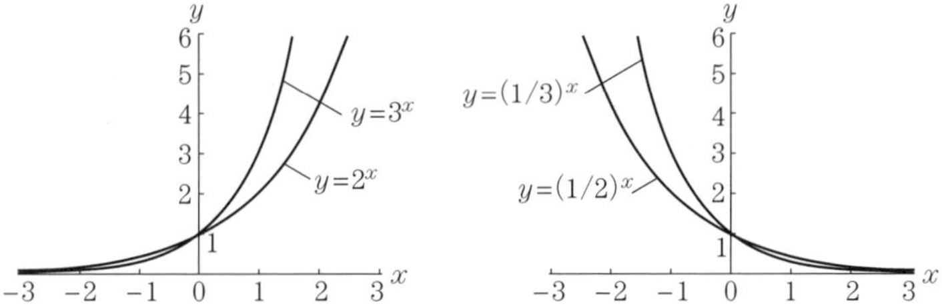

（a）　$a>1$ の場合　　（b）　$0<a<1$ の場合

図 A2.4　指数関数 a^x のグラフ

■ **対　　数**　指数関数 $y=a^x$ が与えられたとき，x の任意の値に対して y の値がただ一つ定まる。逆に y の値を与えて，y がこの値となる x の値を求めたいことがある。指数関数のグラフから，y に正の値を与えるとき，このような x の値がつねに存在することがわかる。**図 A2.5** に示すように，y の一つの値 $q(>0)$ に対する x の値 p のことを $\log_a q$ と書き，これを，a を底とする q の**対数**（logarithm）という。対数 $\log_a q$ の q を真数という。定義あるいは図 A2.5 からわかるように，a を p 乗，すなわち $\log_a q$ 乗すれば，その値は q になる。

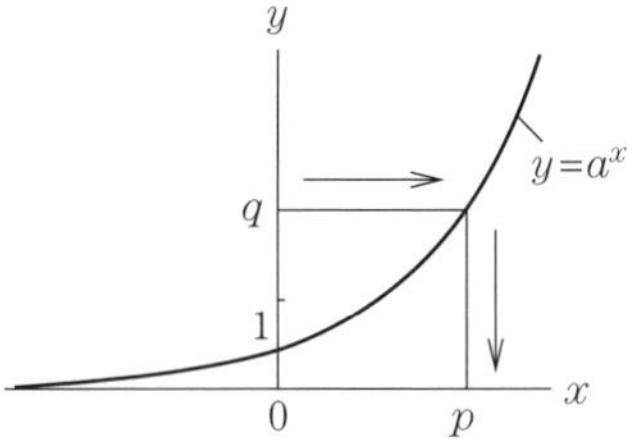

図 A2.5　実数 x に対する a^x の値

【例題 A2.2】　つぎの対数の値はいくらか。

（1）　$\log_2 8$　　（2）　$\log_{10} 1\,000$　　（3）　$\log_{10} 0.001$

解答　（1）　2 を 3 乗すれば 8 になる。したがって $\log_2 8=3$ である。

（2）　10 を 3 乗すれば 1 000 になる。したがって $\log_{10} 1\,000=3$ である。

（3）　10 を -3 乗すれば 0.001 になる。したがって $\log_{10} 0.001=-3$ である。

対数の性質を確認しておこう。指数の性質から $a^0=1$ である。したがって

$$\log_a 1=0 \tag{A2.7}$$

が成り立つ。同じように指数の性質から $a^1=a$ が成り立つ。したがって

$$\log_a a=1 \tag{A2.8}$$

が成り立つ。

対数の性質について確認を続ける。正の数 m，n に対して

$$\log_a mn=\log_a m+\log_a n$$

$$\log_a\frac{m}{n}=\log_a m-\log_a n \tag{A2.9}$$

$$\log_a m^n=n\log_a m$$

が成り立つ。これらはいずれも指数法則から導くことができる。例として第1の関係を確認する。このため $\log_a m=M$，$\log_a n=N$ とおくと，$m=a^M$，$n=a^N$ が成り立つ。指数法則により $a^Ma^N=a^{M+N}$ が成り立つ。したがって

$$\log_a mn=\log_a(a^Ma^N)=\log_a a^{M+N} \tag{A2.10}$$

を得る。最後の式は定義によって $M+N$ に等しい。したがって

$$\log_a mn=M+N=\log_a m+\log_a n \tag{A2.11}$$

となる。ほかの関係も同じようにして確認することができる。

数学的には，対数の底として1と異なる任意の正の数をとることができるが，実用的には，底を10とする**常用対数**（common logarithm）と，底を

$$e=2.718\,28\cdots \tag{A2.12}$$

とする**自然対数**（natural logarithm）が多く用いられる。自然対数はふつう底を省略して $\log q$ のように書く。

■　**対数関数**　対数関数を定義する。a を $a\neq 1$ である正の数とする。x を正の実数とするとき，$y=\log_a x$ は x の一つの値に対して値が定められるから x の関数である。$y=\log_a x$ のことを，a を底とする**対数関数**（logarithmic function）という。対数関数の変化の様子を**図 A2.6** に示す。対数関数 $y=\log_a x$ のグラフがこのようになることは，この関数が指数関数 $y=a^x$ から x と y の役割を入れ替えて得られるものであることからわかる。図からわかるように，対数関数は，x が増加すると

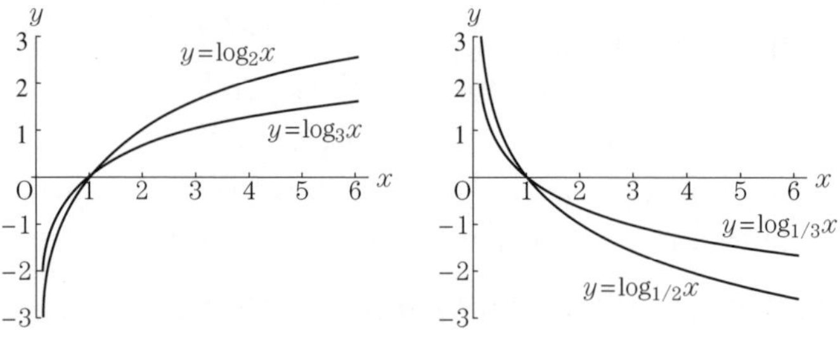

（a）　$a>1$ の場合　　（b）　$0<a<1$ の場合

図 A2.6　対数関数 $\log_a x$ のグラフ

き，$a>1$ ではゆっくり増加する関数，$0<a<1$ ではゆっくり減少する関数である。

A2.1.2 三　角　関　数

■ **三　角　比**　三角関数の出発となる**三角比**（trigonometric ratio）について考えよう。直角三角形の各辺の比は，角の大きさだけで定められ，直角三角形の大きさに関係しない。そこで直角以外の角に対して，その三角比を辺の比で定義する。

ここでは三角比のうち cos，sin を確認しておこう。**図 A2.7**(a)のように各辺の長さが a，b，c の場合，角 θ の三角比 $\cos\theta$，$\sin\theta$ とは

$$\cos\theta=\frac{a}{c},\quad \sin\theta=\frac{b}{c} \tag{A2.13}$$

である。図(b)のように斜辺の長さが 1 で他の辺が x，y の場合，三角比 $\cos\theta$，$\sin\theta$ は

$$\cos\theta=x,\quad \sin\theta=y \tag{A2.14}$$

となる。図(b)の場合，割り算をしないで三角比が求められる。

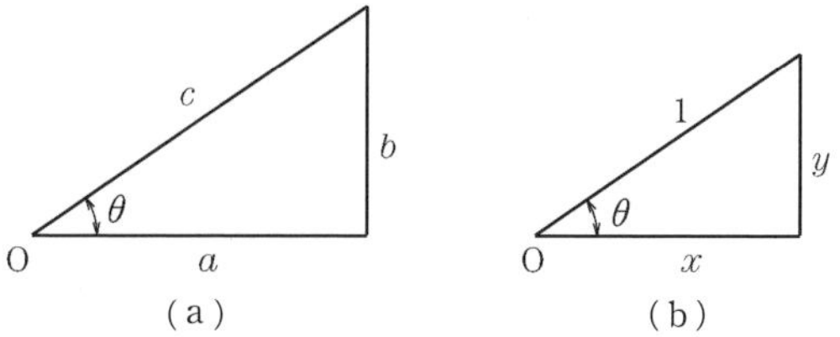

図 A2.7　三　角　比

以下，角度をラジアンで表すことにする。式(A2.14)の三角比は，直角三角形を前提としているので，$0<\theta<\pi/2$ の範囲の数 θ に対してのみ定められる。任意の θ に対して値を持つように三角比を一般化したものが三角関数である。つぎにこれを考える。

■ **三角関数**　任意の θ が与えられたとする。**図 A2.8** に示すように，x 軸の正方向を基準にして，与えられた θ に相当する角度だけ直線 OP を回転させる。回転の方向は θ が正のとき反時計方向，負のとき時計方向とする。このようにして，与えられた θ に対して直線 OP を定める。つぎにこの直線と半径 1 の円との交点 P の座標 $(x,\ y)$ を求める。この値を用いて

$$\cos\theta=x,\quad \sin\theta=y \tag{A2.15}$$

と定める。このように定めた $\cos\theta$，$\sin\theta$ は，

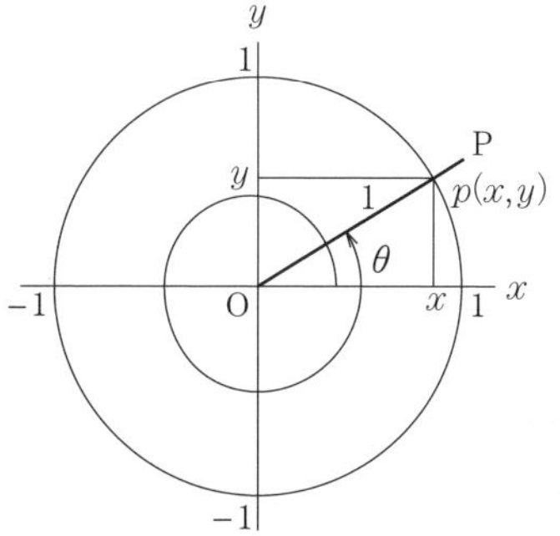

図 A2.8　三角比の一般化

θ が $0<\theta<\pi/2$ のとき式(A2.14)の値に一致し，θ がこの範囲にないときにも値を持ち，三角比を一般化したものとなっている。このように式(A2.15)の $\sin\theta$，$\cos\theta$ は任意の θ に対して定義され，θ の関数となる。これを**三角関数**（trigonometric function）という。

【例題 A2.3】　θ がつぎの値をとるとき $\cos\theta$，$\sin\theta$ の値はいくらか。

$$\theta=\frac{\pi}{4},\ \frac{3\pi}{4},\ \frac{5\pi}{4},\ \frac{7\pi}{4}$$

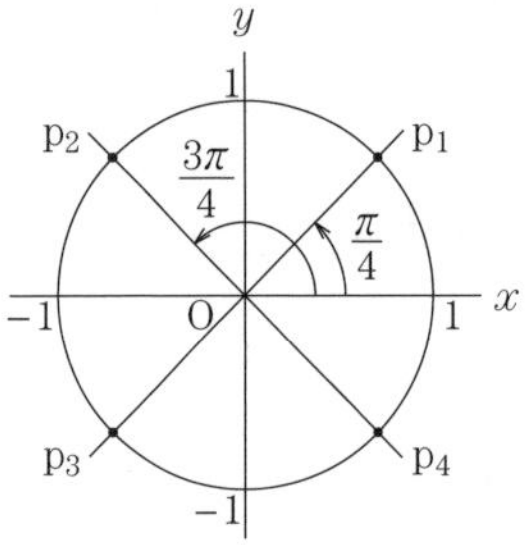

図 A2.9　$\sin\theta$，$\cos\theta$ の値

解答　x 軸と角度 θ をなす直線と半径1の円の交点は，**図 A2.9** の p_1，p_2，p_3，p_4 となる。これらの点の x 座標，y 座標を求めて，$\cos\theta$，$\sin\theta$ の値が定められる。結果は，問題の θ の順に

$$\cos\theta=0.707\,1,\ -0.707\,1,\ -0.707\,1,\ 0.707\,1$$

$$\sin\theta=0.707\,1,\ 0.707\,1,\ -0.707\,1,\ -0.707\,1$$

となる。

三角関数の性質をみておく。まず $\cos\theta$ を取り上げる。図 A2.8 で θ を変化させたときの x の値をみてわかるように，$\cos\theta$ は，$\theta=0$ のとき1となり，θ の変化に伴って1と−1の間を増減する。つぎに $\sin\theta$ を取り上げる。図 A2.8 で θ を変化させたときの y の値をみてわかるように，$\sin\theta$ は，$\theta=0$ のとき0となり，θ の変化に伴って1と−1の間を増減する。このように $\cos\theta$，$\sin\theta$ は**図 A2.10** で表される変化をする関数である。

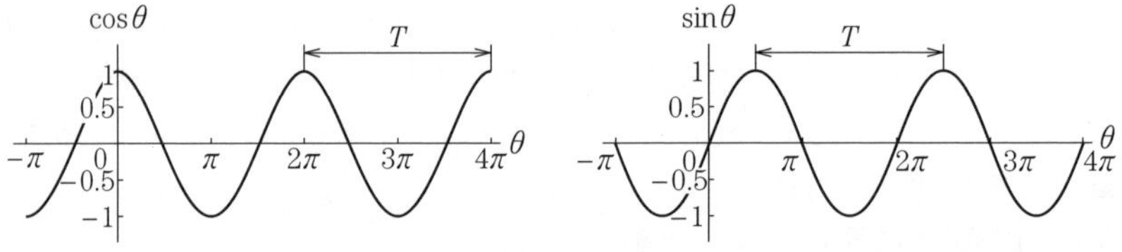

（a）　$\cos\theta$　　　（b）　$\sin\theta$

図 A2.10　$\cos\theta$ と $\sin\theta$ のグラフ

図 A2.10 から，$\cos\theta$，$\sin\theta$ は，独立変数 θ について周期的に変化していることがわかる。一般に独立変数の変化に対して周期的に変化する関数を**周期関数**（periodic function）といい，繰返しの間隔 T を**周期**（period）という。図から $\cos\theta$，$\sin\theta$ はいずれも周期 $T=2\pi$ の周期関数であることがわかる。これを図 A2.8 と関連づけるとつぎのようにいうことができる。独立変数 θ が 2π だけ増減すると，直線 OP は1回転し，したがって交点 p はもとの位置に戻るので，交点の座標で定められ

る関数 $\cos\theta$，$\sin\theta$ はもとの値となる。

関数 $\cos\theta$，$\sin\theta$ の独立変数 θ を変えると周期を任意に変えることができる。例えば $\theta=2t$ とおいた関数 $\cos 2t$，$\sin 2t$ は $2t$ について周期 2π，したがって t について周期 $T=\pi$ である。このように考えると，一般に関数 $\cos\omega t$，$\sin\omega t$ の周期 T は

$$T=\frac{2\pi}{\omega} \tag{A2.16}$$

である。

振動の問題で必要になるので，関数 $\cos\omega t$，$\sin\omega t$ に含まれる ω の意味を考える。式(A2.16)から $\omega=2\pi/T$ を得る。したがって ω は，間隔 2π の間に1周期分の間隔 T がいくつあるかを示す。関数 $\cos\omega t$，$\sin\omega t$ が振動を表すとき，ω は時間 2π の間の繰返しの回数を意味する。

A2.2 関数の級数展開

適当な条件を満たす関数 $y=f(x)$ が与えられたとき，a_0，a_1，…を定数として，関数 $f(x)$ を

$$f(x)=a_0+a_1x+a_2x^2+\cdots=\sum_{n=0}^{\infty}a_nx^n \tag{A2.17}$$

の形の級数で表すことができる。

係数 a_0，a_1，… の定め方を示す。式(A2.17)において $x=0$ とおくと

$$a_0=f(0) \tag{A2.18}$$

を得る。これで係数 a_0 が定められた。つぎに式(A2.17)の両辺を x で微分して得られる式

$$f'(x)=1a_1+2a_2x+3a_3x^2+\cdots=\sum_{n=1}^{\infty}na_nx^{n-1} \tag{A2.19}$$

において $x=0$ とおくと

$$a_1=f'(0) \tag{A2.20}$$

を得る。これで係数 a_1 が定められた。以下同じようにして係数を定め，式(A2.17)に代入すると

$$f(x)=f(0)+f'(0)x+\frac{1}{2\cdot 1}f''(0)x^2+\cdots=\sum_{n=0}^{\infty}\frac{1}{n!}f^{(n)}(0)x^n \tag{A2.21}$$

を得る。これを**マクローリン級数**（Maclaurin series）という。級数が収束する範囲で，この級数は与えられた関数と一致する。

例として三角関数

$$f(x)=\cos x \tag{A2.22}$$

を取り上げる。この関数 $y=f(x)$ のグラフは**図 A2.11** の実線のようになる。この関

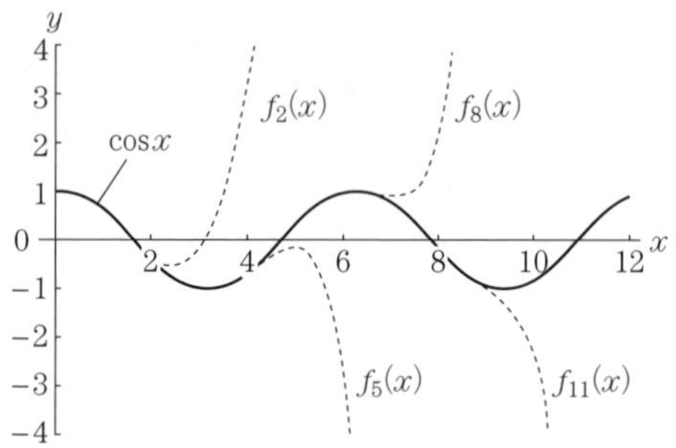

図 A2.11　$\cos x$ のマクローリン級数

数に対して，式(A2.21)を用いてマクローリン級数を求めると

$$\cos x = 1 - \frac{1}{2}x^2 + \frac{1}{24}x^4 + \cdots$$
$$= 1 + \sum_{n=1}^{\infty} \frac{(-1)^n}{(2n)!} x^{2n} \tag{A2.23}$$

となる。この級数がもとの関数を表すことを示すため，項を $n=k$ までで打ち切った多項式

$$f_k(x) = 1 + \sum_{n=1}^{k} \frac{(-1)^n}{(2n)!} x^{2n} \tag{A2.24}$$

を考える。この式で k のいくつかの値に対して $y=f_k(x)$ のグラフを求めると図 A2.11の破線のようになる。図から，k を大きくすれば，$f_k(x)$ は関数 $\cos x$ に近づき，k を無限に大きくすればもとの関数を表すことがわかる。

後の利用のため $\sin x$ のマクローリン級数を求めると

$$\sin x = x - \frac{x^3}{3!} + \frac{x^5}{5!} - \cdots = \sum_{n=1}^{\infty} \frac{(-1)^{n+1}}{(2n-1)!} x^{2n-1} \tag{A2.25}$$

となる。また数 e を底とする指数関数 e^x のマクローリン級数を求めると

$$e^x = 1 + x + \frac{1}{2!}x^2 + \frac{1}{3!}x^3 + \cdots = \sum_{n=0}^{\infty} \frac{x^n}{n!} \tag{A2.26}$$

となる。

【例題 A2.4】　掛け算の機能のみを持つ電卓があるとする。この電卓で $\cos 1$, $\cos 2$ の値を求めることができるか。

解答　式(A2.23)の級数を x^6 までで打ち切ることにすると

$$\cos x = 1 - \frac{1}{2}x^2 + \frac{1}{24}x^4 - \frac{1}{720}x^6$$

となる。この式の右辺は掛け算のみで計算できる。そこでこれを利用すると

$$\cos 1 = 0.540\,3, \quad \cos 2 = -0.422\,2$$

を得る。この結果は，正しい値 $\cos 1 = 0.540\,3\cdots$，$\cos 2 = -0.416\,1\cdots$ に近い。級数で考慮する項を増せば，精度が上がる。

A2.3　オイラーの公式

A2.3.1　複素数を変数とする指数関数

この節では，オイラーの公式を導く。このための準備として，複素数 z を指数と

する指数関数 e^z の定義を考える。

式(A2.26)のマクローリン級数は，実数 x を指数とする指数関数 e^x を表す。変数が複素数 z のときの指数関数 e^z は，式(A2.26)において，実数 x の代わりに複素数 z を代入した

$$e^z=1+z+\frac{1}{2!}z^2+\frac{1}{3!}z^3+\frac{1}{4!}z^4+\cdots \tag{A2.27}$$

と定義される。この式によれば，任意の複素数 z に対して e^z に意味を与えることができ，z が実数 x のとき，この式は実数で定義された e^x に一致する。このように上式は，実数の指数関数を拡張したものとなっている。

変数が実数のとき指数関数 e^x は指数法則を満たした。上で定義した複素数の指数関数 e^z が指数法則を満たすことを確かめよう。例として複素数 z，w に対して，指数法則の一つ

$$e^z\times e^w=e^{z+w} \tag{A2.28}$$

が成り立つことを確かめる。この式の左辺に式(A2.27)の定義式を代入し，それを実際に展開し，z，w について低い次数の項からまとめると

$$e^z\times e^w=1+(z+w)+\frac{1}{2!}(z+w)^2+\frac{1}{3!}(z+w)^3+\cdots \tag{A2.29}$$

を得る。この式の最後の式は，式(A2.28)の右辺の e^{z+w} の展開式と一致する。このようにして式(A2.28)の左辺と右辺は等しくなり，指数法則が成り立つことが確かめられる。他の指数法則が成り立つことも確かめられる。

複素数を変数とする指数関数 e^z の演算がどのようになるかをみておこう。例として微分を考える。式(A2.27)の定義から

$$\frac{de^z}{dz}=\frac{d}{dz}\left(1+z+\frac{1}{2!}z^2+\frac{1}{3!}z^3+\cdots\right)=1+z+\frac{1}{2!}z^2+\cdots \tag{A2.30}$$

を得る。この式の最後の式は式(A2.27)の右辺に一致する。したがって

$$\frac{de^z}{dz}=e^z \tag{A2.31}$$

を得る。このように複素数の指数関数 e^z の微分は，実数の指数関数 e^x と同じように計算できることがわかる。ほかの演算についても，関数 e^z は関数 e^x と同じ性質を持つことを確かめることができる。

以上のようにして，複素数の変数 z に対して式(A2.27)によって定義された指数関数は，変数が実数のときの指数関数と区別せずに扱ってよいことがわかる。

A2.3.2　オイラーの公式

θ を任意の実数として，指数 z が純虚数 $j\theta$ であるときの指数関数は，式(A2.27)

によって

$$e^{j\theta}=1+j\theta+\frac{1}{2!}(j\theta)^2+\frac{1}{3!}(j\theta)^3+\cdots$$
$$=\left(1-\frac{\theta^2}{2!}+\frac{\theta^4}{4!}+\cdots\right)+j\left(\theta-\frac{\theta^3}{3!}+\cdots\right) \tag{A2.32}$$

となる。式(A2.23)，(A2.25)によって，この式の右辺の実部，虚部はそれぞれ $\cos\theta$，$\sin\theta$ に等しい。したがって

$$e^{j\theta}=\cos\theta+j\sin\theta \tag{A2.33}$$

が成り立つ。この関係式を**オイラーの公式**（Euler formula）という。この式は三角関数と指数関数を関係づける重要な式で，いろいろな問題で用いられる。

【例題 A2.5】 オイラーの公式を用いて，**加法定理**（addition theorem）

$\cos(\theta_1+\theta_2)=\cos\theta_1\cos\theta_2-\sin\theta_1\sin\theta_2$

$\sin(\theta_1+\theta_2)=\sin\theta_1\cos\theta_2+\cos\theta_1\sin\theta_2$

が成り立つことを示せ。

解答 指数法則により

$$e^{j(\theta_1+\theta_2)}=e^{j\theta_1}e^{j\theta_2}$$

が成り立つ。オイラーの公式を用いて上式の両辺をそれぞれ書き直すと

$$\cos(\theta_1+\theta_2)+j\sin(\theta_1+\theta_2)=(\cos\theta_1+j\sin\theta_1)(\cos\theta_2+j\sin\theta_2)$$

を得る。この式の右辺を展開すると，この式から

$$\cos(\theta_1+\theta_2)+j\sin(\theta_1+\theta_2)$$
$$=\cos\theta_1\cos\theta_2-\sin\theta_1\sin\theta_2+j(\sin\theta_1\cos\theta_2+\cos\theta_1\sin\theta_2)$$

を得る。この式の両辺の実部と虚部をそれぞれ等しいとおくと，問題に与えられている加法定理を得る。

◇演 習 問 題◇

A2.1 掛け算のみで $\sin 1$，$\sin 2$ の値を求めよ。

A2.2 オイラーの公式を用いて，つぎの 2 倍角の公式，3 倍角の公式を導け。

（1） $\cos 2\theta=\cos^2\theta-\sin^2\theta$　　（2） $\cos 3\theta=\cos^3\theta-3\cos\theta\sin^2\theta$

$\sin 2\theta=2\sin\theta\cos\theta$　　$\sin 3\theta=3\cos^2\theta\sin\theta-\sin^3\theta$

A2.3* 三角関数の合成公式

$$a\cos\theta+b\sin\theta=c\cos(\theta-\alpha)$$

を導け。ただし c，α は $c=\sqrt{a^2+b^2}$，$\cos\alpha=a/c$，$\sin\alpha=b/c$ によって定められる。

A3 微　分　入　門

力学の問題を扱うとき，微分の理解は必須である。この章で微分の基礎を確認しておく。

A3.1 変化率と微分係数

A3.1.1 変　化　率

図 A3.1 に示すグラフがある。はじめ横軸 x は水平方向の位置，縦軸 y は各位置での坂道の高さを表しているとする。(a)，(b)の坂道のどちらが急かと問われれば，いうまでもなく(b)である。急の程度を定量的に表す方法を考えよう。水平方向に同じ距離だけ進んだ場合に，(a)ではそれほど高くならないのに，(b)ではすぐに高くなる。そこで坂道の急の程度を表す量として，水平方向の距離に対する高さの変化の比，図の場合，水平方向の距離 $\Delta x = x_2 - x_1$ に対する高さの変化 $\Delta y = f_2 - f_1$ の比 $\Delta y/\Delta x$ を用いることができる。これを**勾配** (gradient) という。これによって坂道の急の程度を同じ基準で表すことができる。図から数値を読みとって勾配を比較すると，(b)の坂道のほうが急であることがわかる。

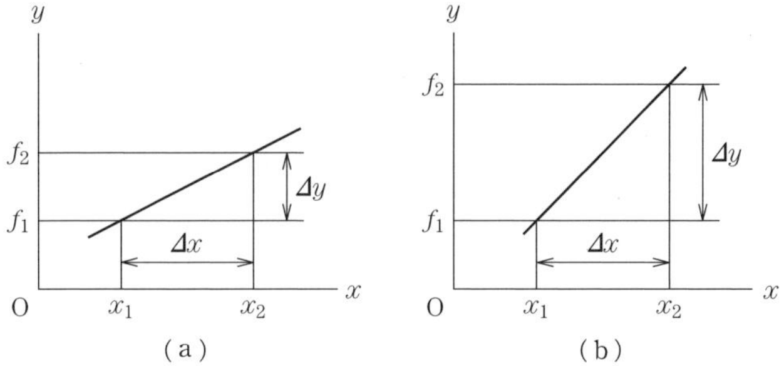

図 A3.1　直線のグラフ

つぎに上のグラフで，横軸 x は時間，縦軸 y は各時間における物体の位置を表すとする。どちらの物体が速いかと問われれば，いうまでもなく(b)である。この場合の $\Delta y/\Delta x$ は単位時間あたりの移動距離を意味し，**速度** (velocity) を表す。これによって物体の速さを同じ基準で表すことができる。図の場合，数値を読みとって速度を比較すると，(b)の物体のほうが速いことがわかる。

上の議論を一般化するため，横軸，縦軸の意味を限定せず，横軸は独立変数 x を，

縦軸は x の関数 $y=f(x)$ を表すものとする。

変数 x とその関数 $y=f(x)$ が図 A3.1 のように直線の関係にあった場合，図に示す Δx，Δy の比 $\Delta y/\Delta x$ を**変化率**（rate of change）と定義する。この変化率によって，関数の変化の程度を表すことができる。関数が直線で表される場合，変化率は x のどこで求めても同じになる。

A3.1.2　微　分　係　数

図 A3.2(a)のように，関数 y が x の曲線で与えられる場合を考える。この図において，x を一つの値に定めて，x からの有限の変化量 Δx を幅とする区間 $[x, x+\Delta x]$ を考える。この区間で関数が直線 PQ のように変化したと考える。このとき変化量 Δx に対する関数の変化量は $\Delta y=f(x+\Delta x)-f(x)$ であるので，変化率は

$$F=\frac{\Delta y}{\Delta x}=\frac{f(x+\Delta x)-f(x)}{\Delta x} \tag{A3.1}$$

である。これを幅 Δx の間の**平均変化率**（average rate of change）という。

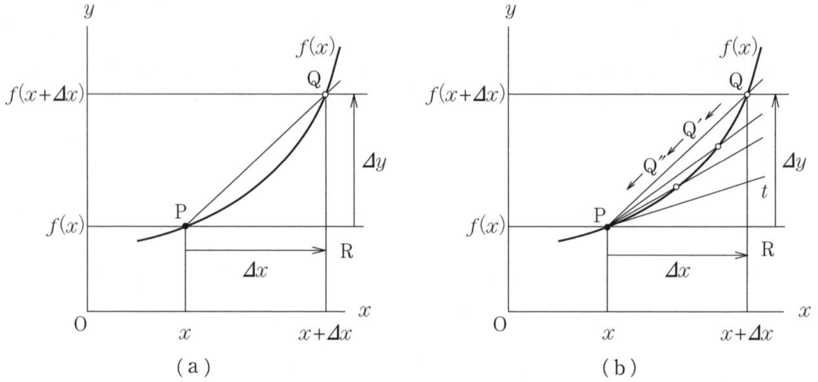

図 A3.2　微 分 係 数

つぎに図 A3.2(b)に示すように，点 Q を，点 Q から Q′，Q″，…を経て点 P に近づくように Δx を小さくする。この場合の平均変化率を表す直線は，直線 PQ から直線 PQ′，PQ″，…を経て接線 Pt に近づく。明らかに，点 Q が点 P に近づけば近づくほど，平均変化率 F は，変数 x の点の付近の変化率を表す。$\Delta x \to 0$ とした極限値

$$F=\lim_{\Delta x\to 0}\frac{\Delta y}{\Delta x}=\lim_{\Delta x\to 0}\frac{f(x+\Delta x)-f(x)}{\Delta x} \tag{A3.2}$$

は，接線 Pt の変化率を表す。これが指定した値 x における変化率で，これを**微分係数**（differential coefficient, derivative）という。前節の勾配や速度の例でいえば，

この微分係数が指定した場所の勾配あるいは指定した時間の速度を表す。

【例題 A3.1】 **図 A3.3** に示す関数 y について，$x=0$，1，2 に対する微分係数を求めよ。

解答 図 A3.3 に示す $x=0$，1，2 の点 P_1，P_2，P_3において定規等を利用して接線を引き，その変化率を求める。実際に定規で接線を引いてみよう。例えば P_2で接線を引くと，ちょうど横線，縦線の交点を通り，この数値を利用すると $F=1$ を得る。他の点も同じように求めると，$x=0$，1，2 に対して微分係数は

$F=0$，1，2

となる。

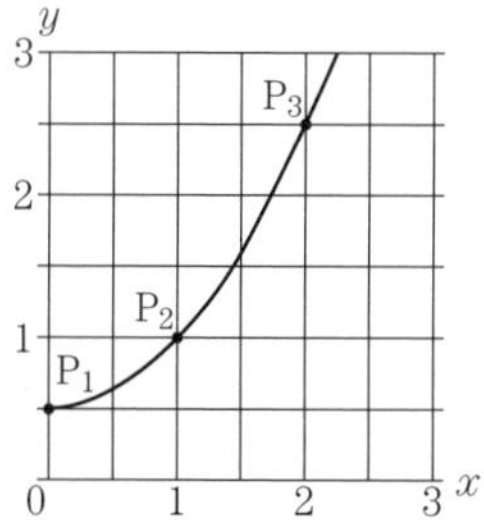

図 A3.3 微 分 係 数

A3.2 導　関　数

A3.2.1 導　関　数

微分係数 F は，x の値を変えれば異なった値となるので，x の関数であるということができる。この関数を**導関数**（derivative, derived function）という。与えられた関数の導関数を求めることを**微分**（differentiate）するという。関数 $y=f(x)$ の導関数は，$y'=f'(x)$ のように，もとの関数の肩に「′」を付けて表すことが多い。**図 A3.4** に，関数 $y=f(x)$ とその導関数 $y'=f'(x)$ を求めた例を示す。導関数 $f'(x)$ において x の値を一つの値，例えば x_1，x_2 などに指定すると，これに対する微分係数が導関数の値 $f'(x_1)$，$f'(x_2)$ などとして与えられる。

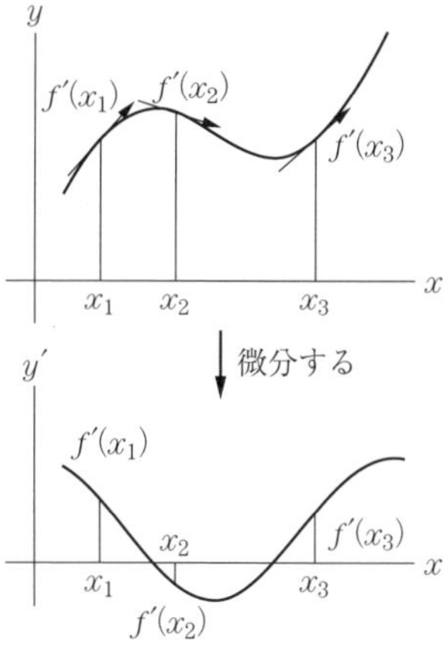

図 A3.4 導　関　数

上では導関数を求めることを微分と定義したが，導関数そのものを微分ということもある。同じ微分がどちらを意味するかは，文脈でわかるので混乱することはない。

A3.2.2 導関数の求め方

関数 $y=f(x)$ が式で与えられる場合には，導関数 y' は，式 (A3.2) に示された定義式

$$y'=\lim_{\Delta x\to 0}\frac{\Delta y}{\Delta x}=\lim_{\Delta x\to 0}\frac{f(x+\Delta x)-f(x)}{\Delta x} \tag{A3.3}$$

によって求めることができる。ここで基本的ないくつかの関数について，その導関数を求めてみよう。

■ 累乗関数　第1の例として，自然数 n を用いて定義される累乗関数

$$y=f(x)=x^n \tag{A3.4}$$

の導関数 y' を求める。定義により

$$y'=\lim_{\varDelta x\to 0}\frac{(x+\varDelta x)^n-x^n}{\varDelta x} \tag{A3.5}$$

である。この式の右辺の分子を展開して書き直すと

$$\begin{aligned} y'&=\lim_{\varDelta x\to 0}\frac{\left\{x^n+nx^{n-1}\varDelta x+\dfrac{n\cdot(n-1)}{2\cdot 1}x^{n-2}(\varDelta x)^2+\cdots\right\}-x^n}{\varDelta x} \\ &=\lim_{\varDelta x\to 0}\left(nx^{n-1}+\frac{n\cdot(n-1)}{2\cdot 1}x^{n-2}(\varDelta x)+\cdots\right) \end{aligned} \tag{A3.6}$$

を得る。この式の括弧の中の項に対して $\varDelta x\to 0$ とすると，第2項以降は0となる。したがって求める導関数 y' は

$$y'=\frac{dx^n}{dx}=nx^{n-1} \tag{A3.7}$$

を得る。じつはこの公式は，自然数 n に限定されず，任意の実数 n に対して成り立つことを示すことができる。

■ 三角関数　つぎの例として，三角関数

$$y=\sin x \tag{A3.8}$$

の導関数 y' を求める。定義によって

$$y'=\lim_{\varDelta x\to 0}\frac{\sin(x+\varDelta x)-\sin x}{\varDelta x} \tag{A3.9}$$

である。この式に三角関数の加法定理を用い，いくらか変形すると

$$y'=\lim_{\varDelta x\to 0}\left[\sin x\,\frac{(\cos\varDelta x-1)}{\varDelta x}+\cos x\,\frac{\sin\varDelta x}{\varDelta x}\right] \tag{A3.10}$$

を得る。この式の括弧の中の $(\cos\varDelta x-1)/\varDelta x$，$\sin\varDelta x/\varDelta x$ は，**図 A3.5** からわかるように，$\varDelta x\to 0$ のときそれぞれ

$$\frac{\cos\varDelta x-1}{\varDelta x}\to 0,\quad \frac{\sin\varDelta x}{\varDelta x}\to 1 \tag{A3.11}$$

である。これらを式(A3.10)に代入すると，次式を得る。

$$y'=\frac{d\sin x}{dx}=\cos x \tag{A3.12}$$

関数

$$y=\cos x \tag{A3.13}$$

の導関数 y' も上と同じように求めることができ，つぎのようになる。

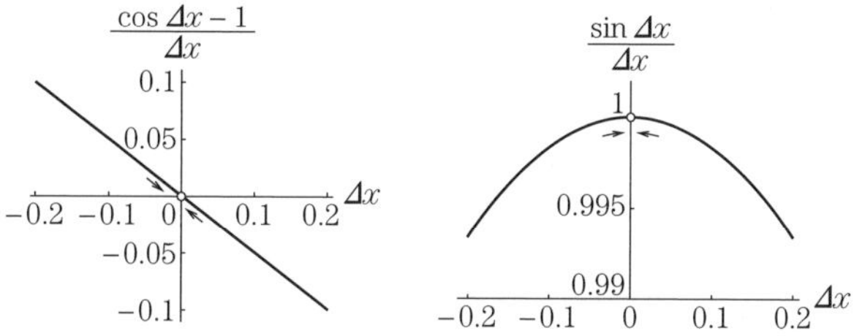

図 A3.5　関数 $(\cos \varDelta x - 1)/\varDelta x$，$\sin \varDelta x/\varDelta x$ のグラフ

$$y' = \frac{d \cos x}{dx} = -\sin x \tag{A3.14}$$

■　**指数関数と対数関数**　　ここでは指数関数と対数関数の導関数を求める。先に対数関数の導関数を求め，これを利用して指数関数の導関数を求めることにする。

a を $a \neq 1$ である正の定数として，対数関数

$$y = \log_a x \tag{A3.15}$$

を考える。導関数の定義によって

$$y' = \lim_{\varDelta x \to 0} \frac{\log_a (x + \varDelta x) - \log_a x}{\varDelta x} \tag{A3.16}$$

である。この式を書き直すと

$$y' = \frac{1}{x} \lim_{\varDelta x \to 0} \frac{x}{\varDelta x} \log_a \left(1 + \frac{\varDelta x}{x}\right) = \frac{1}{x} \lim_{\varDelta x \to 0} \log_a \left(1 + \frac{\varDelta x}{x}\right)^{\frac{x}{\varDelta x}} \tag{A3.17}$$

となる。この式の値を求めるため，関数

$$g = \left(1 + \frac{\varDelta x}{x}\right)^{\frac{x}{\varDelta x}} \tag{A3.18}$$

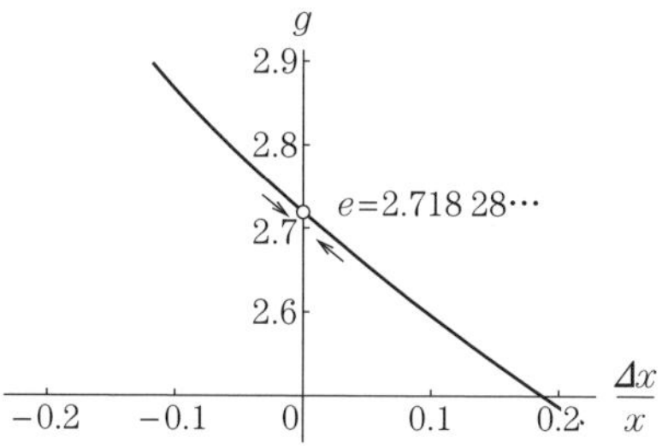

図 A3.6　関数 $g = (1 + \varDelta x/x)^{x/\varDelta x}$ のグラフ

の変化を $\varDelta x/x$ の小さい値に対して描くと，**図 A3.6** のようになる。この図から $\varDelta x/x \to 0$ のとき $g \to e$ となる。ここで e は，ネイピア数と呼ばれる重要な定数で

$$e = 2.718\,28\cdots \tag{A3.19}$$

である。これを用いると式(A3.17)から

$$y' = \frac{1}{x} \log_a e \tag{A3.20}$$

が得られる。これで対数関数の導関数が求められた。特に底 a が e の場合，式(A3.15)は $y = \log x$ となり，式(A3.20)から導関数は

$$y' = \frac{d \log x}{dx} = \frac{1}{x} \tag{A3.21}$$

となる。

つぎに指数関数を考える。a を $a \neq 1$ である正の定数として，指数関数

$$y = a^x \tag{A3.22}$$

を考える。この関数の導関数は次項の合成関数の公式を用いると容易に得られる。次項を参照しながら，導関数を求めよう。まず上式の両辺の自然対数をとると

$$\log y = x \log a \tag{A3.23}$$

を得る。つぎに合成関数の微分の公式を用いて両辺の導関数を求めると

$$\frac{1}{y} y' = \log a \tag{A3.24}$$

となる。この式から $y' = y \log a$ が得られ

$$y' = \frac{da^x}{dx} = a^x \log a \tag{A3.25}$$

となる。

特に底 a が e に等しいとき $\log e = 1$ であるから

$$y' = \frac{de^x}{dx} = e^x \tag{A3.26}$$

を得る。指数関数 $y = e^x$ は微分しても変わらない関数であるということがわかる。これは重要な性質である。

A3.2.3　基本的な導関数

基本的な関数は上述のような取扱いによって求めることができる。**表 A3.1** に主要な基本的な関数の導関数を示す。ここに示すような基本的な関数については，導関数を暗記しておくことが望ましい。複雑な関数については，微分のいろいろな公式を用いて求めることができる。

表 A3.1　微分の公式

与えられた関数	導関数
x^n	nx^{n-1}
e^x	e^x
a^x	$(\log a)a^x$
$\log x$	$\frac{1}{x}$
$\sin x$	$\cos x$
$\cos x$	$-\sin x$
$\tan x$	$\sec^2 x$

【例題 A3.2】　図 A3.3 に示す関数 y は，式で表して

$$y = \frac{1}{2} + \frac{1}{2}x^2$$

である。この式の導関数を求めよ。つぎにこれを用いて $x=0$，1，2 における微分係数を求め，例題 A3.1 で求めた結果と一致することを確かめよ。

解答　定数の導関数は 0 であることなどを用いると，問題の関数の導関数は

$$y' = x$$

となる。この結果に $x=0$，1，2 を代入すると微分係数は 0，1，2 となり，例題 3.1 で求めた結果と一致する。

A3.3 導関数の公式

関数が別の関数の積や商で与えられる場合，あるいは関数が合成関数の場合に，その導関数を求める公式を導く。

関数 y が関数 $f(x)$，$g(x)$ の積 $y=f(x)g(x)$ であるとする。この関数の導関数 y' を求める。まず平均変化率は

$$\frac{\varDelta y}{\varDelta x}=\frac{f(x+\varDelta x)g(x+\varDelta x)-f(x)g(x)}{\varDelta x} \tag{A3.27}$$

である。これを書き直すと

$$\frac{\varDelta y}{\varDelta x}=\frac{f(x+\varDelta x)-f(x)}{\varDelta x}g(x+\varDelta x)+f(x)\frac{g(x+\varDelta x)-g(x)}{\varDelta x} \tag{A3.28}$$

となる。この式で $\varDelta x\to 0$ とすれば

$$y'=f'(x)g(x)+f(x)g'(x) \tag{A3.29}$$

を得る。これが積の導関数を求める公式である。

対象とする関数 y が関数 $f(x)$，$g(x)$ の商 $y=f(x)/g(x)$ であるとする。この関数の微分 y' は，上と同じように平均変化率の式をいくらかの変形をし，$\varDelta x\to 0$ として得られ

$$y'=\frac{f'(x)g(x)-f(x)g'(x)}{g(x)^2} \tag{A3.30}$$

となる。

【例題 A3.3】 関数 $y=\tan x$ の導関数 y' を求めよ。

解答 式(A3.30)を用いて

$$y'=\frac{d}{dx}\left(\frac{\sin x}{\cos x}\right)=\frac{(\sin x)'\cos x-\sin x(\cos x)'}{\cos^2 x}$$

$$=\frac{\cos^2 x+\sin^2 x}{\cos^2 x}=\frac{1}{\cos^2 x}=\sec^2 x$$

となる。

関数 $y=f(g)$ が変数 g の関数で，その変数 $g=g(x)$ が変数 x の関数のとき，関数 y は間接的に x の関数となる。このとき y は x の**合成関数**（composite function）であるといい，$y=f(g(x))$ などと書く。合成関数 y の導関数 dy/dx を求める公式を導く。変数 x の変化量 $\varDelta x$ に対する g の変化量を $\varDelta g$，変数 g の変化量 $\varDelta g$ に対する y の変化量を $\varDelta y$ とすると，平均変化率 $\varDelta y/\varDelta x$ は

$$\frac{\varDelta y}{\varDelta x}=\frac{\varDelta f}{\varDelta g}\cdot\frac{\varDelta g}{\varDelta x} \tag{A3.31}$$

で与えられる。この式で $\varDelta x\to 0$ とすると

$$y'=\frac{df(g)}{dg}\cdot\frac{dg(x)}{dx}=f'(g)\cdot g'(x) \tag{A3.32}$$

を得る。これが合成関数の微分公式である。

【例題 A3.4】　関数 $y=(x^3-2)^2$ の導関数 y' を求めよ。

解答　変数 $g=x^3-2$ を用いると，関数 y は $y=g^2$ である。このように考えて，合成関数の微分について成り立つ式(A3.32)を用いると

$$y'=\frac{d(g^2)}{dg}\cdot\frac{d(x^3-2)}{dx}=2g\cdot 3x^2=6x^5-12x^2$$

となる。関数 y を展開して $y=x^6-4x^3+3$ として直接導関数 y' を求めても同じ結果となることはいうまでもない。

A3.4　導関数の応用

導関数はいろいろな問題を解くときに用いられる。ここでは一つの応用として，関数の極大値・極小値を求める方法を考える。

前述のように，導関数 $y'=f'(x)$ は関数 $y=f(x)$ の接線の勾配を表す。したがって関数 $y=f(x)$ は，$f'(x)>0$ のとき増加関数，$f'(x)<0$ のとき減少関数である。

これを確認した上で**図 A3.7** に示す関数 $y=f(x)$ を考える。図には関数 $y=f(x)$ とその導関数 $y'=f'(x)$ が示されている。この図の(a)の場合，$f'(x)=0$ となる $x=a$ を境界として，関数 $y=f(x)$ は，$x<a$（例えば $x=x_1$）で増加関数，$x>a$（例えば $x=x_2$）で減少関数である。したがって $x=a$ 付近の限定した範囲内で，関数 $y=f(x)$ は $x=a$ で最大となり，その値は $f(a)$ である。限定した範囲内での最大値のこ

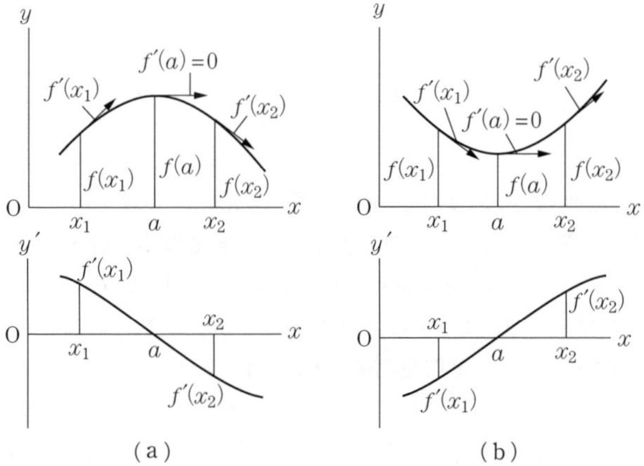

図 A3.7　極大値と極小値

とを**極大値**（maximal value）という。いまの場合 $f(a)$ は極大値である。図の(b)の場合，上と反対の状況となり，$f'(x)=0$ となる $x=a$ で $y=f(x)$ は最小となり，その値は $f(a)$ である。限定した範囲内での最小値のことを**極小値**（minimal value）という。いまの場合 $f(a)$ は極小値である。極大値，極小値を合わせて**極値**（extremum）という。関数 $y=f(x)$ の極値は $f'(x)=0$ となる x の値に対する関数値で与えられる。

【例題 A3.5】 関数

$$y=x^3-3x$$

の極値を求めよ。

解答 極値を与える x の値を求めるため，y' を求め $y'=0$ とおくと

$$y'=3(x^2-1)=0$$

を得る。この式を満たす x として

$$x=-1,\ 1$$

を得る。このときの y を求めると，$x=-1$ のとき極大値 $y=1$ を，$x=1$ のとき極小値 $y=-2$ を得る。

◇演　習　問　題◇

A3.1 つぎの関数 y の導関数 dy/dx を求めよ。

（1） $y=x\cos x$　（2） $y=\dfrac{e^x}{x}$　（3） $y=\sin(x^2+1)$

A3.2 つぎの関数 y の極大値と極小値を求めよ。

$$y=x(2x^2-x^3-1)$$

A3.3* つぎの関数 y を微分せよ。

（1） $y=\left(\dfrac{2x+5}{3x+4}\right)^2$　（2） $y=\cos^3 x$　（3） $y=\log(1+\sin x)$

A3.4* 曲線 $y=x^2-2x+3$ 上の点 (2，3) における接線の方程式を求めよ。

A3.5* 辺の長さが一定値 $4l$ をもつ長方形で面積が最大なものはどんな形か。

A4 積　分　入　門

力学のいろいろな問題で積分が必要になる。この章で積分の基礎をまとめておく。

A4.1 不　定　積　分

前章で，距離と高さの関係から坂道の勾配を求める方法を学んだ。逆に勾配を知っていれば，前に進んでいくときの高さを予測できることは，経験的に納得できる。前章で，時間と位置の関係から運動する物体の速度を求める方法を学んだ。逆に速度を知っていれば，時間が経過するときの位置を予測できることは経験的に納得できる。勾配や速度は“微分”で求められた。逆に高さや位置を求める演算は“積分”で求められる。この章で積分を考えよう。

A4.1.1 不　定　積　分

まず問題を設定する。前章で，与えられた関数からその導関数を求める方法を学んだ。ここでは逆に，関数 $y=f(x)$ が与えられたとき

$$\frac{dY}{dx}=f(x) \tag{A4.1}$$

となるように，未知の関数 $Y=F(x)$ を定める問題を考える。

この問題を，図を用いて考察する。**図 A4.1**(b)に示す関数 $y=f(x)$ が与えられた

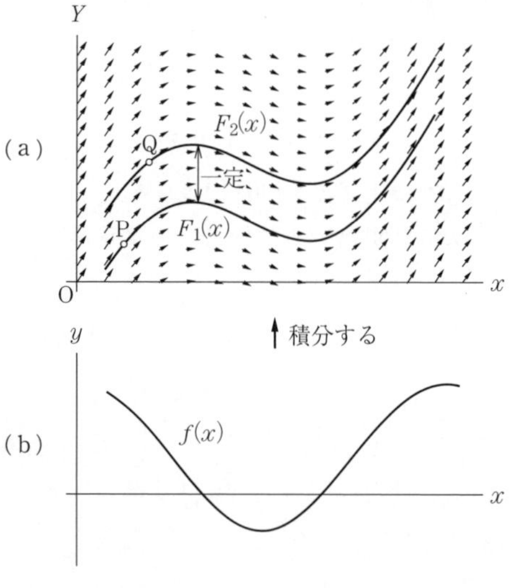

図 A4.1　不定積分の求め方

として，これに対する関数 $Y=F(x)$ を求めるため，図(a)に示すように，横軸，縦軸を x，Y とする平面を考える。この平面内で x の各値に対して，傾きが $f(x)$ で与えられる値となる短い矢印を多数描く。このようにして平面を矢印で満たす。ここで x の一つの値に対して矢印の傾きは同じであることに注意しよう。求める関数 $Y=F(x)$ の曲線は，式(A4.1)によって，接線がこの矢印の方向に一致するものである。したがって求める曲線はこの矢印をたどって変化する。そこでこの平面内の任意の点Pから出発して，矢印の方向あるいはそれと逆の方向をたどっていくと，図に $F_1(x)$ と示す一つの曲線が得られる。この曲線の導関数は明らかに $y=f(x)$ に一致する。このようにしていま求めた曲線の関数 $Y=F_1(x)$ は求める関数であることがわかる。

上述の考察で注意したいことがある。点Pとは異なる点Qから出発しても，いまと同じように曲線を求めることができ，別の曲線を得る。この曲線の関数 $Y=F_2(x)$ の導関数も $y=f(x)$ と一致する。このようにいまの問題では，求める関数は一つに限らない。ただしそれらの関数は，x の変化に対して同じように増減するので，定数の違いを除いて一致する。定数を微分すると0になることから，これは当然である。以上の考察からつぎのようなことがいえる。

関数 $y=f(x)$ が与えられたとき，式(A4.1)を満たす関数 Y が存在する。これを**不定積分**（indefinite integral）という。不定積分を求めることを**積分**（integrate）するという。与えられた関数 $y=f(x)$ の不定積分を記号 $\int f(x)\,dx$ で表す。$f(x)$ の不定積分は，式(A4.1)を満たす一つの関数 $F(x)$ を用いて

$$Y=\int f(x)\,dx=F(x)+C \tag{A4.2}$$

で与えられる。ここで C は定数である。不定積分に含まれる定数を**積分定数**（integration constant）という。以下ここでは，積分定数を C で表す。

A4.1.2 不定積分の求め方

関数が与えられたとき，不定積分をどのように求めるか。基本的な関数については，微分の公式集から逆算して求めることができる。微分の公式を利用するいくつかの例を示す。

■ 累乗関数 関数 $y=x^n$（$n\neq 1$ とする）の不定積分を求めよう。微分の公式を参考にして関数 x^{n+1} を考えると，この関数の導関数は $(n+1)x^n$ となり，係数が与えられた関数と一致しない。そこで係数を修正した関数 $Y=\{1/(n+1)\}x^{n+1}$ を考えると，この関数の導関数は与えられた関数と一致する。このようにして求める不定積分は

$$Y=\int x^n\,dx=\frac{1}{n+1}x^{n+1}+C \qquad \text{(A4.3)}$$

となる。

■ **三角関数**　関数 $y=\sin x$ の不定積分を求めよう。微分の公式を参考にして関数 $\cos x$ を考えると，この関数の導関数は $-\sin x$ となり，符号が与えられた関数と一致しない。そこで符号を修正した関数 $Y=-\cos x$ を考えると，この関数の導関数は与えられた関数 $y=\sin x$ と一致する。求める不定積分は

$$\int \sin x\,dx=-\cos x+C \qquad \text{(A4.4)}$$

となる。

関数 $y=\cos x$ の不定積分は，上と同じようにして

$$\int \cos x\,dx=\sin x+C \qquad \text{(A4.5)}$$

となる。

A4.1.3　基本的な不定積分

上の例のように，不定積分は，基本的な関数については微分の公式集から逆算して求められる。**表 A4.1** は，このようにして求めたものである。なお表では積分定数を省略してある。一般の関数については，基本的な公式やその他の知識を利用し，与えられた関数を既知の関数に帰着させて不定積分を求める。この詳細については微積分の教科書を参照いただきたい。

表 A4.1　積分の公式

与えられた関数	不定積分
x^n	$\frac{1}{n+1}x^{n+1}\ (n\neq-1)$
$\frac{1}{x}$	$\log x$
e^x	e^x
a^x	$\frac{a^x}{\log a}$
$\sin x$	$-\cos x$
$\cos x$	$\sin x$
$\sec^2 x$	$\tan x$

この節のはじめに挙げた例について，不定積分の応用を考えよう。坂道の問題で勾配 $f(x)$ が与えられた場合，高さ Y は式(A4.1)の解，すなわち式(A4.2)で与えられる。この式に含まれる積分定数は，どこから登りはじめたかを考慮して定められる。速度の問題で速度 $f(x)$ が与えられた場合，物体の位置 Y は式(A4.1)の解，すなわち式(A4.2)で与えられる。この式に含まれる積分定数は，どこを基準に位置を定めるかを考慮して定められる。

【例題 A4.1】　坂道の勾配 dY/dx が，式 $\cos x$ で与えられることがわかった。現在の高さを $Y=0$ として，この位置から 3 だけ進んだときの坂道の高さを求めよ。

解答　勾配が $\cos x$ に等しくなければならないので，高さ Y は

$$\frac{dY}{dx}=\cos x \tag{1}$$

を満たさなければならない。したがって Y は，この式の不定積分で与えられ

$$Y=\sin x+C \tag{2}$$

となる。この式で現在の位置 $x=0$ のとき $Y=0$ となるため，積分定数 C は $C=0$ でなければならない。このようにして高さ Y は

$$Y=\sin x \tag{3}$$

で与えられる。したがって $x=3$ の位置で，高さ Y は

$$Y=\sin 3=0.141 \tag{4}$$

となる。

A4.2　定　積　分

関数 $f(x)$ が区間 $[a,\ b]$ で定義されている。**図 A4.2** に示すように，区間 $[a,\ b]$ を

$$a<x_1<x_2<\cdots<x_{n-1}<b \tag{A4.6}$$

を満たす $x=x_1,\ x_2,\ \cdots,\ x_{n-1}$ の点で n 個の小さい区間に分ける。以下記号を統一するため，$a=x_0$，$b=x_n$ とする。各区間 $[x_{i-1},\ x_i]$ の長さを

$$\varDelta x_1=x_1-x_0,\quad \varDelta x_2=x_2-x_1,\quad \cdots,\quad \varDelta x_n=x_n-x_{n-1} \tag{A4.7}$$

とおく。また各区間に

$$x_{i-1}\leqq\xi_i\leqq x_i \tag{A4.8}$$

となる任意の数 ξ_i を導入する。これらを用いて，和

$$S=f(\xi_1)\varDelta x_1+f(\xi_2)\varDelta x_2+\cdots+f(\xi_n)\varDelta x_n \tag{A4.9}$$

を考える。この和の各項は図に塗りつぶして示してある，幅 $\varDelta x_i$，高さ $f(\xi_i)$ の長方形の面積である。正確には，$f(x)$ が負の値をとるとき負の面積を考える必要があるが，ここでは単に面積ということにする。

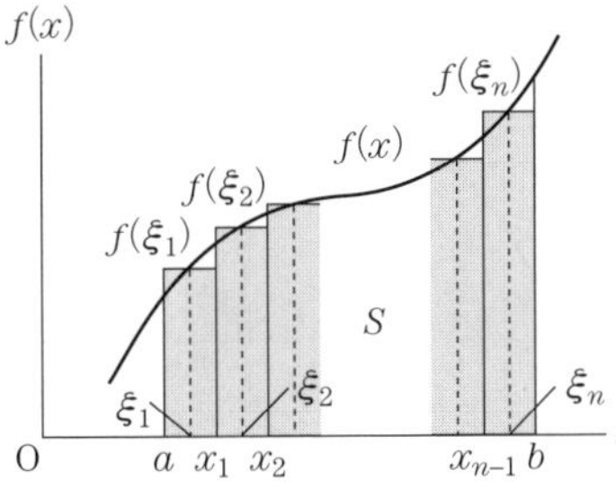

図 A4.2　定　積　分

式(A4.9)で長さ $\varDelta x_i$ が $\varDelta x_i\to 0$ となるように各区間を限りなく細かくしていく。この結果，関数 $f(x)$ が連続ならば，ξ_i の選び方によらず，得られる S は一定の値になることが示される。この値を**定積分**（definite integral）といい

$$S=\int_a^b f(x)\,dx \tag{A4.10}$$

と表す。この定積分 S は，前述の長方形の面積の和の極限値を表し，関数 $f(x)$ と区

間 $[a,\ b]$ で定められる図形の面積を表す。

定積分が前節で導入した不定積分を用いて求められることを示そう。このためいくつかの準備をしておく。まず後で変数 x を用いるため，式(A4.10)の変数 x を別の変数 u で置き換える。このとき定積分 S は

$$S=\int_a^b f(u)\,du \tag{A4.11}$$

で与えられる。このようにしても定積分の値に変わりはない。つぎに式(A4.11)で b は特別な値ではないので，b の代わりに一般的な x とした

$$S(x)=\int_a^x f(u)\,du \tag{A4.12}$$

を考える。この $S(x)$ は区間 $[a,\ x]$ の定積分を表しており，x によって値が変わるので x の関数である。この式で $x=b$ とすれば，$S(x)$ は定積分 S となる。

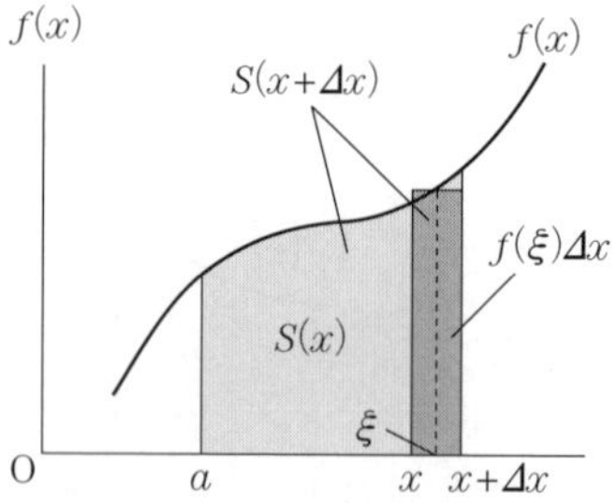

図 A4.3　定積分 $S(x)$ の導関数

準備ができたので，定積分 S を求める問題に入る。関数 $S(x)$ の導関数を定義に戻って求めよう。このため数 x を $\varDelta x$ だけ変化させたときの関数 $S(x)$ の変化量 $\varDelta S=S(x+\varDelta x)-S(x)$ を考えると，**図 A4.3** から明らかなように

$$\varDelta S=S(x+\varDelta x)-S(x)=f(\xi)\varDelta x \tag{A4.13}$$

とおくことができる。ここで ξ は $x<\xi<x+\varDelta x$ を満たす適当な数である。この式から，平均変化率が

$$\frac{\varDelta S}{\varDelta x}=\frac{S(x+\varDelta x)-S(x)}{\varDelta x}=f(\xi) \tag{A4.14}$$

で与えられることがわかる。この式において $\varDelta x\to 0$ とする場合を考える。左辺は定義によって関数 $S(x)$ の導関数 $S'(x)$ を表す。また右辺は $\xi\to x$ となるので $f(\xi)\to f(x)$ となる。このようにして

$$S'(x)=f(x) \tag{A4.15}$$

を得る。

式(A4.15)は，$S(x)$ が $f(x)$ の不定積分で与えられることを示している。したがって式(A4.15)を満たす一つの関数 $F(x)$ と積分定数 C を用いると

$$S(x)=F(x)+C \tag{A4.16}$$

を得る。この式の左辺に式(A4.12)を代入すると

$$\int_a^x f(u)\,du=F(x)+C \tag{A4.17}$$

を得る。積分定数を定めるため，この式の両辺において $x=a$ とおく。このとき左辺

は区間 $[a,\ a]$ の面積を表すので 0 となり，右辺は $F(a)+C$ となるので

$$0=F(a)+C \tag{A4.18}$$

が成り立つ。この式から $C=-F(a)$ を得る。これを式(A4.17)に代入すると

$$\int_a^x f(u)\,du=F(x)-F(a) \tag{A4.19}$$

となる。この式で $x=b$ とおけば，求める定積分 S は

$$S=\int_a^b f(u)\,du=F(b)-F(a) \tag{A4.20}$$

となる。この式で変数 u を x に戻すと

$$S=\int_a^b f(x)\,dx=F(b)-F(a) \tag{A4.21}$$

となる。この式の右辺は，不定積分 $F(x)$ を用いて

$$S=\int_a^b f(x)\,dx=\Big[F(x)\Big]_a^b \tag{A4.22}$$

と表示することが多い。

以上のように，関数 $f(x)$ が式で与えられているとき，定積分 S は，関数 $f(x)$ の不定積分 $F(x)$ を利用して求めることができる。

【例題 A4.2】 図 **A4.4** に示す台形の面積を求めよ。

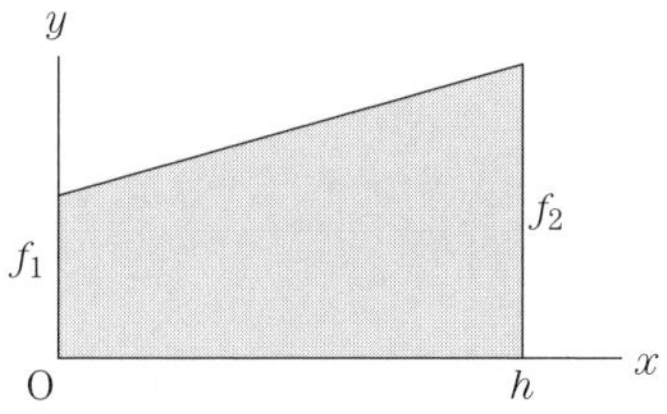

図 A4.4　台形の面積

解答　問題の台形に対して，x，y 軸を図 A4.4 のように定める。図の斜辺を表す式は

$$y=\frac{f_2-f_1}{h}x+f_1$$

である。求める面積 S は

$$S=\int_0^h\left(\frac{f_2-f_1}{h}x+f_1\right)dx$$

$$=\left[\frac{f_2-f_1}{h}\frac{x^2}{2}+f_1x\right]_0^h=(f_1+f_2)\frac{h}{2}$$

となる。この結果は，台形の面積の公式による結果と一致する。

◇演　習　問　題◇

A4.1　坂道の勾配 dY/dx が位置 x の関数 $dY/dx=x/4$ で与えられることがわかった。現在の高さは $Y=2$ である。この位置から $x=5$ だけ進んだとき，この坂道の高さはいくらか。

A4.2　区間 $[0,\ \pi]$ で $y=\sin x$ と x 軸で囲まれる面積を求めよ。

A4.3* つぎの不定積分を求めよ。

(1) $\displaystyle\int\frac{1}{x^3}dx$　(2) $\displaystyle\int\frac{1}{(2x+3)^3}$　(3) $\displaystyle\int\cos(ax+b)ds$ $(a\neq 0)$

A4.4* つぎの関数の不定積分を求めよ。

(1) $\sin^2 x$　(2) $\cos^2 x$　(3) $\sin mx\cos nx$ $(m\neq n)$

A4.5* 区間[1, 3]でつぎの曲線と x 軸で囲まれる面積 S を求めよ。

(1) $y=x^2$　(2) $y=\dfrac{1}{x}$　(3) $y=\dfrac{1}{(2x+3)^2}$

A4.6* **図 A4.5** に示す，半径 a の半円の面積 S を求めよ。

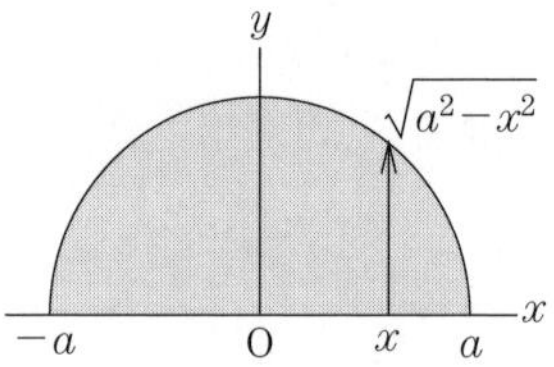

図 A4.5　半円の面積

A5 微分方程式入門

力学の問題を扱うのに微分方程式の解法を理解しておくことは必須である。この章で微分方程式の基礎をまとめておく。

A5.1 微分方程式

微分方程式（differential equation）とは，未知関数の微分を含んだ方程式をいう。例えば，x を独立変数，y を未知関数とする方程式

$$\frac{d^2y}{dx^2}+\frac{dy}{dx}+3y=\sin x \tag{A5.1}$$

は，未知関数 y の微分を含むので微分方程式である。微分方程式としてここでは，この例のように，独立変数が一つのものを取り上げる。

微分方程式に含まれる微分の最も高い次数をその方程式の**階数**（rank）といい，微分方程式をこの階数で区別する。式(A5.1)は2階の微分方程式である。

微分方程式を満たす未知関数を求めることを微分方程式を解くといい，求めた関数をこの方程式の**解**（solution）という。微分方程式の解で，階数と同じ数の任意定数を含むものを**一般解**（general solution）という。

【例題 A5.1】 微分方程式

$$\frac{d^2y}{dx^2}-4y=0$$

が与えられている。関数 $y_1=e^{2x}$，$y_2=e^{-2x}$ がこの微分方程式の解であることを確かめよ。また関数 $y=C_1e^{2x}+C_2e^{-2x}$ がこの方程式の一般解であることを示せ。

解答 関数 $y_1=e^{2x}$ を x について2回微分すると $d^2y_1/dx^2=4e^{2x}$ を得る。これを問題の微分方程式の左辺に代入すると

$$\frac{d^2y_1}{dx^2}-4y_1=4e^{2x}-4e^{2x}=0$$

となるので，関数 $y_1=e^{2x}$ は微分方程式を満たす。同じように $y_2=e^{-2x}$ も微分方程式を満たす。したがってこれらはいずれも解である。

つぎに $y=C_1e^{2x}+C_2e^{-2x}$ を問題の微分方程式の左辺に代入すると

$$\frac{d^2y}{dx^2}-4y=4C_1e^{2x}+4C_2e^{-2x}-4(C_1e^{2x}+C_2e^{-2x})=0$$

となり，この y は，C_1，C_2 の値に関係なく微分方程式を満たす。したがって $y=C_1e^{2x}+C_2e^{-2x}$ は一般解である。

微分方程式が未知関数とその微分に関する1次式で与えられるとき，その微分方程式は**線形**（linear）であるといい，そうでないとき**非線形**（nonlinear）であるという。式(A5.1)は，未知関数 y とその微分について1次式であるから線形である。

線形方程式が未知関数を含む項のみからなるとき，この方程式は**同次**（homogeneous）であるといい，そうでないとき**非同次**（nonhomogeneous）であるという。式(A5.1)は $\sin x$ の項があるので非同次であり，これがなければ同次である。

線形で同次の微分方程式においては，方程式の解がいくつか得られたとき，それらに任意の定数を掛けて加え合わせたものも解になる。つぎの例題でこれを確かめる。このことを指して，線形で同次の微分方程式において**重ね合わせの原理**（principle of superposition）が成り立つという。

【例題 A5.2】　例題 A5.1 の方程式において重ね合わせの原理が成り立つことを示せ。

解答　例題 A5.1 で二つの解 y_1，y_2 を求めた。C_1，C_2 を任意の定数として，解 y_1，y_2 に任意定数 C_1，C_2 を掛けて加え合わせた $y=C_1y_1+C_2y_2$ を考える。これを微分方程式の左辺に代入すると

$$\frac{d^2y}{dx^2}-4y=\frac{d^2}{dx^2}(C_1y_1+C_2y_2)-4(C_1y_1+C_2y_2)$$

$$=C_1\left(\frac{d^2y_1}{dx^2}-4y_1\right)+C_2\left(\frac{d^2y_2}{dx^2}-4y_2\right)$$

を得る。y_1，y_2 がもとの微分方程式を満たしているので，この式の最後の式の括弧の中はいずれも0となり，C_1，C_2 の値に関係なく最後の式の値は0である。したがって $y=C_1y_1+C_2y_2$ は微分方程式の解である。ここで解 y_1，y_2 に対して具体的な関数を用いていないことに注意しよう。このように線形の微分方程式では重ね合わせの原理が成り立つことが確かめられる。例題 A5.1 で示した一般解はこのようにして得たものである。

A5.2　変数分離形の微分方程式

力学の問題を扱うとき，**変数分離形**（variables separable）といわれる微分方程式にしばしば出会う。これは，独立変数を x，未知関数を y とするとき

$$\frac{dy}{dx}=f(x)g(y) \qquad \text{(A5.2)}$$

の形の1階の微分方程式をいう。ここで $f(x)$ は x のみの関数，$g(y)$ は y のみの関数である。この微分方程式の特徴は，右辺が x のみの関数と y のみの関数の積で与えられることである。この微分方程式の一般解はつぎに述べる方法で求めることができる。これを**変数分離の方法**（method of separation of variables）という。

まずこの方法の根拠を示す。その後で，この方法を実際の問題に適用するときに便利な，形式的な方法を示す。

問題の式(A5.2)を

$$\frac{1}{g(y)}\frac{dy}{dx}=f(x) \tag{A5.3}$$

と書き直す。$1/g(y)$ の不定積分の一つを求めて，それを

$$G(y)=\int\frac{1}{g(y)}\,dy \tag{A5.4}$$

とおく。y は x の関数であるから，合成関数の微分公式を適用して，関数 $G(y)$ を x で微分すると

$$\frac{dG(y)}{dx}=\frac{dG(y)}{dy}\frac{dy}{dx}=\frac{1}{g(y)}\frac{dy}{dx} \tag{A5.5}$$

を得る。したがって式(A5.3)は

$$\frac{dG(y)}{dx}=f(x) \tag{A5.6}$$

と書くことができる。この式の両辺を x で積分すると

$$G(y)=\int f(x)\,dx+C \tag{A5.7}$$

を得る。ここで C は積分定数である。この式の $G(y)$ に式(A5.4)を代入すると

$$\int\frac{1}{g(y)}dy=\int f(x)\,dx+C \tag{A5.8}$$

となる。この式は，左辺に含まれる未知関数 y が，右辺の x の関数で与えられることを示し，式(A5.2)の一般解である。

変数分離の方法で実際に解を求めるときは，形式的につぎのように扱うのが便利である。問題の式(A5.2)を，dy/dx を分数のように扱って

$$\frac{1}{g(y)}dy=f(x)\,dx \tag{A5.9}$$

と書き直す。この式の左辺は y のみの関数に dy を掛けたもの，右辺は x のみの関数に dx を掛けたものとなっているので，両辺をそれぞれ y，x で積分することができる。実際に積分すると式(A5.8)を得る。

【例題 A5.3】　微分方程式

$$\frac{dy}{dx}=y^2e^x$$

の一般解を求めよ。

解答　問題の微分方程式を

$$\frac{dy}{y^2}=e^x\,dx$$

と書き直す。この式の両辺をそれぞれ y，x で積分すれば

$$-\frac{1}{y}=e^x+C$$

を得る。ここで C は積分定数である。この式を y の式に書き直せば，一般解として

$$y=-\frac{1}{e^x+C}$$

を得る。

A5.3　定数係数の線形微分方程式

独立変数を x，未知関数を y として

$$\frac{d^ny}{dx^n}+a_1\frac{d^{n-1}y}{dx^{n-1}}+\cdots+a_ny=0 \tag{A5.10}$$

の形の定数係数の n 次の同次線形微分方程式が与えられているとする。ここで n は正の整数，a_1，a_2，…，a_n は定数である。この節では，この方程式の一般解を求める問題を考える。n 次の線形微分方程式は n 個の任意定数を含んだ解が一般解である。

式(A5.10)の解を，C，λ を未知定数として

$$y=Ce^{\lambda x} \tag{A5.11}$$

とおいてみる。これを式(A5.10)に代入すると

$$C(\lambda^n+a_1\lambda^{n-1}+a_2\lambda^{n-2}+\cdots+a_n)e^{\lambda x}=0 \tag{A5.12}$$

を得る。これが任意の C に対して成り立つためには，$e^{\lambda x}$ の係数部分の括弧の中が 0 になればよい。したがって λ が式

$$\lambda^n+a_1\lambda^{n-1}+a_2\lambda^{n-2}+\cdots+a_n=0 \tag{A5.13}$$

を満たせば，C の任意の値に対して，式(A5.11)は解となる。式(A5.13)は λ に関する n 次代数方程式で n 個の解を持つ。この方程式を解いて

$$\lambda=\alpha_1,\ \alpha_2,\ \cdots,\ \alpha_n \tag{A5.14}$$

を得たとする。ここではこれらはたがいに異なるとする。λ がこれらの値のいずれかをとれば，C の任意の値に対して式(A5.11)は解となる。そこで式(A5.11)の λ を式(A5.14)の値とし，各 λ に対して任意定数 C をあらためて C_1，C_2，…，C_n とおけば，式(A5.10)の解として

$$y=C_1e^{\alpha_1 x},\ C_2e^{\alpha_2 x},\ \cdots,\ C_ne^{\alpha_n x} \tag{A5.15}$$

を得る。重ね合わせの原理によって

$$y=C_1e^{\alpha_1 x}+C_2e^{\alpha_2 x}+\cdots+C_ne^{\alpha_n x} \tag{A5.16}$$

も解である。これは n 個の任意定数を含み，式(A5.10)の一般解となっている。こ

のようにして一般解が得られた。

【例題 A5.4】 例題 A5.1 の微分方程式の一般解を求めよ。

解答 C，λ を未知定数として，求める解を

$$y = Ce^{\lambda x} \tag{1}$$

とおく。これを問題の微分方程式に代入すると

$$C(\lambda^2 - 4)e^{\lambda x} = 0 \tag{2}$$

を得る。したがって

$$\lambda = \pm 2 \tag{3}$$

とすれば，任意の C に対して，式(1)は解となる。各 λ に対して，任意定数 C を C_1，C_2 とおけば，一般解は

$$y = C_1 e^{2x} + C_2 e^{-2x} \tag{4}$$

となる。

つぎに式(A5.10)の右辺に既知の関数 $f(x)$ が加わった，非同次微分方程式

$$\frac{d^n y}{dx^n} + a_1 \frac{d^{n-1} y}{dx^{n-1}} + \cdots + a_n y = f(x) \tag{A5.17}$$

の一般解を求めることを考える。非同次微分方程式の一般解を得るのに，二つの問題の解を求め，それらを加え合わせる。これをつぎに示す。

第一の問題は式(A5.17)で $f(x)$ を 0 とおいた方程式である。この方程式のことを，式(A5.17)に**随伴**（adjoint）する同次方程式という。この方程式は同次方程式であるから，この式の一般解は，この節のはじめに述べたように求められる。このように得られた一般解を y_c とおく。のちの議論のため，解 y_c は

$$\frac{d^n y_c}{dx^n} + a_1 \frac{d^{n-1} y_c}{dx^{n-1}} + \cdots + a_n y_c = 0 \tag{A5.18}$$

を満たすことに注意しておく。

つぎにもとの非同次微分方程式の解を，以下の例題に示すように，関数 $f(x)$ の性質に注目して適当な方法でみつける。これを**特解**（particular solution）という。任意定数を含める必要はない。求めた特解を y_p とする。のちの議論ため，特解 y_p は

$$\frac{d^n y_p}{dx^n} + a_1 \frac{d^{n-1} y_p}{dx^{n-1}} + \cdots + a_n y_p = f(x) \tag{A5.19}$$

を満たすことに注意する。

以上で 2 種類の解 y_c，y_p が求まった。これらを加えた

$$y = y_c + y_p \tag{A5.20}$$

が，もとの問題の式(A5.17)の一般解であることを示そう。このため，式(A5.20)を式(A5.17)の左辺に代入すると

$$\frac{d^n y}{dx^n}+a_1\frac{d^{n-1}y}{dx^{n-1}}+\cdots+a_n y=\left(\frac{d^n y_c}{dx^n}+a_1\frac{d^{n-1}y_c}{dx^{n-1}}+\cdots+a_n y_c\right)+\left(\frac{d^n y_p}{dx^n}+a_1\frac{d^{n-1}y_p}{dx^{n-1}}+\cdots+a_n y_p\right) \quad \text{(A5.21)}$$

となる。式(A5.18)と式(A5.19)に注意すると，上式の右辺の第1項は0，第2項は $f(x)$ に等しい。このように式(A5.20)は式(A5.17)の解である。この解を詳しく書くと

$$y=C_1e^{\alpha_1 x}+C_2e^{\alpha_2 x}+\cdots+C_ne^{\alpha_n x}+y_p \quad \text{(A5.22)}$$

となる。この解は n 個の任意定数を含んでおり，一般解である。

【例題 A5.5】 微分方程式

$$\frac{d^2y}{dx^2}-4y=\sin 3x$$

の一般解を求めよ。

解答 問題の微分方程式の特解を求めるため

$$y_p=A\sin 3x$$

とおいてみる。これを微分方程式の左辺に代入すると

$$\frac{d^2y}{dx^2}-4y=(-9-4)A\sin 3x$$

を得る。これが問題の微分方程式の右辺に一致するための条件として $A=-1/13$ を得る。これを y_p の式に代入すると，特解として

$$y_p=-\frac{1}{13}\sin 3x$$

を得る。随伴する同次方程式の一般解は例題A5.4で求められているので，それを利用する。このようにして問題の一般解は

$$y=C_1e^{2x}+C_2e^{-2x}-\frac{1}{13}\sin 3x$$

となる。

◇演 習 問 題◇

A5.1 つぎの微分方程式の一般解を求めよ。

(1) $\dfrac{dy}{dx}=\dfrac{y}{2x}$　(2) $\dfrac{dy}{dx}=y(1-y)$　(3) $\dfrac{dy}{dx}+x^2y=0$

A5.2 つぎの微分方程式の一般解を求めよ。

(1) $\dfrac{d^2y}{dx^2}-4y=2x^2+4$　(2) $\dfrac{d^2y}{dx^2}+y=3\cos 2x$　(3) $\dfrac{d^2y}{dx^2}+4y=4\cos 2x$

参　考　文　献

本書を執筆するにあたって，特に下記の著書を参考にさせていただいた。これらの著者に感謝申し上げたい。

1 章～12 章

1）入江敏博，山田元：工業力学，理工学社（1980）
2）市村宗武：力学，朝倉書店（1981）
3）戸田盛和：力学，岩波書店（1982）
4）原島鮮：力学（三訂版），裳華房（1985）
5）宮台朝直：力と運動，培風館（1987）
6）青木弘，木谷晋：工業力学，森北出版（1994）
7）川村清：力学，裳華房（1998）
8）橋元淳一郎：力学ノート，講談社（2001）
9）高木隆司：力学 I，II，裳華房（2001）
10）吉村靖夫，米内山誠：工業力学，コロナ社（2004）
11）宇佐美誠二，貴島準一，西村鷹明，鳥塚潔：理工系のための力学の基礎，講談社サイエンティフィク（2005）
12）平山修：理工系のための解く力学，講談社サイエンティフィク（2006）
13）J. L. Meriam, L. G. Kraige，浅見敏彦訳：図解 機械の力学―質点の力学，丸善（2006）
14）J. L. Meriam, L. G. Kraige，浅見敏彦訳：図解 機械の力学―剛体の力学，丸善（2007）

補　章

1）大村平：微積分のはなし（上），（下），日科技連（1972）
2）小野寺嘉孝：なっとくするベクトル，講談社（2001）
3）佐藤敏明：三角関数，ナツメ社（2008）
4）矢野健太郎（編集），石原繁（編集）：微分積分，裳華房（1991）
5）重見健一：数学再入門，オーム社（2007）
6）寺沢寛一：自然科学者のための数学概論（増訂版改版）岩波書店（1983）
7）鈴木増雄，香取眞理，羽田野直道，野々村禎彦訳：数学ハンドブック，朝倉書店（2002）

演習問題解答

演習問題のうち問題番号に＊を付したものについては，答のみをここに記載し，解説はコロナ社ホームページ（トップページ→キーワード検索「機械の基礎力学」）に掲載した。

1 章

1.1 一方の人が相手を引き寄せるように力を加えると，反力によって，その人は逆に相手の方に引き寄せられる。このようにして二人は近づく。

1.2 この人の質量は変化しないが，体重は約 1/6 の 10 kg となる。

1.3 出発の位置を原点 O として，x，y 軸が東，北の方向になるように座標系 O-xy を定める。座標の単位を〔m〕とする。現在の位置は座標（3，5）あるいは成分表示で $3\boldsymbol{i}_0+5\boldsymbol{j}_0$ である。

1.4 3600 N

1.5 200 kg

1.6 7500 N

1.7 $2\boldsymbol{i}_0-3\boldsymbol{j}_0$

2 章

2.1 $\boldsymbol{F}_1$ の方向に x 軸，これに直角に y 軸を定める。このとき，式(2.5)より $R_x=30+20\cos 120°$，$R_y=20\sin 120°$ となる。この式から合力 $\boldsymbol{R}$ の大きさ R は

$$\boldsymbol{R}=\sqrt{(30+20\cos 120°)^2+(20\sin 120°)^2}=26.46\,〔\mathrm{N}〕$$

となる。また合力 $\boldsymbol{R}$ の方向を，$\boldsymbol{F}_1$ となす角 θ で示すと

$$\cos\theta=\frac{30+20\cos 120°}{26.46}=0.756$$

より $\theta=40.9°$ となる。

2.2 式(2.12)を用いる場合，**解図 2.1** によって，モーメント N は

$$N=F\times\overline{\mathrm{OP}}\times\sin(70°-45°)$$
$$=5\times3\sqrt{2}\times\sin 25°=8.97\,〔\mathrm{N\cdot m}〕$$

となる。

式(2.14)を利用する場合，モーメント N は

$$N=xF_y-yF_x$$
$$=3\times F\sin 70°-3\times F\cos 70°$$
$$=8.97\,〔\mathrm{N\cdot m}〕$$

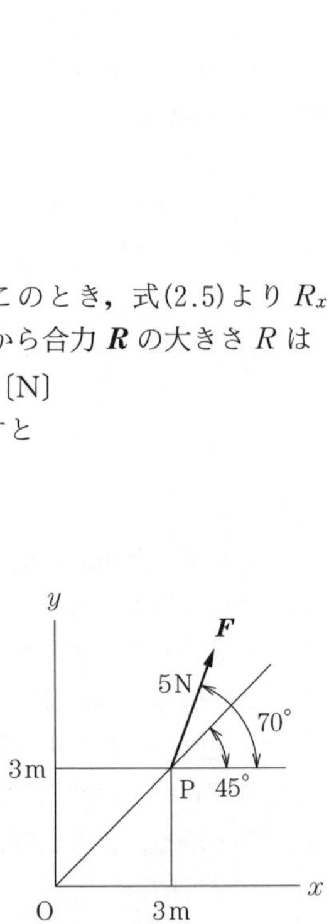

解図 2.1

となる。

2.3　左右の物体の位置で g〔N〕，$2g$〔N〕の重力が働く。これらを点 Q_1 に働く力に置き換えると，力 W，モーメント N は

$$W=g+2g=3g=29.4\,〔\mathrm{N}〕,\quad N=g\times1.5-2g\times1.5=-14.7\,〔\mathrm{N\cdot m}〕$$

となる。また点 Q_2 に働く力に置き換えると，力 W，モーメント N は

$$W=g+2g=3g=29.4\,〔\mathrm{N}〕,\quad N=g\times2-2g\times1=0\,〔\mathrm{N\cdot m}〕$$

となる。

2.4　$R=7.28$〔N〕，　$\theta=15.9°$

2.5　-15 N·m

2.6　-3 N·m

3　章

3.1　式(3.5)によって，重心の座標は

$$x_G=\frac{m\cdot0+m\cdot a+m\cdot a+m\cdot0}{m+m+m+m}=\frac{a}{2},\quad y_G=\frac{m\cdot0+m\cdot0+m\cdot b+m\cdot b}{m+m+m+m}=\frac{b}{2}$$

である。この場合の重心は図心にある。

3.2　長方形板の 2 辺が x，y 軸になるよう直角座標系 O-xy を定める。重心の座標 $(x_G,\ y_G)$ は

$$x_G=\frac{\int_0^b\int_0^a \rho x\,dxdy}{\int_0^b\int_0^a \rho\,dxdy}=\frac{\int_0^b\left[(1/2)\rho x^2\right]_0^a dy}{\rho ab}=\frac{(1/2)\rho a^2 b}{\rho ab}=\frac{1}{2}a$$

$$y_G=\frac{\int_0^b\int_0^a \rho y\,dxdy}{\int_0^b\int_0^a \rho\,dxdy}=\frac{\int_0^b \rho ya\,dy}{\rho ab}=\frac{\left[(1/2)\rho ay^2\right]_0^b}{\rho ab}=\frac{1}{2}b$$

である。この結果から，重心は長方形の図心にあることがわかる。

3.3　重心は y 軸上にある。重心の y 座標 y_G は

$$y_G=\frac{\int_0^a\int_{x_1}^{x_2}\rho y\,dxdy}{\int_0^a\int_{x_1}^{x_2}\rho\,dxdy}=\frac{\rho\int_0^a y\left[x\right]_{x_1}^{x_2}dy}{\rho\int_0^a\left[x\right]_{x_1}^{x_2}dy}=\frac{\rho\int_0^a y\cdot2\sqrt{a^2-y^2}\,dy}{\rho\int_0^a 2\sqrt{a^2-y^2}\,dy}=\frac{4a}{3\pi}$$

となる。ここで上式に含まれる積分は，$y=a\sin\theta$ とおいて θ の積分に変換して求められる。重心は y 軸上で，高さ $4a/3\pi$ のところにある。

3.4　左端から $(5/6)\,l$ の位置

4　章

4.1　自由物体線図は図 4.10 のようになる。つり合いの条件のうち，水平，鉛直方向の力に関する条件は

$$R_1\sin\theta_1-R_2\sin\theta_2=0,\quad R_1\cos\theta_1+R_2\cos\theta_2-mg=0$$

である。モーメントに関する条件は満たされている。上式を解いて

$$R_1=mg\frac{\sin\theta_2}{\sin(\theta_1+\theta_2)}=254\,〔\mathrm{N}〕,\quad R_2=mg\frac{\sin\theta_1}{\sin(\theta_1+\theta_2)}=359\,〔\mathrm{N}〕$$

を得る。

4.2　$\overline{\mathrm{OP}}=0.3$〔m〕，$\overline{\mathrm{PQ}}=0.4$〔m〕から，$\overline{\mathrm{OQ}}=0.5$〔m〕である。図 4.11 に示す角 θ は

$$\sin\theta=3/5,\quad \cos\theta=4/5$$

によって定められる。つり合いの条件のうち，水平，垂直方向の力に関する条件は

$$T\cos(60°-\theta)-R\cos 30°=0,\quad T\sin(60°-\theta)+R\sin 30°-mg=0$$

である。モーメントに関する条件は満たされている。上式から R, T を求めると

$$R=45.1\,〔\mathrm{N}〕,\quad T=42.4\,〔\mathrm{N}〕$$

となる。

力のつり合いの条件を，壁に平行と垂直方向の成分で求めると，問題をより簡単に扱うことができる。上で求めた θ を用いると，つり合い条件のうち，壁に平行と垂直方向の力に関する条件は

$$T\cos\theta-mg\cos 30°=0,\quad R-T\sin\theta-mg\sin 30°=0$$

となる。この式の第 1 式から $T=42.4$〔N〕を得る。これを第 2 式に代入すると $R=45.1$〔N〕を得る。

4.3　前半の問題に対して，左右の支持部に働く力を $\boldsymbol{R}_1$，$\boldsymbol{R}_2$ とおく。つり合いの条件のうち，鉛直方向の力，点 G まわりのモーメントに関する条件から

$$R_1+R_2-mg=0,\quad -R_1l_1+R_2l_2=0$$

を得る。これを R_1，R_2 について解き，問題の数値を代入すると

$$R_1=\frac{l_2}{l_1+l_2}mg=117.6\,〔\mathrm{N}〕,\quad R_2=\frac{l_1}{l_1+l_2}mg=78.4\,〔\mathrm{N}〕$$

となる。

後半の問題に対して，支持点に働く等しい力を $\boldsymbol{R}$ とおく。つり合いの条件のうち，上下方向の力に関する条件，点 G まわりのモーメントに関する条件から

$$2R-mg-m_0g=0,\quad -Rl_1+Rl_2-m_0g(l_2+d)=0$$

を得る。これを R，m_0 について解き，問題の値を代入すると

$$R=\frac{l_2+d}{l_1+l_2+2d}mg=112\,〔\mathrm{N}〕,\quad m_0=\frac{l_2-l_1}{l_1+l_2+2d}m=2.86\,〔\mathrm{kg}〕$$

となる。

4.4　$T=(7/2\sqrt{3})mg$,　$R_x=(7/4\sqrt{3})mg$,　$R_y=(5/4)mg$

5 章

5.1　速度 v が 9 m/s に達する時間 t_1 は $3t^2-18=9$ より求められ，$t_1=3$〔s〕である。これを x の式と加速度の式 $a=6t$ に代入すると $x=5$〔m〕，$a=18$〔m/s^2〕を得る。

5.2　位置ベクトル $\boldsymbol{r}$ の式に $t=0$，1，2，3 を代入して**解図 5.1**(a)に示す結果を得る。軌道は，これらのベクトルの終点を通る半径 3 の円である。

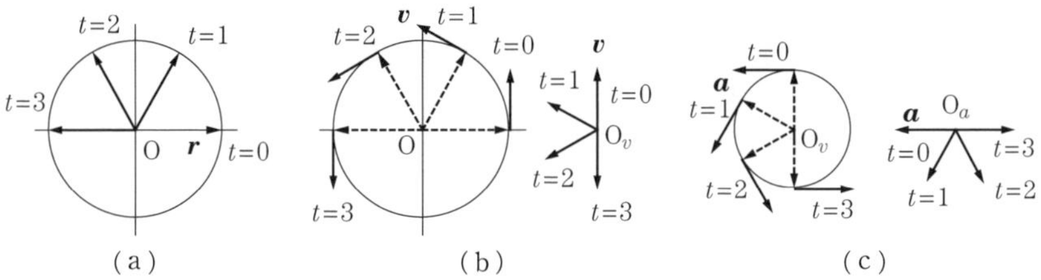

解図 5.1

つぎに速度ベクトル $\boldsymbol{v}$，加速度ベクトル $\boldsymbol{a}$ は

$$\boldsymbol{v}=-\pi\sin\left(\frac{\pi}{3}t\right)\boldsymbol{i}_0+\pi\cos\left(\frac{\pi}{3}t\right)\boldsymbol{j}_0$$

$$\boldsymbol{a}=-\frac{\pi^2}{3}\cos\left(\frac{\pi}{3}t\right)\boldsymbol{i}_0-\frac{\pi^2}{3}\sin\left(\frac{\pi}{3}t\right)\boldsymbol{j}_0$$

である。この式に $t=0$，1，2，3 を代入して（b），（c）に示す結果を得る。なおそれぞれのベクトルを表示するのに，（b）では位置ベクトルの終点と固定点 O_v を，（c）では速度ベクトルの終点と固定点 O_a をそれぞれ始点としている。

5.3　点 P の位置ベクトル $\boldsymbol{r}$ は

$$\boldsymbol{r}=x\,\boldsymbol{i}_0+y\,\boldsymbol{j}_0=r\cos\omega t\,\boldsymbol{i}_0+r\sin\omega t\,\boldsymbol{j}_0$$

である。速度ベクトル $\boldsymbol{v}$，加速度ベクトル $\boldsymbol{a}$ は

$$\boldsymbol{v}=-r\omega\sin\omega t\,\boldsymbol{i}_0+r\omega\cos\omega t\,\boldsymbol{j}_0=r\omega(-\sin\omega t\,\boldsymbol{i}_0+\cos\omega t\,\boldsymbol{j}_0)$$

$$\boldsymbol{a}=-r\omega^2\cos\omega t\,\boldsymbol{i}_0-r\omega^2\sin\omega t\,\boldsymbol{j}_0=-r\omega^2(\cos\omega t\,\boldsymbol{i}_0+\sin\omega t\,\boldsymbol{j}_0)$$

である。

速度ベクトル $\boldsymbol{v}$ の方向を求めるため，スカラー積を利用すると，$\boldsymbol{r}$，$\boldsymbol{v}$ のなす角 θ_v について

$$\cos\theta_v=\frac{\boldsymbol{r}\cdot\boldsymbol{v}}{rv}=0$$

が成り立つ。この式から速度ベクトル $\boldsymbol{v}$ は位置ベクトル $\boldsymbol{r}$ に直角であることがわかる。つぎに加速度ベクトル $\boldsymbol{a}$ の方向を求めるため，スカラー積を利用すると，$\boldsymbol{v}$，$\boldsymbol{a}$ のなす角 θ_a について

$$\cos\theta_a=\frac{\boldsymbol{v}\cdot\boldsymbol{a}}{va}=0$$

が成り立つ。この式から加速度ベクトル $\boldsymbol{a}$ は速度ベクトル $\boldsymbol{v}$ に直角であることがわかる。

5.4　速度 v は $v=12$ である。平均速度は $\tilde{v}=19.00$，12.61，12.06，12.01 である。

5.5　$v=-e^{-2t}(2\cos 3t+3\sin 3t)$，　$a=-e^{-2t}(5\cos 3t-12\sin 3t)$

5.6　$\theta_v=\pi/4$，　$\theta_a=\pi/2$

6 章

6.1　求める初速度を v_0 とすると，時刻 t における位置 x，速度 v は式(6.9)で与えられる。質点の速度が 17 m/s になる時刻 t_1 は $v=-gt+v_0=17$ を満たす t として定められ，$t_1=(v_0-17)/g$ である。このときの位置 x が 10 m になるためには

$$x=-\frac{1}{2}gt_1^2+v_0t_1=-\frac{1}{2}g\left(\frac{v_0-17}{g}\right)^2+v_0\frac{v_0-17}{g}=10$$

を満たさなければならない。この式から v_0 は $v_0=22.0$〔m/s〕となる。

6.2　質点を投げる角度を θ_0，初速度を v_0 とすると，時刻 t における位置 x，y は式(6.17)で与えられる。質点が再び地表に達する時刻 t_1 は $y=0$ を満たす時刻 t として求められ，$t_1=2v_0\sin\theta_0/g$ である。この時刻までに質点が飛ぶ距離 x_1 は

$$x_1=v_0\cos\theta_0\frac{2v_0\sin\theta_0}{g}=\frac{v_0^2}{g}\sin 2\theta_0$$

である。この距離が最大になるのは $\sin 2\theta_0=1$ となるとき，したがって $\theta_0=45°$ のときである。

6.3　自動車の質量を m，速度を v_0，力の大きさを F_0 と表す。力を加えはじめた時刻を $t=0$ とすると，時刻 t における速度 v と，その時刻までに走った距離 x は

$$v=v_0-\frac{F_0}{m}t,\quad x=v_0t-\frac{F_0}{2m}t^2$$

である。自動車が停止する時刻 t_1 は，$v=0$ となる時刻 t として求められ

$$t_1=\frac{m}{F_0}v_0=\frac{1\,200}{4\,000}\frac{30\times1\,000}{3\,600}=2.5\text{〔s〕}$$

である。停止するまでに自動車が走る距離 x_1 は，時刻 t_1 における x の値として求められ

$$x_1=v_0t_1-\frac{F_0}{2m}t_1^2=\frac{30\times1\,000}{3\,600}\times2.5-\frac{4\,000}{2\times1\,200}\times2.5^2=10.41\text{〔m〕}$$

である。

6.4　$v_0^2/2\mu_k g$

6.5　停止までの時間は 3.83 s，進む距離は 14.3 m である。

6.6　20.5 m/s

7 章

7.1　運動方程式は

$$m\frac{dv}{dt}=-c_1v-c_2v^2$$

である。初期条件は $t=0$ において $v=v_0$ になることである。

　変数分離の方法で v を求め，初期条件を用いると

$$v=\frac{c_1v_0e^{-\frac{c_1}{m}t}}{c_1+c_2v_0(1-e^{-\frac{c_1}{m}t})}$$

となる。つぎにこの式を時間 t について積分し，$t=0$ のとき $x=0$ の初期条件を用いると

$$x=\frac{m}{c_2}\log\left\{1+\frac{c_2v_0}{c_1}(1-e^{-\frac{c_1}{m}t})\right\}$$

となる。この式で $t\to\infty$ とすれば，求める距離 s は

$$s=\frac{m}{c_2}\log\left(1+\frac{c_2v_0}{c_1}\right)$$

となる。

7.2　$\zeta=c/2m=0.7$ と減衰を無視したときの固有角振動数 $\omega_n=\sqrt{k/m}=7$〔rad/s〕を用いると $\omega_d=\sqrt{\omega_n{}^2-\zeta^2}=6.96$〔rad/s〕となる。$\omega_n$ と ω_d の差は 0.5％である。解 x は

$$x=e^{-0.7t}(8\cos 6.96t+0.8\sin 6.96t)\text{〔mm〕}$$

である。

7.3　式(7.44)で与えられる λ はいずれも負の実数である。これを $-\alpha_1$，$-\alpha_2$ とおくと，一般解は $x=C_1e^{-\alpha_1t}+C_2e^{-\alpha_2t}$ となる。式(7.27)の初期条件を満たすように任意定数 C_1，C_2 を定めると，解は

$$x=-\frac{\alpha_2x_0+v_0}{\alpha_1-\alpha_2}e^{-\alpha_1t}+\frac{\alpha_1x_0+v_0}{\alpha_1-\alpha_2}e^{-\alpha_2t}$$

となる。この場合の運動は振動的な性質を持たず，質点は時間とともに平衡点に近づく。

7.4　$v\to1/c$ となる。このときの抵抗力 $F_d=-F_0$ は物体に働く力 F_0 とつり合う。

7.5　$X_0=\left|\dfrac{1}{1-\omega^2}\right|$ となる。$\omega=1$ の付近で X_0 は大きくなる。

7.6　$x=-\dfrac{14}{45}\cos 3t+\dfrac{1}{9}+\dfrac{1}{5}\cos 2t$

8 章

8.1　運動量は 0 から $0.01\times1=0.01$〔kg・m/s〕に変化している。力の働いた時間を $\varDelta t$ とすると，力積は $2\varDelta t$〔N・s〕である。両者が等しくなるための条件から $\varDelta t=0.005$〔s〕を得る。

8.2　方向を変えた後の速度 $\boldsymbol{v}_1$ は，図 8.6 の $\varDelta\boldsymbol{v}$ を用いて $\boldsymbol{v}_1=\boldsymbol{v}_0+\varDelta\boldsymbol{v}$ である。必要な力積は $\boldsymbol{I}=m(\boldsymbol{v}_1-\boldsymbol{v}_0)=m\varDelta\boldsymbol{v}$ である。$\varDelta\boldsymbol{v}$ の大きさ $\varDelta v=\overline{\mathrm{PQ}}$ は，第 2 余弦定理を用いて

$$|\varDelta\boldsymbol{v}|=\sqrt{v_0{}^2+v_1{}^2-2v_0v_1\cos 30^\circ}=v_0\sqrt{1+1.2^2-2\times1.2\times\cos 30^\circ}=0.601v_0$$

である。また角度 ∠OPQ は，同じ定理により

$$\cos\angle\mathrm{OPQ}=\frac{v_0{}^2+(\varDelta v)^2-v_1{}^2}{2v_0\varDelta v}=-0.0652 \text{　したがって　} \angle\mathrm{OPQ}=93.7^\circ$$

となる。これらの結果から力積 $\boldsymbol{I}$ は，大きさは $I=m\varDelta v=0.601mv_0$ で，方向は直線 OP から角度 $180°-93.7°=86.3°$ のベクトルで与えられる。

8.3　回転角 θ を導入すると，$d\theta/dt=\omega$ である。例題 8.5 と同じようにして，角運動量 $L_z=L$ は $L=ml^2\omega$ である。摩擦力による力のモーメント $N_z=N$ は $N=-\mu_k mgl$ である。したがって角運動量の式により $ml^2(d\omega/dt)=-\mu_k mgl$ が成り立つ。時刻 $t=0$ における角速度を ω_0 とすると，上式から

$$\omega=\omega_0-\frac{\mu_k g}{l}t$$

を得る。角速度はこの式に従って次第に減ずる。

8.4　600 000 kg·m²/s

8.5　$L=-(1/2)mv_0gt^2$，$N=-mgv_0t$ を式(8.17)に代入する。

9　章

9.1　自動車の速度は 27〔km/h〕=7.5〔m/s〕である。したがって運動エネルギー T は $T=(1/2)\times 1\,200\times 7.5^2=33\,750$〔J〕である。これをバンパーの変形で吸収するため，平均の力を $\tilde{F}$，バンパーの変形量を $s=100$〔mm〕$=0.1$〔m〕とおくと $\tilde{F}\cdot s=T$ でなければならない。したがって求める力 $\tilde{F}$ は

$$\tilde{F}=\frac{T}{s}=\frac{33\,750}{0.1}=337.5\,\text{〔kN〕}$$

となる。

9.2　質点が x だけ移動したとき，左右のばねは x だけ変形する。したがってポテンシャルエネルギー U は $U=(1/2)k_1x^2+(1/2)k_2x^2=(1/2)(k_1+k_2)x^2$ である。質点が受ける力 F は

$$F=-\frac{dU}{dx}=-(k_1+k_2)x=-k_1x-k_2x$$

である。力 F はそれぞれのばねの復元力の和に等しい。

9.3　ポテンシャルエネルギーの基準点を質点の最下点とする。はじめの位置，最も左に傾いた位置のポテンシャルエネルギーを求めると，力学的エネルギー保存の法則により $0.8\times g\times\{1\times(1-\cos 30°)\}=0.8\times g\times\{0.4\times(1-\cos\phi)\}$ が成り立つ。この式から

$$\cos\phi=1-\frac{1-\cos 30°}{0.4}=0.665$$

したがって $\phi=48.3°$ となる。

9.4　$v=-19.8$〔m/s〕

9.5　仕事 W は $W=\int_0^l F_0\frac{l-x}{\sqrt{(l-x)^2+h^2}}dx=F_0(\sqrt{l^2+h^2}-h)$ となる。

10　章

10.1　持ち物と合わせてこの人の現在の質量を m とする。この人が質量 m_0 の物

体を速度 v_0 で投げ出したとする。投げた後のこの人の速度を v とすると，運動量保存の法則によって $0=(m-m_0)v+m_0v_0$ が成り立つ。この式から速度 v として

$$v=-\frac{m_0}{m-m_0}v_0$$

を得る。速度 v は負であるから，この人は，投げた方向と反対方向に動く。

10.2　物体の速度を v とすると，これは板の速度 V より u_0 だけ早いから $v=V+u_0$ となる。運動量保存の法則によって $mv+MV=0$ が成り立つ。この 2 式から

$$V=-\frac{m}{m+M}u_0$$

を得る。速度 V は負であるから，板は物体と反対方向に進む。

10.3　接合前の全角運動量 L は $L=4\times a\times(m_1/4)a\omega+0=m_1a^2\omega$ である。接合後の全角運動量 L' は $L'=4\times a\times(m_1/4)a\omega'+4\times a\times(m_2/4)a\omega'=(m_1+m_2)a^2\omega'$ となる。全角運動量保存の法則によって $m_1a^2\omega=(m_1+m_2)a^2\omega'$ を得る。この式から接合後の角速度 ω' は

$$\omega'=\frac{m_1}{m_1+m_2}\omega$$

となる。

10.4　重心 x_G の運動は $x_G=C_1t+C_2$ となる。C_1，C_2 は初期条件によって定められる。個々の運動は省略。

11 章

11.1　**解図 11.1** に示すように，座標 x の位置に幅 $\varDelta x$ の微小要素を考える。この微小要素の質量は $\rho 2y\cdot\varDelta x$ である。棒の慣性モーメントの式を用いると，この部分の慣性モーメント $\varDelta I_x$ は

$$\varDelta I_x=\frac{1}{12}\rho 2y\varDelta x\cdot(2y)^2=\frac{2}{3}\rho y^3\varDelta x$$

である。これを $x=-a$ から $x=a$ までの範囲で加え合わせた式で $\varDelta y\to 0$ とし，$y=\sqrt{a^2-x^2}$ を用いると，慣性モーメント I_x は

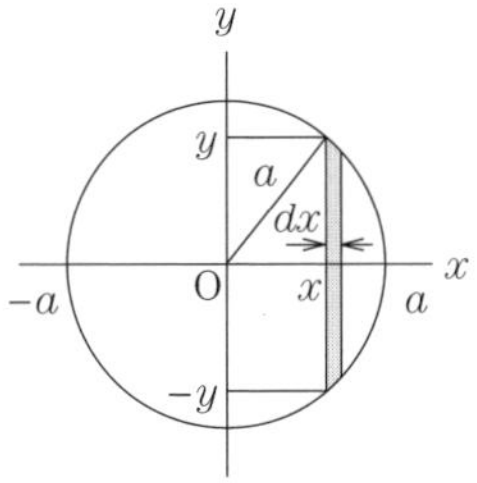

解図 11.1

$$I_x=\frac{2}{3}\rho\int_{-a}^{a}y^3\,dx=\frac{2}{3}\rho\int_{-a}^{a}(\sqrt{a^2-x^2})^3dx=\frac{1}{4}\rho\pi a^4$$

となる。この式に密度の式 $\rho=M/\pi a^2$ を代入すると $I_x=(1/4)Ma^2$ となる。これは式(11.34)と一致する。

11.2　中心から半径 r と $r+\varDelta r$ の間にある輪状の部分の質量は $\rho\pi r\varDelta r$ である。この部分の慣性モーメント $\varDelta I_z$ は $\varDelta I_z=\rho\pi r\cdot r^2\varDelta r$ である。この総和から

$$I_z=\int_0^a\rho\pi r\cdot r^2dr=\frac{\pi\rho a^4}{4}$$

となる。面密度の式 $\rho=M/(\pi a^2/2)$ を代入すると $I_z=(1/2)Ma^2$ となる。質量が同じで，点 O から見た質量分布が同じであるから，半円形の板の慣性モーメントは円板と同じ結果となっている。

11.3 球の体積 $(4/3)\pi a^3$ を用いて，球の密度 $\rho=3M/4\pi a^3$ を導入する。**解図 11.2** に示す円板の z 軸まわりの慣性モーメントは，式(11.33)によって $(1/2)\rho\pi x^2\varDelta z\cdot x^2$ である。これを加え合わせた式で $\varDelta z\to 0$ とし，$x^2=a^2-z^2$ を用いると，慣性モーメント I_z は

$$I_z=\int_{-a}^{a}\frac{1}{2}\pi\rho x^4dz=\pi\rho\int_0^a(a^2-z^2)^2dz=\frac{8}{15}\pi\rho a^5$$

となる。この式に密度 ρ の式を代入すると，$I_z=(2/5)Ma^2$ を得る。

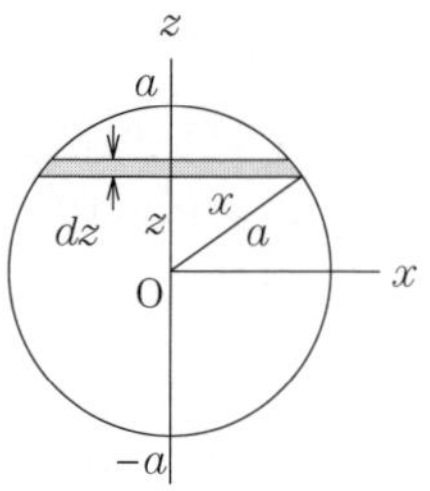

解図 11.2

11.4 $I_y=3ml^2$,　$I_{y'}=ml^2$,　$I_{y''}=5ml^2$

11.5 $I_{x'}=(1/3)Mb^2$,　$I_{y'}=(1/3)Ma^2$

12 章

12.1 円板に働く摩擦力の大きさは μ_kF で，中心 O に関するモーメントは $-\mu_kFa$ である。円板の回転角 θ で表された式(12.18)を角速度 $\omega=d\theta/dt$ で表すと，運動方程式は

$$I\frac{d\omega}{dt}=-\mu_kFa$$

となる。力を押しつけはじめた瞬間を時刻 $t=0$ とし，このとき $\omega=\omega_0$ であることを用いると，角速度 ω は

$$\omega=\omega_0-\frac{\mu_kFa}{I}t$$

となる。

12.2 球の慣性モーメント I_G は $I_G=(2/5)Ma^2$ である。点 O まわりの慣性モーメント I は

$$I=\frac{2}{5}Ma^2+Ml^2=M\left(\frac{2}{5}a^2+l^2\right)$$

である。点 O まわりの力のモーメントは $-Mgl\sin\theta$ であるから，運動方程式は

$$I\frac{d^2\theta}{dt^2}=-Mgl\sin\theta$$

である。上に求めた I を代入し，整理すると

$$\frac{d^2\theta}{dt^2}+\frac{g}{l\left(1+\dfrac{2}{5}\dfrac{a^2}{l^2}\right)}\sin\theta=0$$

となる。この式で $(a/l)\to 0$ とすれば単振り子の運動方程式が得られる。

12.3 円板の重心の座標を x，回転角を θ とする。ひもの張力を T とおく。重心の運動方程式は

$$M\frac{d^2x}{dt^2}=Mg-T$$

である。重心 G まわりの回転に関する運動方程式は，重心まわりの円板の慣性モーメント $I_G=(1/2)Ma^2$ を用いて

$$\frac{1}{2}Ma^2\frac{d^2\theta}{dt^2}=Ta$$

である。座標 x と回転角 θ の間で $x=a\theta$ が成り立つ。これを上式に代入すると

$$\frac{1}{2}M\frac{d^2x}{dt^2}=T$$

を得る。これを第 1 式に代入すると

$$\frac{d^2x}{dt^2}=\frac{2}{3}g$$

となる。この式から x を求め，初期条件を考慮すると，円板の重心の座標 x は $x=(1/3)gt^2$ となる。また張力 T は $T=(1/3)Mg$ となる。

12.4 $\omega_n=\sqrt{3g/2l}$ を用いて $\theta=\theta_0\cos\omega_n t$ となる。

12.5 $\omega_n=\sqrt{gh/(l^2/12+h^2)}$ である。これを最大にする h は $h=l/\sqrt{12}$ である。

補　章

A1

A1.1 図 A1.16 より

$$\boldsymbol{A}=3\boldsymbol{i}_0+\boldsymbol{j}_0,\quad \boldsymbol{B}=\boldsymbol{i}_0+2\boldsymbol{j}_0$$

を得る。これを式(A1.21)に代入すると

$$\cos\theta=\frac{(3\boldsymbol{i}_0+\boldsymbol{j}_0)\cdot(\boldsymbol{i}_0+2\boldsymbol{j}_0)}{\sqrt{3^2+1^2}\sqrt{1^2+2^2}}=\frac{5}{\sqrt{10}\sqrt{5}}=0.707\,1$$

となる。この式から，求める角 θ は $\theta=45°$ となる。

A1.2 前問で得られた $\boldsymbol{A}$，$\boldsymbol{B}$ を式(A1.28)に代入すると

$$\boldsymbol{A}\times\boldsymbol{B}=(3\boldsymbol{i}_0+\boldsymbol{j}_0)\times(\boldsymbol{i}_0+2\boldsymbol{j}_0)=(2\times3-1)\boldsymbol{k}_0=5\boldsymbol{k}_0$$
$$\boldsymbol{B}\times\boldsymbol{A}=(\boldsymbol{i}_0+2\boldsymbol{j}_0)\times(3\boldsymbol{i}_0+\boldsymbol{j}_0)=(1-2\times3)\boldsymbol{k}_0=-5\boldsymbol{k}_0$$

となる。

A1.3 $\boldsymbol{A}\times\boldsymbol{B}=\boldsymbol{i}_0-3\boldsymbol{j}_0+5\boldsymbol{k}_0$,　$\boldsymbol{B}\times\boldsymbol{A}=-\boldsymbol{i}_0+3\boldsymbol{j}_0-5\boldsymbol{k}_0$

A1.4 30°

A1.5 $\pm(\boldsymbol{i}_0-\boldsymbol{j}_0-\boldsymbol{k}_0)/\sqrt{3}$

A2

A2.1 式(A2.25)の級数を x^7 で打ち切って sin 1，sin 2 を求めると

$$\sin 1=0.841\,5,\ \sin 2=0.907\,9$$

となる。これは正しい値 $\sin 1=0.841\,5\cdots$，$\sin 2=0.909\,3\cdots$ に近い。

A2.2　（1）　指数法則によって $e^{2j\theta}=(e^{j\theta})^2$ が成り立つ。この式の左辺と右辺をオイラーの公式を用いて書き直すと $\cos 2\theta+j\sin 2\theta=(\cos\theta+j\sin\theta)^2$ となる。右辺を展開して両辺の実部と虚部をそれぞれ等しいとおくと，問題に与えられている 2 倍角の公式を得る。

（2）　指数法則によって $e^{3j\theta}=(e^{j\theta})^3$ が成り立つ。この式の左辺と右辺をオイラーの公式を用いて書き直すと $\cos 3\theta+j\sin 3\theta=(\cos\theta+j\sin\theta)^3$ となる。右辺を展開して両辺の実部と虚部をそれぞれ等しいとおくと，問題に与えられている 3 倍角の公式を得る。

A2.3　$a\cos\theta+b\sin\theta=c\cos\alpha\cos\theta+c\sin\alpha\sin\theta=c\cos(\theta-\alpha)$

A3

A3.1　（1）　$\cos x-x\sin x$　（2）　$\dfrac{e^x x-e^x}{x^2}$　（3）　$2x\cos(x^2+1)$

A3.2　$y'=0$ より $6x^2-4x^3-1=0$ を得る。この式の解は $x=1/2$，$(1/2)(1\pm\sqrt{3})$ である。これから関数 y は，$x=1/2$ のとき極小値 $y=-5/16$ を，$x=(1/2)(1\pm\sqrt{3})$ のとき極大値 $y=1/4$ をとる。

A3.3　（1）　$-\dfrac{14(2x+5)}{(3x+4)^3}$　（2）　$-3\cos^2 x\sin x$　（3）　$\dfrac{\cos x}{1+\sin x}$

A3.4　$y=2x-1$

A3.5　正方形

A4

A4.1　問題の勾配の式から $Y=x^2/8+C$ を得る。この式で $x=0$ のとき $Y=2$ とおくと $C=2$ が得られる。したがって高さ Y を与える式は $Y=x^2/8+2$ となる。$x=5$ のとき高さは $Y=25/8+5=8.125$ である。

A4.2　面積 S は

$$S=\int_0^\pi \sin x\,dx=\Big[-\cos x\Big]_0^\pi=2$$

である。

A4.3　（1）　$-\dfrac{1}{2x^2}$　（2）　$-\dfrac{1}{4(3+2x)^2}$　（3）　$\dfrac{1}{a}\sin(ax+b)$

A4.4　（1）　$\dfrac{x}{2}-\dfrac{1}{4}\sin 2x$　（2）　$\dfrac{x}{2}+\dfrac{1}{4}\sin 2x$

（3）　$-\dfrac{1}{2(m+n)}\cos(m+n)x-\dfrac{1}{2(m-n)}\cos(m-n)x$

A4.5　（1）　$\dfrac{26}{3}$　（2）　$\log 3$　（3）　$\dfrac{2}{45}$

A4.6　$\dfrac{1}{2}\pi a^2$

A5

A5.1 （1） 問題の式を$(2/y)dy=(1/x)dx$と書き直し，両辺をy，xで積分すると$2\log y=\log x+C$を得る。積分定数を$C=\log a$とおいて新しい積分定数aを導入すれば，一般解として$y^2=ax$を得る。

（2） 問題の式を$\dfrac{1}{y(1-y)}dy=dx$したがって$\left(\dfrac{1}{y}+\dfrac{1}{1-y}\right)dy=dx$と書き直し，両辺を$y$，$x$で積分すると$\log y-\log(1-y)=x+C$を得る。$e^{-C}=a$とおけば一般解として$y=1/(1+ae^{-x})$を得る。

（3） 問題の式を$(1/y)dy=-x^2dx$と書き直し，両辺をx，yで積分すると$\log y=-(1/3)x^3+C$を得る。$e^C=a$とおけば，一般解として$x=ae^{-(1/3)x^3}$を得る。

A5.2 （1） 特解を$y_p=Ax^2+Bx+C$とおく。これが微分方程式を満たす条件として$2A-4C=4$，$-4B=0$，$-4A=2$を得る。これを解いて未知定数を定めると，特解として$y_p=-\dfrac{1}{2}x^2-\dfrac{5}{4}$を得る。一般解は

$$y=C_1e^{2x}+C_2e^{-2x}-\frac{1}{2}x^2-\frac{5}{4}$$

となる。

（2） 特解を$y_p=A\cos 2x$とおいて解となるようAを定めると$y_p=-\cos 2x$を得る。同次方程式の解を加えて，一般解は

$$y=C_1e^{jx}+C_2e^{-jx}-\cos 2x \quad (\text{あるいは } y=a\cos x+b\sin x-\cos 2x)$$

となる。

（3） 特解を$y_p=Ax\sin 2x$とおいて解となるようAを定めると$y_p=x\sin 2x$を得る。同次方程式の解を加えて，一般解は

$$y=C_1e^{2jx}+C_2e^{-2jx}+x\sin 2x$$

$$(\text{あるいは } y=a\cos 2x+b\sin 2x+x\sin 2x)$$

となる。

索　引

—— 著 者 略 歴 ——

1963 年　名古屋大学工学部機械学科卒業
1968 年　名古屋大学大学院工学研究科博士課程修了（機械工学専攻）
　　　　工学博士
1968 年　名古屋大学助手
1970 年　名古屋大学講師
1976 年　名古屋大学助教授
1985 年　名古屋大学教授
2004 年　名古屋大学名誉教授
　　　　愛知工業大学教授
2011 年　愛知工業大学特任教授
2013 年　愛知工業大学退職

機械の基礎力学

Fundamental Mechanics of Machines

2009 年 10 月 16 日　初版第 1 刷発行
2022 年 10 月 10 日　初版第 9 刷発行

検印省略

著　者	安（やす）田（だ）仁（きみ）彦（ひこ）
発 行 者	株式会社　コ ロ ナ 社
	代 表 者　牛 来 真 也
印 刷 所	壮光舎印刷株式会社
製 本 所	株式会社　グ リ ー ン

112-0011　東京都文京区千石4-46-10
発 行 所　株式会社　**コ ロ ナ 社**
CORONA PUBLISHING CO., LTD.
Tokyo Japan
振替00140-8-14844・電話(03)3941-3131(代)
ホームページ　https://www.coronasha.co.jp

ISBN 978-4-339-04602-1　C3053　Printed in Japan　(河村)